# NOTIONS ÉLÉMENTAIRES

# D'HISTOIRE
## NATURELLE

PAR

MM. P. GERVAIS, L. MARCHAND & V. RAULIN

OUVRAGE RÉDIGÉ CONFORMÉMENT
aux programmes officiels de 1866
**POUR L'ENSEIGNEMENT SECONDAIRE SPÉCIAL**
(ANNÉE PRÉPARATOIRE)

et contenant 262 figures intercalées dans le texte.

## PARIS

LIBRAIRIE DE L. HACHETTE ET Cie

BOULEVARD SAINT-GERMAIN, N° 77

1869

# NOTIONS ÉLÉMENTAIRES

# D'HISTOIRE

## NATURELLE

IMPRIMERIE GÉNÉRALE DE CH. LAHURE

Rue de Fleurus, 9, à Paris

# NOTIONS ÉLÉMENTAIRES

# D'HISTOIRE

# NATURELLE

PAR

MM. P. GERVAIS, L. MARCHAND & V. RAULIN



OUVRAGE RÉDIGÉ CONFORMÉMENT

aux programmes officiels de 1866

## POUR L'ENSEIGNEMENT SECONDAIRE SPÉCIAL

(ANNÉE PRÉPARATOIRE)

et contenant 262 figures intercalées dans le texte

# PARIS

## LIBRAIRIE DE L. HACHETTE ET C<sup>IE</sup>

BOULEVARD SAINT-GERMAIN, N° 77

1869

# L'ENSEIGNEMENT SECONDAIRE SPÉCIAL

(ANNÉE PRÉPARATOIRE)

----

## ZOOLOGIE

Notions sur l'histoire naturelle du cheval. Expliquer, à l'aide de quelques notions de mécanique très-simples, comment la conformation de cet animal est très-favorable à la solidité de la station, à la rapidité de la course et au déploiement d'une force de traction. très-considérable.

Mœurs des chevaux sauvages; — manière de les dompter; — montrer comment on peut juger de l'âge d'un cheval par l'état de sa dentition.

Comparaison entre le cheval, l'âne et le zèbre; — à l'occasion de cette comparaison, appeler l'attention des élèves sur l'existence des familles naturelles ou genres.

Notions sur l'histoire naturelle du chien. Il doit se nourrir du produit de sa chasse, dont son organisation est appropriée à ce genre de vie. — Montrer les relations qui existent entre la conformation de ses pattes et son aptitude à courir. — Finesse de son odorat, cela lui permet de suivre sa proie à la piste (exemples). — La conformation de ses dents lui permet de saisir sa proie et de la déchirer. — Facultés du chien. — Récits de faits propres à montrer qu'il a de la mémoire, qu'il peut associer des idées et en tirer des conséquences. — Preuves de son intelligence. — Influence des bons traitements et de l'éducation sur le développement de ses facultés. — Notions sur les principales variétés de chiens. — Dogue, chien de berger, épagneul, basset, lévrier, caniche. — Tous ces animaux, malgré leur diversité de formes, se ressemblent tous sous les rapports les plus importants; ils sont de même nature et ne diffèrent entre eux que par des particularités qui peuvent se rencontrer chez les descendants d'une même souche. — Ils forment donc une sorte de famille naturelle que les zoologistes appellent une *espèce*.

Mœurs du chat; mode de conformation de ses pattes et de ses mâchoires; notions sur le jeu de ses organes.

Ressemblance entre le chat, le tigre et le lion. — Ils appartiennent à un même genre.

Ils ne vivent pas en société comme les chevaux ou les chiens; et à raison de cette différence dans leurs instincts, ils ne sont pas susceptibles d'une domesticité aussi complète.

Mœurs de la taupe. — Conformation de ses pattes; — son régime; — préjugés sur son compte; — son utilité pour la destruction des insectes nuisibles.

Examen comparatif du chien, du lapin, du mouton et du cheval. — Rapport entre le régime alimentaire de ces animaux et la conformation de leurs dents. — Harmonies organiques ; exemple : rapport nécessaire entre la conformation des dents et le mode d'articulation de la mâchoire.

Examen comparatif du cerf, du chat ou du lion, de la chauve-souris, de la loutre et du phoque sous le rapport des mœurs et de la conformation des organes locomoteurs.

Mœurs des singes; — mode de conformation de leurs pattes. — Singe à queue prenante. — Abajoues.

Conformation de la trompe de l'éléphant; ses usages. — Mœurs de ces animaux; manière dont on les réduit en captivité. — Régions qu'ils habitent. A une époque très-reculée il y avait des éléphants en France, car on trouve quelquefois des défenses de ces animaux enfouies dans le sol.

Il y avait aussi des éléphants constitués pour vivre dans les pays les plus froids; mais, au lieu d'avoir la peau presque nue, comme les éléphants de l'Afrique et de l'Inde, ils avaient une épaisse toison. — Récit de la découverte du corps d'un de ces animaux dans la glace, au nord de la Sibérie.

Voyages périodiques des hirondelles. — Description des préparatifs de leur départ.

Examen comparatif de la souris et du lézard. — Température du corps de ces deux animaux. — Notions sur la source de la chaleur chez les animaux. — Nécessité de l'air pour l'entretien de l'espèce de combustion dont l'économie animale est le siége.

Notions sur la manière de vivre des poissons. — Comment ils respirent. — Montrer que l'eau peut dissoudre de l'air.

Comparaison de ces animaux avec les crapauds, les salamandres. — Ils forment une grande famille naturelle ou classe. — Différences entre ce groupe et celui des poissons.

Conformation et mœurs des baleines. — Pourquoi il ne faut pas les considérer comme étant des poissons. — Manière dont on fait la pêche de la baleine. — Produits qu'elle fournit: fanons, huile.

Signaler les caractères communs à la vipère, à la couleuvre, au lézard et à la tortue et ce qui les distingue entre eux. — Insister sur les effets de la morsure de la vipère et des autres serpents venimeux. —Disposition des crochets et des réservoirs à venin.

Conformation du corps du hanneton. — Différences entre cette conformation et celle d'un animal à squelette intérieur. — Antennes. — Yeux. — Bouche. — Pattes. — Aile. — Métamorphoses de ces insectes.

Des vers à soie. — Notions sur les métamorphoses des insectes. — Formation de la soie. — Cocons. — Chrysalides. — Papillons.

Mœurs des fourmis. — Expliquer la différence entre l'instinct et l'intelligence.

Conformation des araignées. — Production des fils. — Structure des toiles.

Instinct architectural des araignées maçonnes et des araignées aquatiques.

Principales parties du corps de l'huître. — Notions sur la coquille. —Mode d'accroissement. — Charnière. — Nacre. — Perle.

## BOTANIQUE

Sans fixer absolument les plantes convenables à un enseignement tout à fait pratique, on peut indiquer les suivantes comme propres à représenter les groupes naturels les plus importants, dont il conviendrait d'effectuer l'étude, à mesure qu'elles se présentent en fleurs ou en fruits, sans s'astreindre à un ordre de classification systématique.

Colza, moutarde, giroflée. — Fraisier, framboisier, pêcher, cerisier, abricotier, amandier, pommier, poirier, aubépine, rosier. — OEillet, nielle des blés, mouron des oiseaux. — Pois, haricot, fève, robinier, luzerne, trèfle, sainfoin. — Violette et pensée. — Pivoine, renoncule, anémone. — Pavot, coquelicot, fumeterre. — Digitale, mufle de veau, linaire, bouillon blanc. — Sauge, thym, menthe, lamium. — Primevère. — Pomme de terre, tabac, datura, belladone, jusquiame, etc. (danger de ces derniers végétaux). — Chardon, artichaut, pâquerette, grande marguerite, salsifis, chicorée, laitue. — Betterave, épinard. — Oseille, sarrasin. — Châtaigner, chêne, hêtre, bouleau, aulne, saule, peuplier. — Lis, tulipe, allium, etc. — Iris colchique. — Froment, avoine, orge, maïs. — Pin, sapin, cèdre, if.

Montrer quelques cryptogames caractéristiques des principales familles ou genres, sans approfondir leur structure, mais pour faire remarquer les différences qui les distinguent des plantes précédentes. Fougères à fructifications bien apparentes. Prêles. Mousses biens fructifiées. Lichens. Champignons : agarics, bolets, moisissures. Conferves et, dans les localités voisines de la mer, fucus.

Variété de la durée des végétaux : les uns annuels, les autres mourant la deuxième ou troisième année de leur existence, après avoir fructifié. Signaler quelques végétaux qui vivent très-longtemps avant de fleurir et meurent après : agave, etc.

Végétaux vivaces par leur partie souterraine, annuels par leurs parties extérieures: rhizomes, bulbes ou oignons, etc.

Végétaux ligneux et d'une longue durée. Arbres d'une longévité et d'une taille remarquables. Cercles ligneux annuels qui indiquent l'âge des arbres.

## GÉOLOGIE

**1.** L'attention des élèves est d'abord appelée sur la diversité des pierres et autres corps solides qui entrent dans la constitution du sol. Par l'étude des échantillons que ces enfants rapportent de leurs promenades, et qui varient naturellement avec la contrée, le professeur les accoutume à distinguer entre elles un certain nombre de roches : par exemple, le sable, le grès, le silex et le quartz cristallisé, l'argile et l'ardoise, la craie, le calcaire grossier, le granit, la lave, etc.

**2.** Le professeur s'occupe ensuite de l'examen des divers phénomènes actuels qui peuvent nous aider à comprendre comment beaucoup de terrains ont été formés.

Ainsi il profite des effets produits par une pluie d'orage pour montrer comment les terres meubles sont entraînées au loin par les courants ; comment les matières transportées de la sorte se déposent successivement à mesure que le courant se ralentit ; comment il se forme ainsi dans les ruisseaux, les rivières et les fleuves des alluvions qui s'accroissent par la superposition de couches nouvelles, et finissent par former des deltas, tels que ceux du Nil ou du Rhône. — Stratification de ces terrains. — Application de ces faits à l'explication des grands phénomènes géologiques.

**3.** Montrer comment les animaux qui vivent dans l'eau ou qui se tiennent près des bords de la mer, des lacs ou des rivières doivent souvent laisser leurs dépouilles dans les alluvions et autres dépôts analogues. — Origine des fossiles. — Effets produits par les grandes inondations. — Expliquer comment, d'après la nature des fossiles, on peut reconnaître si le dépôt est marin ou lacustre.

**4.** Expliquer comment l'eau répandue à la surface du globe s'évapore sans cesse, s'élève dans l'atmophère et y forme les nuages, puis redescend sur la terre sous la forme de pluie, de neige, etc.

Montrer que l'eau tombée de la sorte imbibe le sol, mais ne filtre pas aussi facilement à travers la terre glaise qu'à travers le sable ou le gravier. Par conséquent, elle se trouve arrêtée quand, en descendant dans un sol meuble, elle rencontre une couche d'argile ou quelque obstacle analogue. — Application de ces faits à l'explication de la manière dont les puits sont alimentés par les eaux pluviales. — Montrer comment les fossés contribuent au desséchement des terres voisines.

Expliquer, à l'aide de ce qui a lieu dans les puits et dans les fossés, le mode de formation des sources, des ruisseaux, des rivières, etc.

Écoulement des eaux dans les grands bassins formés par les parties creuses de la surface du globe. — La mer reçoit donc ces eaux courantes et les rend ensuite à l'atmosphère par l'effet de l'évaporation.

Harmonie de tous ces phénomènes.

5. Montrer que l'eau pluviale, en lavant le sol, doit dissoudre divers matières qu'elle y rencontre, et qu'en filtrant à travers les terrains perméables, elle doit se charger davantage de substances minérales ou autres. — Comparer l'eau recueillie dans dans une citerne et l'eau des puits. — Montrer que celle-ci, en s'évaporant, laisse un résidu pierreux. — Notions sur quelques sources incrustantes. — Origine des stalactites que l'on voit dans les cavernes, etc. — Sources d'eau chargées de sel commun.

Autres exemples d'eaux dites *minérales*.

6. Température des caves, des mines, de l'eau des puits forés et des sources thermales naturelles. — Chaleur centrale de la terre.

D'après cette augmentation progressive de la température de l'écorce du globe, on peut présumer qu'à une certaine profondeur la chaleur doit être assez grande pour fondre les roches.

Exemples de la fusibilité des corps : le verre ; — le plomb ; — le fer, etc.

7. Récits au sujet des volcans. — Exemples de quelques volcans.

8. Les volcans ne sont pas les seules cheminées naturelles qui laissent échapper les matières fluides contenues dans l'intérieur du globe. — Exemples : Sources de vapeur ou de gaz. —

Grotte du Chien près de Naples. — Comparaison des effets produits par les émanations du sol dans cette grotte et par la vapeur du charbon en combustion. — Sources d'air inflammable ; — sources de bitume, d'huile minérale, etc. — Comparaison entre ces phénomènes naturels et ce qui se passe dans un fourneau où l'on fabrique un gaz pour l'éclairage.

9. Montrer que les matières minérales dissoutes par l'eau, fondues par la chaleur ou transformées en vapeur, peuvent, en se solidifiant de nouveau, former des cristaux, etc. — Les matières minérales introduites ainsi dans des fissures de la croûte solide du globe ou dans les interstices d'un terrain meuble, peuvent donc s'y déposer, soit sous la forme de cristaux ou de grains, soit autrement, et constituer ainsi des amas. — Application de ces faits à l'explication de ce que c'est qu'un filon métallifère, une mine, etc. Exemples : mines de sel gemme. — Terrains ferrugineux.

10. Appliquer les notions précédemment acquises sur la chaleur centrale de la terre à l'explication de la forme de notre globe.

Raisons qui font penser que primitivement la terre était à l'état de fusion. — Forme que prennent les liquides quand ils sont libres dans l'espace ; forme des gouttes de pluie. — Des grains de plomb de chasse (mode de fabrication de ces grains). — Forme générale de la terre. — Indiquer brièvement quelques faits propres à prouver que la terre est ronde. — Indiquer la forme de la terre sans entrer dans l'exposé des moyens à l'aide desquels cette forme a pu être déterminée avec précision.

# TABLEAU DE LA CLASSIFICATION

## DES ANIMAUX

| | | |
|---|---|---|
| **I**<br>VERTÉBRÉS...... | ALLANTOÏDIENS.......... | *Mammifères.*<br>*Oiseaux.*<br>*Reptiles.* |
| | ANALLANTOÏDIENS........ | *Batraciens.*<br>*Poissons.* |
| **II**<br>ARTICULÉS....... | CONDYLOPODES ou *Arthropodes.* | *Insectes.*<br>*Myriapodes.*<br>*Arachnides.*<br>*Crustacés.*<br>*Systolides.* |
| | VERS............. | *Annélides.*<br>*Helminthes divers.* |
| **III**<br>MOLLUSQUES............ | | *Céphalopodes*<br>*Céphalidiens.*<br>*Lamellibranches.*<br>*Brachiopodes.*<br>*Tuniciers.*<br>*Bryozoaires.* |
| **IV**<br>RAYONNES....... | ECHINODERMES.......... | *Échinides.*<br>*Astérides.*<br>*Holothurides.* |
| | POLYPES.............. | *Acalèphes.*<br>*Zoanthaires.*<br>*Cténocères ou Coralliaires.* |
| **V**<br>PROTOZOAIRES............ | | *Foraminifères.*<br>*Infusoires.*<br>*Spongiaires.* |

Imprimerie générale de Ch. Lahure, rue de Fleurus, 9, à Paris.

# ÉLÉMENTS

# DE ZOOLOGIE

---

(ANNÉE PRÉPARATOIRE)

# DIVISION DE L'OUVRAGE

**En rapport avec les Programmes de l'Enseignement secondaire spécial[1].**

1° Année préparatoire.

2° Première année : *Notions générales et Histoire des Mammifères.*

3° Deuxième année : *Vertébrés ovipares* (Oiseaux, Reptiles, Batraciens, Poissons) *et Animaux sans vertèbres* (Articulés, Mollusques, Rayonnés et Protozoaires).

4° Troisième année : *Anatomie et physiologie de l'Homme et des Animaux.*

5° Quatrième année : *Zoologie appliquée à l'Agriculture, à l'Industrie et à l'Hygiène.*

1. Chacun des cinq volumes se vend séparément.
Les volumes 2 et 4 répondent au *Programme de l'Enseignement secondaire classique.*

10389 — Imprimerie générale de Ch. Lahure, rue de Fleurus, 9, à Paris.

# ZOOLOGIE.

## ANNÉE PRÉPARATOIRE.

## CHAPITRE I.

### HISTOIRE NATURELLE DU CHEVAL.

Buffon a mieux compris qu'aucun de ses prédécesseurs l'importance de l'histoire naturelle, et, par ses travaux[1], il a révélé la portée philosophique de cette science, sans dédaigner d'en faire ressortir le côté pratique ; mais il avait d'abord cru pouvoir se soustraire aux nécessités d'une classification régulière et il se proposait d'envisager les êtres au point de vue de l'utilité que chacun d'eux présente pour notre propre espèce. Voilà pourquoi il a commencé sa description des animaux par l'histoire du CHEVAL (fig. 7 et 11).

S'inspirant des versets que le livre de Job a consacrés à

---

1. *Histoire naturelle générale et particulière, avec la Description du cabinet du Roi.* 36 vol. in-4. Paris, 1749-1769.

ce bel animal, il a écrit à son sujet des pages d'un style élevé dont plusieurs sont devenues classiques.

« La plus noble conquête que l'homme ait jamais faite, dit Buffon, est celle de ce fier et fougueux animal, qui partage avec lui les fatigues de la guerre et la gloire des combats : aussi intrépide que son maître, le cheval voit le péril et l'affronte ; il se fait au bruit des armes, il l'aime, il le cherche et s'anime de la même ardeur ; il partage aussi ses plaisirs ; à la chasse, aux tournois, à la course, il brille, il étincelle. Mais doux et courageux, il ne se laisse point emporter à son feu ; il sait réprimer ses mouvements ; nonseulement il fléchit sous la main de celui qui le guide, mais il semble consulter ses désirs, et, obéissant toujours aux impressions qu'il en reçoit, il se précipite, se modère ou s'arrête, et n'agit que pour y satisfaire : c'est une créature qui renonce à son être pour n'exister que par la volonté d'un autre, qui sait même la prévenir ; qui, par la promptitude et la précision de ses mouvements, l'exprime et l'exécute ; qui sent autant qu'on le désire, et ne rend qu'autant qu'on le veut ; qui, se livrant sans réserve, ne se refuse à rien, sert de toutes ses forces, s'excède et même meurt pour mieux obéir. »

Cependant il est un autre mammifère qui dispute au cheval cette place d'honneur parmi les animaux de la même classe, c'est le bœuf, aussi utile à l'agriculture que le cheval est indispensable à la guerre, et à propos duquel le grand écrivain s'exprime ainsi : « Sans le bœuf, les pauvres et les riches auraient beaucoup de peine à vivre ; la terre demeurerait inculte, les champs et même les jardins seraient secs et stériles ; c'est sur lui que roulent tous les travaux de la campagne ; il est le domestique le plus utile de la ferme, le soutien du ménage champêtre ; il fait toute la force de l'agriculture. Autrefois, il faisait toute la richesse des hommes, et aujourd'hui il est encore la base de l'opulence des États, qui ne peuvent se soutenir et fleurir que par la culture des terres et par l'abondance du bétail, puisque ce sont les seuls biens réels, tous les autres, et même l'or et l'argent, n'étant que des biens arbitraires, des représentations, des monnaies de crédit, qui n'ont de valeur qu'autant que le produit de la terre en donne. »

FIG. 1. — *Bœuf (race charolaise)*.

Le Bœuf appartient au groupe des mammifères ruminants, et c'est au groupe de pachydermes qu'on a désignés sous le nom particulier de jumentés que se rapporte le cheval. Celui-ci est donc comme le bœuf un animal vertébré et un mammifère; il est aussi un ongulé comme le bœuf, c'est-à-dire un quadrupède à sabots, mais il n'appartient pas au même ordre que lui. Il est d'ailleurs facile à distinguer de tous les autres genres d'animaux qui rentrent dans la même classe.

S'il a l'extrémité des doigts protégée par des sabots, au lieu d'ongles proprement dits, et prend place parmi les ongulés, il offre en outre cela de particulier, que chacun de ses pieds est monodactyle, c'est-à-dire terminé par un doigt

seulement. C'est un mode de conformation qu'il partage
avec un très-petit nombre d'autres espèces de la classe des
mammifères, le zèbre et espèces analogues au zèbre pour
les rayures de leur pelage, l'hémhippe, l'âne et l'hémione,
animaux que les naturalistes réunissent avec le cheval lui-
même dans un genre unique sous le nom d'*Equus*, signifiant cheval.

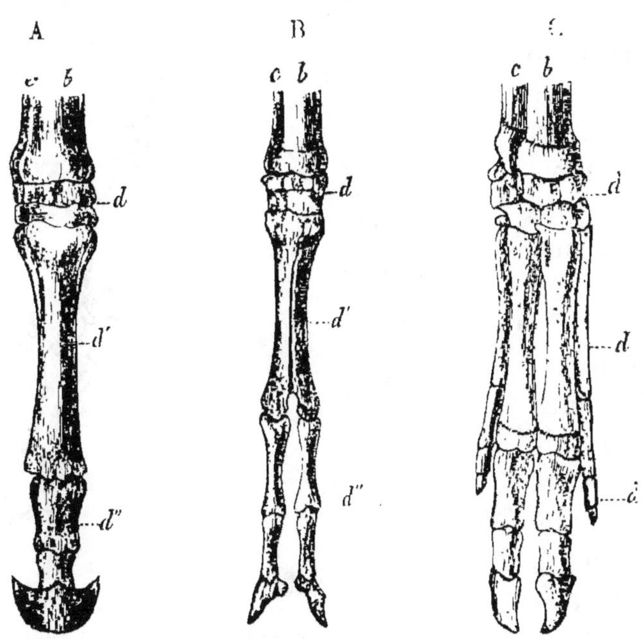

FIG. 2. — Pieds de devant de divers *animaux à sabots*
A = *Cheval*. — B = *Chèvre*. — C = *Cochon*.
*a)* cubitus; — *b)* radius; — *d)* carpe; — *d')* métacarpes; — *d'')* phalanges.

Le cheval et ses congénères sont des animaux à la fois
herbivores et granivores, qui ont le canal intestinal fort long
et pourvu d'un ample cœcum, cavité en forme de cul de sac
qui sépare leur intestin grêle d'avec le gros intestin. Leurs
dents molaires sont marquées à la couronne de replis assez
compliqués de l'émail et enveloppées par une matière osseuse particulière à laquelle on donne le nom de cément.
Ces mammifères ont trois sortes de dents : des incisives au
nombre de trois paires à chaque mâchoire, une paire de

canines supérieures et une paire de canines inférieures, enfin six paires de molaires supérieures et autant inférieurement.

Ils ont l'estomac simple et ne jouissent pas, comme le bœuf, le mouton ou le cerf, de la propriété de ruminer.

La amille qu'ils constituent, famille qui a reçu le nom d'équidés, tiré du mot *equus*, cité précédemment, n'est pas nouvelle à la surface du globe. On trouve dans le sol les os fossiles de plusieurs espèces qui doivent lui être attribuées, les unes congénères des équidés actuels et plus ou moins semblables au cheval, les autres formant des genres distincts de celui des chevaux proprement dits, mais qu'on ne saurait classer dans aucun autre groupe.

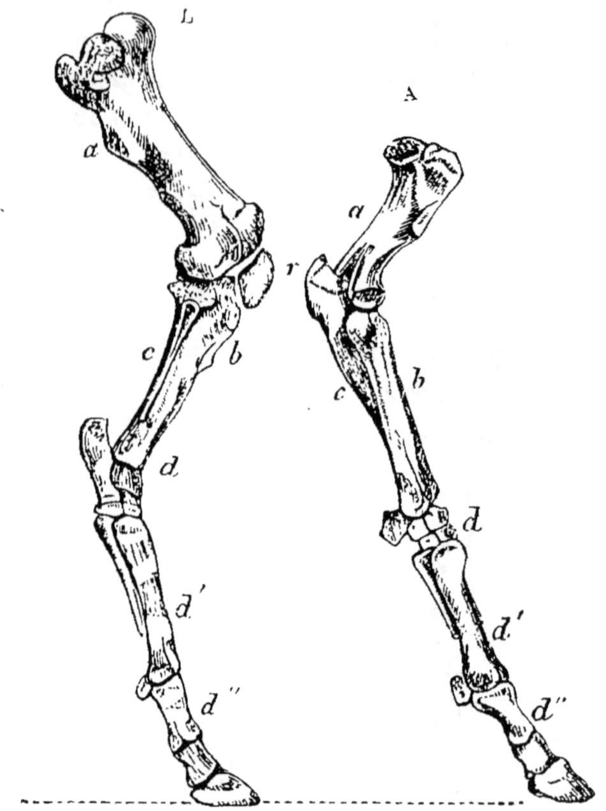

FIG. 3. — Membres antérieur et postérieur du *Cheval* os qui en forment la charpente.

A — pied de devant. = *a*) humérus ; — *b*) radius ; — *c*) cubitus ; — *d*) carpe ; — *d'*) métacarpe ; — *d''*) phalanges.

B — pied de derrière. = *a*) fémur ; — *b*) tibia ; — *c*) péroné ; — *d*) tarse ; — *d'*) métatarse ; — *d''*) phalanges ; — *r*) rotule.

C'est à l'ancien continent seulement qu'appartiennent les animaux aujourd'hui existants du genre auquel le cheval sert de type.

Les espèces de ce genre qui ont le pelage zébré sont exclusivement propres à l'Afrique (zèbre, couagga et daw); les autres sont principalement asiatiques (cheval, hémhippe, âne, hémione), et il est bien connu que les chevaux actuellement répandus en Amérique et en Australie descendent de ceux que les Européens ont transportés sur ces deux continents. Peut-être même ces derniers sont-ils originaires de l'Asie, patrie à peu près exclusive de nos animaux domestiques. Il est possible, en effet, qu'ils aient été amenés par les peuples de race blanche, lorsque ces derniers ont commencé à se répandre sur le continent européen.

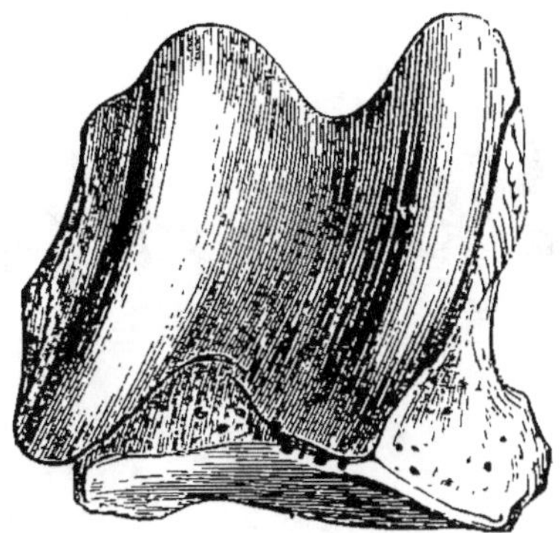

FIG. 4. — Astragale du *Cheval*.

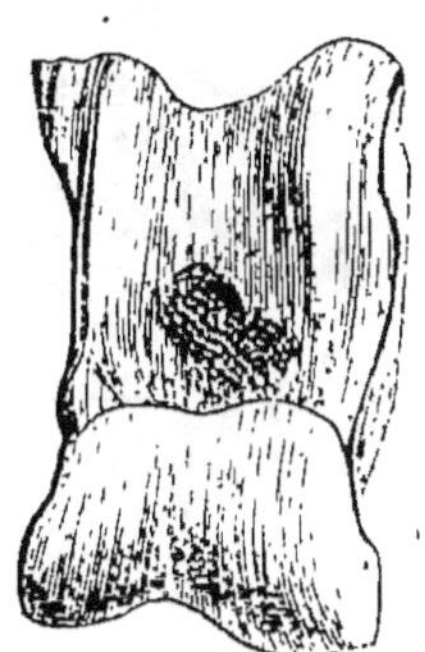

FIG. 5. — Astragale du *Cochon* (osselet).

On sait toutefois, grâce aux découvertes de la paléontologie, qu'il existait anciennement des animaux du même genre en Europe (chevaux fossiles de France, d'Angleterre, d'Allemagne, d'Italie, d'Espagne, etc.), et qu'il y en a également eu dans l'Amérique septentrionale ainsi que dans l'Amérique méridionale.

Dans certains cas, il est bien difficile de distinguer les ossements fossiles appartenant au genre cheval que l'on trouve dans le sol d'avec ceux des chevaux de races domestiques que l'homme y a depuis lors enfouis; mais il n'en est pas ainsi de ceux qui sont enfouis dans les terrains pampéens de l'Amérique méridionale avec les grands édentés

autrefois propres à cette région ; ils constituent certainement une espèce à part.

L'étude anatomique du cheval, espèce principale de la
famille des équidés, offre autant d'intérêt pour le savant ou
l'artiste que pour le vétérinaire. Elle n'est pas moins digne
de l'attention du philosophe, et le naturaliste vient encore
ajouter à son utilité quand, s'inspirant des découvertes géologiques, il constate les efforts que la nature semble avoir
faits pour arriver à la production du plus beau et du plus
recherché de tous les quadrupèdes.

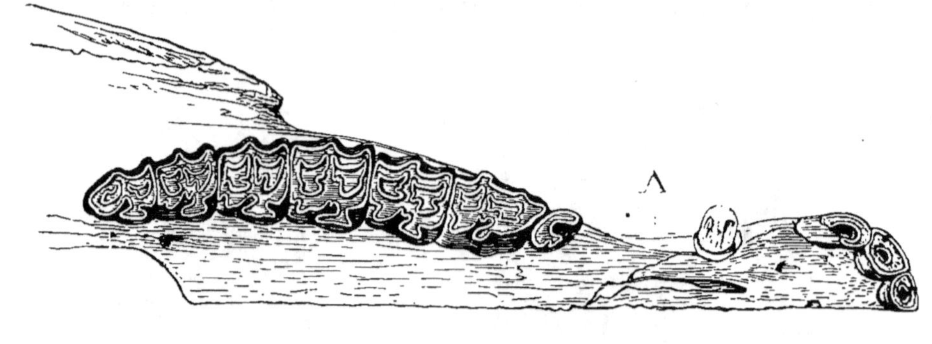

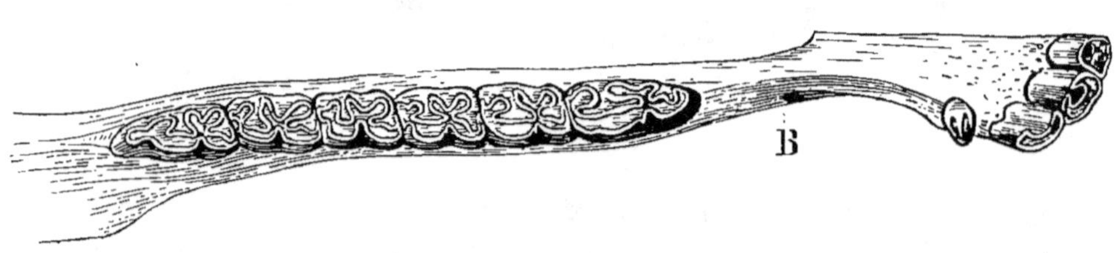

FIG. 6. — Dentition du *Cheval.*

A) les dents de la mâchoire supérieure ; — B) les dents de la mâchoire inférieure.

En comparant le cheval aux animaux des genres voisins,
tels que le rhinocéros ou le tapir, on aperçoit bientôt sa
supériorité organique sur ces derniers, et les instincts de
sociabilité qui le distinguent, l'intelligence relativement
supérieure qui le rapproche de l'homme devaient aussi
contribuer à le mettre à la disposition de ce dernier.

L'emploi du cheval remonte à une antiquité préhistori-

que. Lorsque nos contrées étaient encore peuplées par des
éléphants, des rhinocéros, des lions, des hyènes, cette espèce n'était peut-être pas utilisée ; et l'on ignore si l'homme savait alors l'employer comme monture ; elle était
certainement domestique à l'époque où les premiers peuples de race blanche, ancêtres des Européens actuels, commencèrent à se répandre en Occident, et l'on retrouve dans
les habitations lacustres de la région des Alpes ainsi que
dans un certain nombre de cavernes dont le remplissage
remonte aussi à cette époque reculée, les débris des chevaux domestiques alors répandus dans nos contrées.

Après ces temps préhistoriques, l'emploi du cheval est
devenu plus général et les variétés de cette espèce, quelle
qu'en soit l'origine, se sont multipliées et répandues, les
unes robustes et appropriées à la traction des fardeaux les
plus lourds, les autres disposées pour la course et capables
de servir pour la selle ; d'autres encore, réduites dans leurs
dimensions, mais pouvant néanmoins rendre des services
réels.

A la première de ces catégories appartiennent les chevaux hollandais, flamands et boulonais ; les chevaux ara-
bes, ainsi que leurs dérivés les barbes et les anglais sont des
exemples de la seconde, et l'on peut citer les chevaux cor-
ses, ceux de l'île d'Ouessant ou mieux encore ceux des îles
Shetlands et de l'Islande, tous remarquables par la peti-
tesse de leur taille, comme rentrant dans la troisième. Une
race de ces derniers n'a guère plus d'un mètre de hauteur.

Nos chevaux domestiques descendent-ils de ceux dont les
troupes ont habité l'Europe pendant la dernière époque géologique (l'époque quaternaire), et ont-ils été contemporains
des premières populations humaines qui se sont fixées sur
notre continent ? Proviennent-ils au contraire des plateaux
asiatiques ? Ainsi que le font pressentir les détails précédents, c'est là une question que les zoologistes n'ont pas encore résolue d'une manière certaine, et, bien que l'anatomie
comparée semble donner raison à la première de ces deux
hypothèses, les présomptions sont en faveur de la seconde.

En ce qui concerne la phase des temps historiques dont nous parlent nos livres classiques, nous voyons Homère citer les nombreux haras que possédait Priam. Il attribue à Erichtonius, l'un des ancêtres du dernier roi troyen, trois mille juments et pareil nombre de poulains. Les bas-reliefs des monuments assyriens conservés au musée du Louvre, à Paris, et dans le musée de Londres peuvent nous donner une idée de la beauté des chevaux que l'on possédait alors dans l'Asie Mineure. Nous voyons aussi par les sculptures ou les peintures de l'ancienne Égypte qu'il y avait également de fort beaux chevaux dans ce pays. C'est sans doute cette race de chevaux propres à l'Asie Mineure ainsi qu'à la vallée du Nil que les Grecs ont possédée. Le Parthénon nous en a transmis les formes sculptées avec autant de perfection que d'exactitude, et la mythologie grecque, en attribuant le cheval à Neptune, semble reconnaître l'origine étrangère de cette espèce, puisque c'est au dieu de la mer, et par suite à la navigation qu'elle en fait remonter l'introduction.

Les rois de l'Asie Mineure encourageaient la production chevaline, dont ils tiraient sans doute des bénéfices, et l'ancienne Arménie a fourni pendant un certain temps des chevaux et des mulets aux princes commerçants de Tyr et de Sidon. Dès les temps anciens, la Perse cultivait la même industrie avec un égal succès. Cyrus avait réuni dans ses haras, en vue sans doute des grandes expéditions qu'il se proposait d'exécuter, 800 étalons et 1600 juments. On sait que de nos jours les chevaux de race persane sont encore des chevaux fort estimés.

On dit que l'art de monter le cheval fut inventé par les Scythes, et que, lorsqu'ils vinrent en Thrace, les Grecs furent très-effrayés parce qu'ils crurent que l'homme et l'animal ne formaient qu'un seul corps. Est-ce là le point de départ de la fable des centaures, ces êtres imaginaires supposés moitié hommes, moitié chevaux ? Il est d'ailleurs constaté que les Mexicains éprouvèrent les mêmes terreurs que les habitants de la Thrace et qu'ils commirent la même méprise qu'eux, en voyant pour la première fois les cavaliers espagnols que Cortez lança à leur poursuite.

Il est à supposer que les Hébreux n'ont eu des chevaux que vers l'époque de David. Abraham, Isaac, Jacob possédaient des ânes, dont il est question, en même temps que des moutons et des chameaux, dans l'énumération de leurs richesses, mais il ne paraît pas qu'avant le roi psalmiste, les Juifs aient élevé des chevaux, ni même recherché ces animaux. A l'époque de Moïse, ils ne s'en servaient point encore, même dans les combats, et le grand législateur leur recommande, lorsqu'ils iront au combat, de n'avoir point peur des chevaux non plus que des chariots de leurs ennemis, mais de placer leur confiance dans le Dieu d'Israël.

FIG. 7. — *Cheval arabe.*

Cependant le Livre des Rois nous parle de l'écuyer de Jonathas : il rapporte aussi que David, vainqueur d'Adarézer, fils de Rohob, roi de Soba, sur l'Euphrate, lui prit 1700 cavaliers, mais qu'il coupa les tendons des jambes à tous les chevaux des chariots et n'en réserva que pour 100 chariots. Salomon fut mieux inspiré. Il rassembla un grand nombre de chariots et de gens de cheval; il eut 1400 chariots et 1200 hommes de cavalerie, qu'il distribua entre les villes fortes de son royaume, et il en retint une partie auprès de lui dans Jérusalem. Ces chevaux venaient de l'Égypte et de Coa, où on les achetait à un prix convenu. Un attelage de quatre chevaux d'Égypte coûtait à Salomon six cicles d'argent (ce qui met le prix de chaque cheval à 430 francs environ de notre monnaie). Un étalon lui revenait à six cicles. Le texte hébreu ajoute que tous les rois des Héléens et de Syrie vendaient aussi des chevaux à Salomon.

Indépendamment des excellentes qualités que nous lui reconnaissons de son vivant, le cheval peut également fournir après sa mort diverses substances utiles : sa peau, dont on fait du cuir, la corne de ses pieds, les crins de sa queue ou de sa crinière, ses tendons qui servent à faire de la colle, ses os dont on retire du noir animal ou qui servent à fabriquer des outils pour plusieurs corps d'états. Quelques autres de ses parties sont aussi recueillies et employées avantageusement.

On doit également le citer parmi les espèces alimentaires, et si sa chair n'est pas appelée à nous rendre les mêmes services que celle du bœuf ou du mouton, il n'en est pas moins certain que, dans beaucoup de cas, il est possible d'en tirer un parti avantageux. Toutefois on a peut-être exagéré son utilité, dans ces dernières années surtout, et les *boucheries de cheval* établies à Paris ainsi que dans d'autres villes ne semblent pas avoir donné tous les résultats qu'on en attendait.

Le plus souvent la chair des chevaux n'est utilisable que comme engrais, attendu qu'on n'abat ces animaux que lorsque la fatigue, l'âge ou les maladies les ont mis tout à fait hors de service et que dans ces différentes circonstances leur chair n'est plus dans des conditions qui en permettent un usage alimentaire.

Il existe parmi nos chevaux plusieurs variétés, caractérisées par la différence de leur taille et la diversité de leurs proportions, ce qui permet de les employer à des usages très-divers et nous fournit les chevaux de selle, de cavalerie grosse et légère, de trait, de labour, etc. Les plus beaux chevaux sont encore ceux des Orientaux ; ils viennent particulièrement d'Arabie. Leurs qualités se retrouvent en partie dans certains chevaux espagnols et surtout dans les chevaux anglais qui en descendent. On s'applique à en répandre la race en France.

L'âge des chevaux est en général facile à reconnaître à l'usure plus ou moins avancée de leurs dents incisives. Ces dents sont au nombre de trois paires à chaque mâchoire. On les distingue en paire interne ou pinces, intermédiaire ou mitoyennes, et externe ou coins. Lorsque les chevaux sont encore jeunes, ils n'ont pas perdu leurs incisives de première dentition, et suivant le temps qui s'est écoulé depuis la naissance, ils ont déjà toutes ces dents ou n'en possèdent encore qu'une partie. Ensuite, la cupule ou fossette produite par la rentrée de l'émail dans le centre de la couronne est plus ou moins entamée par l'usure.

De dix à seize mois les pinces *rasent* (fig. 8), c'est-à-dire que les fossettes s'y effacent et que la couronne se nivelle.

D'un an à vingt mois, la même chose se passe pour les mitoyennes, et de dix-huit mois à deux ans les coins s'usent à leur tour. La mâchoire inférieure est la seule que l'on consulte, étant plus facile à observer.

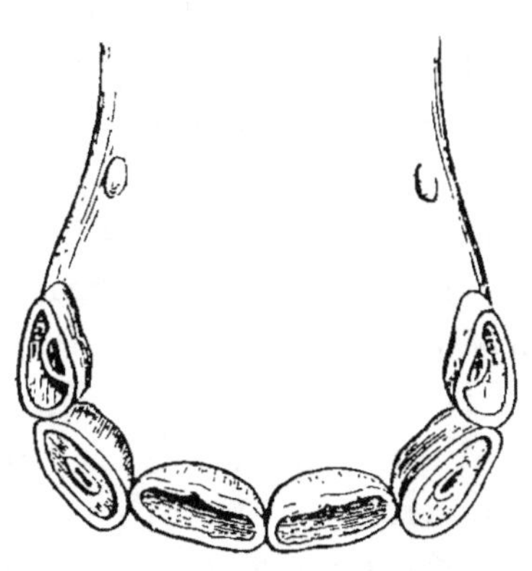

FIG. 8.

De deux ans et demi à trois ans, les incisives de la seconde dentition commencent à remplacer celles de lait, d'abord les pinces, puis les mitoyennes (de trois ans et demi à quatre), enfin les coins (de quatre ans et demi à cinq).

Lorsque ce travail de remplacement s'est accompli, c'est le degré d'usure qui sert de guide (fig. 9 et 10).

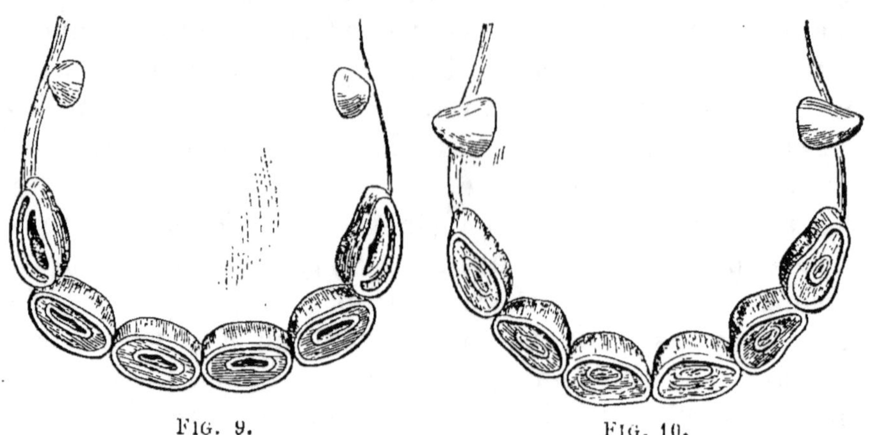

FIG. 9.       FIG. 10.

L'excavation des pinces disparaît entre cinq ans et demi et six ans; celle des incisives mitoyennes un an après; celle des coins de sept à huit ans. Alors les crochets, c'est-à-dire les canines, ont déjà apparu et leur pointe a commencé à s'user.

Plus tard, l'âge est difficile à apprécier, et le cheval *ne marque plus;* on dit alors qu'il est *hors d'âge*. Cependant les gens experts savent encore trouver des indications qui ne manquent pas de valeur. Il leur est également facile de reconnaître les excavations artificielles que l'on pratique quelquefois à la couronne dentaire des chevaux hors de marque pour les faire croire moins vieux qu'ils ne le sont en réalité, et en obtenir par cette fraude un meilleur prix.

La couleur générale des dents, l'état plus ou moins avancé de l'usure des mâchelières ou molaires, la longueur des canines qui se déchaussent à mesure que l'animal vieillit, la grandeur et l'inégalité des molaires, les rides du palais et quelques autres signes permettent de se prononcer, mais d'une manière approximative, sur l'âge des chevaux hors de marque. La durée de la vie de ces animaux est d'environ trente ans.

Dans les steppes de la Tartarie, refuge actuel de leur espèce, on trouve encore des chevaux sauvages, mais ils n'ont pas entièrement conservé leur caractère primitif, car ils se recrutent incessamment d'individus échappés à la domesticité qui se mêlent avec eux. Quelques auteurs leur assignent même pour ancêtres des chevaux abandonnés faute de fourrages, lors du siége d'Azov, en 1658. Au premier abord, cette opinion paraît bien hasardée ; cependant elle devient soutenable si l'on se rappelle ce qui s'est passé en Amérique.

Les chevaux qu'on a portés sur ce continent s'y sont reproduits en grand nombre, sont redevenus sauvages ou à demi sauvages, et ils ont repris les mœurs des trépans, c'est-à-dire des chevaux libres de l'Asie. C'est parmi eux que l'on choisit parfois ceux que l'on veut dresser.

Dans ce cas, on chasse souvent toute une troupe à la fois, et en la poursuivant on s'efforce de l'enfermer dans un *cortal* ou grand enclos circulaire, fait de pieux solidement fixés en terre. Alors le chef monte sur un cheval vigoureux et dont il est sûr ; il entre dans l'enceinte ayant à la main un *lazo* ou longue courroie fixée par une extrémité à sa selle et terminée à l'autre bout par un nœud coulant. Le cavalier lance ce nœud au cou du plus beau jeune cheval qui se présente à lui et l'entraîne au dehors. Au moyen de cordes on embarrasse les jambes de l'animal et on le jette à terre ; ensuite on lui met dans la bouche une forte courroie en forme de bride, puis on le selle. Un Indien armé d'éperons très-aigus le monte et on le laisse alors courir. Le cheval fait des efforts incroyables pour se débarrasser de son cavalier, mais inutilement ; l'éperon le met au galop, et, après avoir couru un certain temps, il se laisse ramener à l'enclos où il a perdu sa liberté : il est dompté. On lui ôte sa bride et on le mêle aux chevaux domestiques, car dès ce moment il ne cherche plus ni à s'échapper ni à désobéir à son maître. Les Tartares ont depuis longtemps recours à des moyens analogues.

En France et dans le reste de l'Europe, il n'y a plus de

chevaux entièrement sauvages; ceux de la Camargue ne jouissent que d'une demi-liberté. Ils ont leurs maîtres, et des hommes sont chargés de les surveiller. A certaines époques de l'année on les emploie à dépiquer le blé.

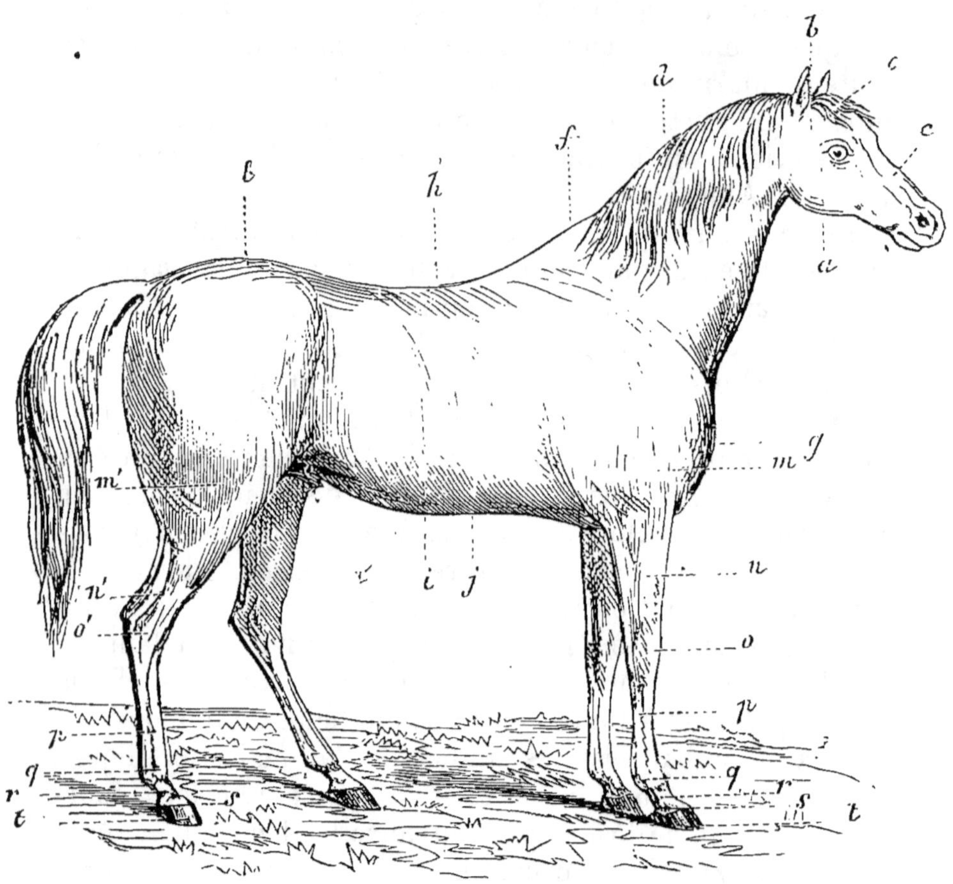

FIG. 11. — Les différentes parties du *Cheval*.

a) larmier; — b) salière; — c) chanfrein; — d) encolure; — e) toupet; — f) garot; — g) poitrail; — h) reins; — i) coffre; — j) ventre; — l) croupe; — m) bras; — m') cuisse; — n) avant-bras; — n') jambe; — o) genou; — o') jarret; — p) canon; — q) boulet; — r) paturon; — s) couronne; — t) sabot.

Partout ailleurs on élève ces animaux dans des haras, et l'industrie chevaline reçoit du gouvernement des encouragements qui ont beaucoup contribué à ses progrès.

Les principaux centres de production chevaline sont les Hautes-Pyrénées, ainsi que plusieurs départements du Centre, la Lorraine, l'Alsace, la Normandie et la Bretagne. Cette dernière province tient à cet égard le premier rang, et la Normandie le second.

Les gros chevaux de trait proviennent surtout du Boulonais (département du Pas-de-Calais), et de la Flandre (Nord); les chevaux légers de trait sont les bretons (Finistère), les percherons (Eure-et-Loir), les ardennais (Ardennes), et les landais (Landes). Les chevaux normands (Calvados) sont nos meilleurs demi-sang carrossiers; les navarrins (Basses-Pyrénées) et les limousins (Haute-Vienne) nos meilleurs demi-sang légers.

En ce qui concerne la couleur, on dit que les chevaux sont noirs, blancs, alezans, jaunes, brunâtres, café au lait, isabelle, bais, souris ou gris, rouans ou pies.

Un cheval adulte doit consommer au moins un litre d'avoine par heure de travail, et pendant les fatigues exceptionnelles on doit aller jusqu'à 1 litre $\frac{1}{4}$ ou 1 litre $\frac{1}{2}$.


L'Ane (*Equus Asinus*) est moins fort, moins obéissant et moins gracieux que le cheval, mais il est aussi d'une grande utilité, et comme il est à la fois plus sobre et d'un moindre prix, il est accessible au plus grand nombre. Cependant on l'empoie moins de nos jours dans la plupart des villes de l'Europe que dans celles de l'Orient ou du nord de l'Afrique.

Il a les oreilles plus longues que le cheval, porte une houppe au bout de la queue qui est plus allongée, et est marqué sur les épaules de deux bandes noires disposées en croix.

De même que le cheval, l'*âne* paraît originaire d'Orient et l'on retrouve dans la région du Nil un type sauvage dont il paraît également descendre. En France, la race la plus forte est celle du Poitou.

L'âne et le cheval produisent facilement ensemble. Les métis issus de leur croisement sont fort employés comme

animaux de trait ou de transport. On en fait particulièrement usage en Espagne et dans nos départements du sud-
est. Ce sont les *mulets*, dont on reconnaît surtout l'avantage dans les pays de montagnes; ils sont aussi recherchés
pour le train des équipages militaires.

FIG. 12. — *Ane.*

Les anciens ont déjà connu l'hémione (*Equus hemionus*),
dont le nom signifie demi-âne et qui tient en effet de l'espèce précédente par ses principaux caractères. C'est toutefois un animal différent. Il est de teinte isabelle sur le dessus du corps et blanchâtre en dessous. Au lieu d'une croix
noire semblable à celle de l'âne, il ne porte sur le dos

qu'une bande longitudinale de la même couleur. On essaye de le rendre domestique.

FIG. 13. — *Daw*.

Le ZÈBRE (*Equus zebra*) a été appelé *hippotigre* par les
anciens, ce qui signifie cheval-tigré, c'est-à-dire rayé
comme le tigre.

Deux autres espèces africaines d'équidés présentent un
mode de coloration analogue. Ce sont le couagga et le daw.

# CHAPITRE II.

## HISTOIRE NATURELLE DU CHIEN ET DU CHAT. REMARQUES SUR L'ESPÈCE ET LE GENRE.

Le CHIEN (*Canis familiaris*) est un animal à la fois sociable et doué d'intelligence, deux qualités que l'on retrouve chez toutes les espèces réellement domestiques et qui sont la condition principale de leur association à l'homme. Dans les pays où ces animaux sont redevenus sauvages, ils vivent par troupes et se réunissent pour donner la chasse aux autres quadrupèdes.

Habiles à la course, pourvus d'ongles qui leur servent à fouir ainsi qu'à se défendre, d'ailleurs armés de fortes canines, les chiens ont en outre l'odorat très-développé, et la perfection de ce sens ajoute aux avantages que nous tirons d'eux. Leurs molaires sont en partie tranchantes, en partie tuberculeuses, appropriées par conséquent à un régime omnivore (fig. 15), et leurs appétits, joints à leur éducabilité, constituent une nouvelle cause de rapprochement entre leur espèce et l'homme dont ils sont depuis un temps immémorial les inséparables compagnons.

Aussi le chien domestique a-t-il été transporté sur tous les points du globe et partout l'homme utilise son concours, variant, suivant les conditions nouvelles au sein desquelles il se trouve placé lui-même, le parti qu'il tire de ce fidèle animal. Le chien le seconde à la chasse, le supplée dans la garde des troupeaux, veille à la porte des habitations pour en éloigner les malfaiteurs ou même les indiscrets. Il traîne des fardeaux et rend

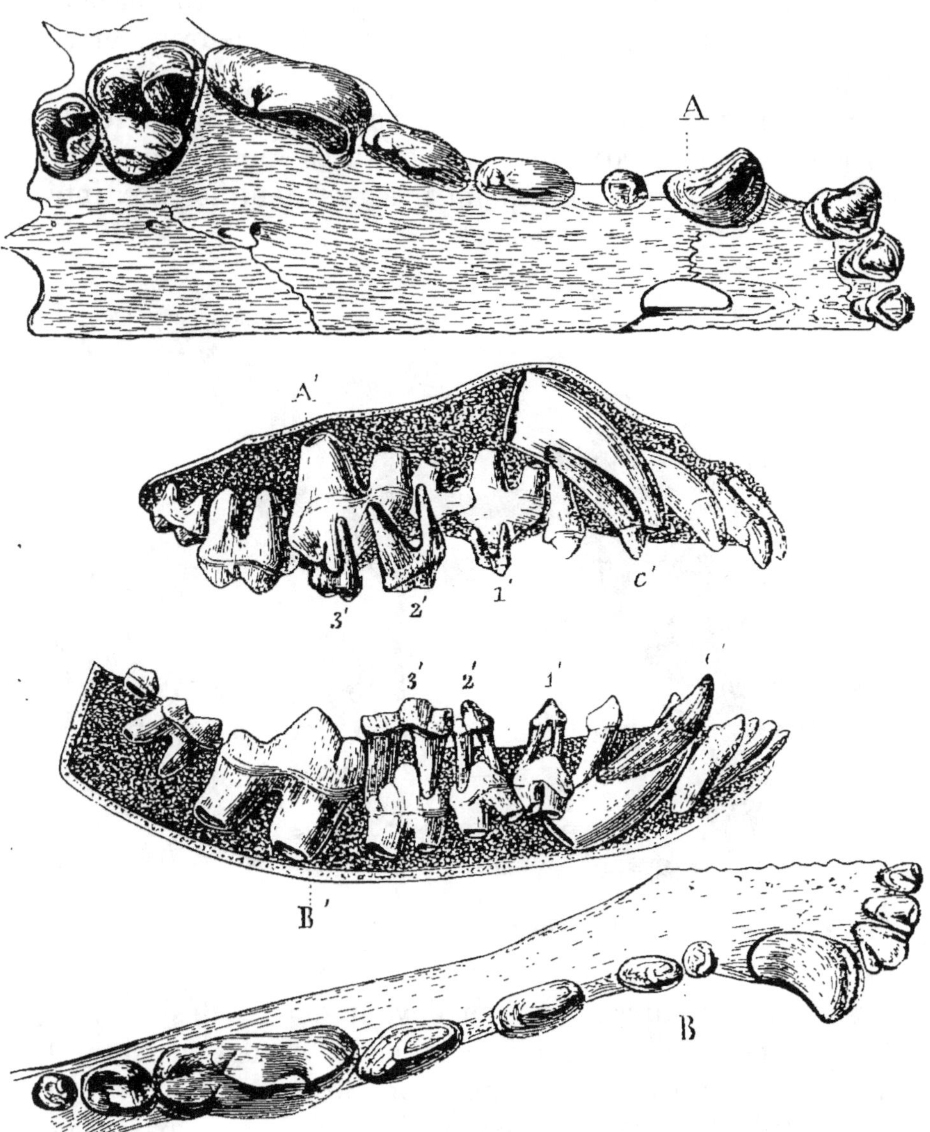



FIG. 14. — Dentition du *Chien*.

A et B) les dents supérieures et les dents inférieures (incisives , canines c mo'aires); âge adulte.

A' et B') les dents des figures précédentes ou dents de la seconde dentition en voie de développement au-dessous des canines (*c' c'*), et des molaires (1' 2 et 3') de la première dentition ou dentition de lait, chez un sujet encore jeune.

mille autres services, en échange desquels il reçoit la protection de l'homme et son affection ; il a sa place auprès de la famille et son intelligence lui permet de comprendre les faveurs qu'il en reçoit. Il s'en montre heureux et reconnaissant.

Nous ne finirions pas si nous voulions rappeler ici les anecdotes qui se rattachent aux qualités morales du chien et montrent jusqu'à quel point il sait s'identifier aux inté-

FIG. 15. — *Chien lévrier.*

rêts de son maître, aller au-devant de ses désirs et se dévouer pour lui. Des livres spéciaux en ont consacré le récit, et il n'est pas jusqu'aux exagérations auxquelles certains d'entre eux se sont laissés aller qui ne nous paraissent vraisemblables, tant nous croyons à l'intelligence du chien et à son abnégation. Si peu acceptables qu'ils soient, parfois, ces récits ont le don d'exciter nos sympathies et nous sommes toujours disposés à y voir l'expression de la vérité.

Les chiens sont souvent fort différents les uns des autres

dans leurs caractères extérieurs. Ils constituent même un assez grand nombre de races et de sous-races.

Les variations de la taille ; l'allongement des oreilles, qui

FIG. 16. — *Chien King's Charles.*

sont souvent élargies et pendantes au lieu de rester droites comme dans les espèces sauvages du même genre; la forme générale du corps ; la diversité du pelage ; les modifications éprouvées par le crâne, soit dans sa région cérébrale, soit dans sa partie maxillaire, et même, dans certains cas, la présence d'un ou de deux doigts supplémentaires aux pieds de derrière, sont autant de faits qui attestent l'action modificatrice que la domesticité a exercée sur le chien, puisque ce sont autant de caractères que la comparaison du chien domestique avec les animaux sauvages du groupe des canidés ne permet d'attribuer qu'à l'action de l'homme ou à celle des conditions exceptionnelles dans lesquelles le chien a été placé par lui.

Toutefois le chien primitif ne nous est pas connu et l'on ne saurait dire encore si les chiens domestiques descendent d'une ou de plusieurs espèces particulières qui seraient passées tout entières au pouvoir de l'homme sans persister à l'état libre, ou bien encore s'il faut les rattacher à quelque espèce sauvage maintenant existante, comme le loup, le chacal, ou même le regarder comme descendant à la fois de ces deux espèces dont il ne serait dans cette dernière hypothèse qu'une modification due à l'intervention de l'homme.

On ignore à plus forte raison dans quelle proportion ces deux sortes de canidés auraient concouru à sa formation.

L'origine des animaux domestiques nous échappe. De nouvelles recherches pourront seules éclairer la science sur les questions difficiles qui s'y rattachent. C'est en étudiant les lois de la variabilité des espèces, en comparant les races soumises aux types sauvages qui leur sont analogues et en recherchant dans la série des dépôts post-tertiaires en Europe et surtout en Asie les débris que les uns et les autres y ont laissés que l'on arrivera sous ce rapport à des notions exactes.

Les principales races de chiens sont :

1° Les *lévriers* (fig. 15), dont les formes sont allongées et qui sont plus rapides à la course que tous les autres ;

2° Les *mâtins*, plus robustes que les lévriers et en général de plus forte taille (mâtin, danois, basset, etc.);

3° Les *lachnés* des naturalistes anglais ou chiens laineux dont le pelage est plus fourni (chiens des Esquimaux, de Terre-Neuve, des Alpes, de berger, etc.);

4° Les *chiens de chasse* tels que le chien courant, le braque, l'épagneul, le barbet auxquels se rattachent le griffon et d'autres sous-races, pour la plupart de petite taille, comme le *Bleinheim*, le *king's Charles* (fig. 16), le petit chien blanc de Cuba, etc., qui sont des chiens de luxe ;

5° Les *boule-dogues* (*bull-dogs* ou chiens bœufs des Anglais) à museau court, dont la mâchoire inférieure est plus saillante que la supérieure et qui ont le crâne relevé. Ce sont les brachygnathes de cette espèce. Une des sous-races appartenant à la division qu'ils constituent est depuis quelque temps fort répandue

FIG. 17. — *Chien boule-dogue.*

chez nous ; elle sert à faire la chasse aux surmulots, dont le nombre est devenu si considérable à Paris et dans beaucoup d'autres villes.

L'origine du Chat domestique (*Felis domestica*) n'est pas plus certaine que celle du chien. On s'est également demandé s'il ne descendrait pas de plusieurs espèces sauvages parmi lesquelles on comprend alors, indépendamment du chat sauvage de nos forêts (*Felis catus*), le chat ganté d'Égypte (*Felis maniculata*) et le chat manul

FIG. 18. — *Chat domestique.*

de Tartarie (*Felis manul*); ce qui expliquerait ses principales variétés. D'ailleurs la domestication du chat paraît bien moins ancienne que celle du chien, dans nos contrées du moins, car les Égyptiens l'avaient déjà obtenue et l'on retrouve des chats domestiques parmi les momies enfouies dans leurs hypogées. Son asservissement est aussi moins complet et les caractères organiques de cet animal n'ont subi que de légères modifications.

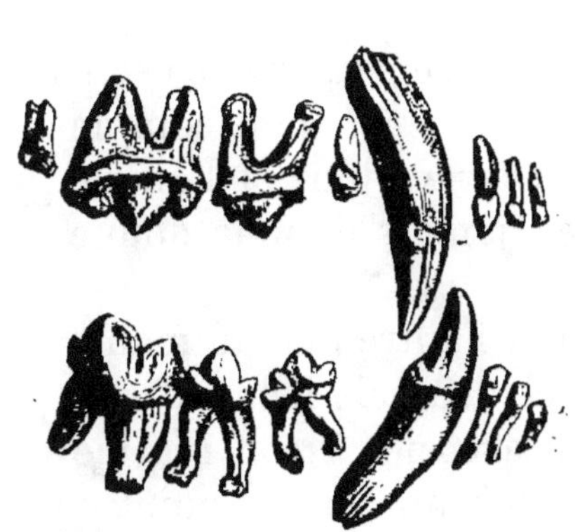

FIG. 19. — *Dentition du Chat.*

Le chat vit dans nos demeures par intérêt et par goût plutôt que par affection ou par dévouement; c'est son bien-être qu'il cherche avant tout et s'il nous rend quelques ser-

vices en détruisant les petits rongeurs qui envahissent nos
habitations ou attaquent nos provisions, c'est parce qu'il y
trouve son avantage. Il conserve malgré sa familiarité les
allures défiantes de ses congénères du genre félis, le lion
(fig. 20 et 21), le tigre (fig. 22), la panthère, le jaguar ou

FIG. 20. — *Lion.*

le lynx; et s'il n'est pas aussi féroce qu'eux, c'est parce
qu'il est plus faible. Il a les mêmes penchants; comme eux
il évite la société; il est égoïste avant tout et l'on ne ga-
gne sa confiance qu'avec peine; jamais il ne la donne entièrement.

Le chat et le chien sont l'un et l'autre des animaux carnassiers, c'est-à-dire vivant de chair, mais ils ne le sont pas
au même degré, et le chien peut associer à son régime des
substances végétales; il est jusqu'à un certain point omnivore.

Quoi qu'il en soit, ces deux espèces d'animaux, bien que
domestiques l'une et l'autre, rentrent dans l'ordre des mammifères qui renferme les espèces les plus destructrices de
cette classe, l'ordre des carnivores, et dans la classification

on les associe à l'ours, au loup, au lion, à la panthère, à l'hyène, au blaireau, ainsi qu'à la fouine et à la loutre.

C'est au même genre que le loup, qu'il faut rapporter le chien, et ce genre (genre CANIS), tel que Linné le définissait, renferme aussi le chacal, le renard et autres espèces analogues.

FIG. 21. — *Lion e* et ses petits.

Le chat est un animal d'un autre genre. Ainsi que nous l'avons déjà dit, les quadrupèdes qui se rapprochent le plus de lui et auprès desquels il doit être classé, sont le lion, le tigre, la panthère, le jaguar, etc., tous animaux se nourrissant de proie vivante et qui joignent à une forme spéciale de dentition des pieds armés d'ongles crochus et rétractiles. Le genre qu'ils constituent est celui des FÉLIS.

Les animaux sauvages qui se rapprochent du chien domestique et ceux également sauvages dont les caractères nous rappellent le chat, quelles que soient d'ailleurs leur taille et leur force, nous offrent donc l'exemple de deux de ces réunions naturelles auxquelles on donne le nom de genres (les genres *Canis* et *Felis*). Leurs espèces ont des aptitudes communes, mais les conditions secondaires de l'existence sont en partie différentes pour chacune d'elles, et les individus qui les composent ne se mêlent pas entre eux, si ce n'est toutefois dans des circonstances exceptionnelles dues pour la plupart à l'influence de l'homme.

Le cheval et les espèces dont nous avons parlé en faisant son histoire forment un autre groupe de même valeur, c'est-à dire un genre, mais il est lui-même susceptible de quelques variations secondaires, et, comme nous l'avons déjà fait remarquer, l'espèce qu'il constitue n'est pas identique à elle-même dans tous ses détails chez tous les individus qui s'y rapportent.

FIG. 22. — Tête du *Tigre*.

Nous avons vu qu'il y avait des chevaux plus trapus et mieux disposés pour traîner des fardeaux; d'autres plus sveltes et plus appropriés à la course; il y en a aussi de plus grands et d'autres qui sont plus petits. C'est là ce que l'on nomme des variétés, ou, lorsque ces variétés se perpétuent, ce qui arrive fréquemment, des races. Les bœufs, les chèvres, les moutons, les poules et la plupart des autres espèces domestiques nous offrent l'exemple de semblables différences secondaires dues le plus souvent à l'action de l'homme et aux circonstances nouvelles au milieu desquelles il place les animaux dont il dispose.

Les chiens domestiques présentent une diversité plus grande encore, et leur étude est d'un grand intérêt pour le naturaliste qui veut se faire une idée de la variabilité relative dont les différentes espèces sont susceptibles. Il constate que si ces dernières conservent leurs caractères principaux, les particularités distinctives de leurs races ou variétés sont pour ainsi dire mobiles et que les caractères de second ordre qui les distinguent sont contingents, c'est-à-dire susceptibles de changer avec les circonstances qui les ont produits.

C'est là ce qui nous explique pourquoi les couleurs des animaux domestiques, leur taille, les proportions de leur corps, la longueur de leur tête, etc., varient si souvent d'une race à une autre, et diffèrent même quelquefois dans les individus d'une même portée. Cela provient évidemment de ce que nous pouvons agir sur ces animaux de manière à modifier leur qualités physiques, parfois même leurs habitudes et jusqu'à un certain point le degré de leur intelligence.

De cette action résultent ces variétés ou sous-variétés d'abord accidentelles, que nous recherchons pour le parti qu'il est possible d'en tirer, et que nous exagérons encore pour en multiplier les individus suivant le degré d'utilité qu'elles ont pour nous. Cette sorte de triage volontaire à l'aide duquel nous choisissons pour ainsi dire parmi les variétés pour nous approprier celles qui nous offrent le plus d'avantage et en multiplier à l'infini les individus, a reçu le nom de *sélection*; c'est en effet un véritable choix et les résultats que l'on obtient de la sorte permettent d'apporter de grandes améliorations dans les qualités de nos animaux domestiques.

Quelquefois ces changements dans les caractères des espèces sont le résultat d'une sorte de monstruosité; c'est en particulier ce que nous voyons dans les chiens de la race des bassets (fig. 23), dans les chèvres à front busqué de la haute Égypte, dans certaines races de bœufs, de porcs ou de poules, etc.

Ces changements sont aussi curieux que favorables à nos intérêts, mais ils ne dépassent pas les bornes d'une variabilité limitée, et c'est sans preuve aucune que divers auteurs ont étendu la théorie de la variabilité à la production des espèces elles-mêmes. La science en est réduite, en ce qui concerne l'origine de ces dernières, à de pures suppositions.

Ainsi les espèces animales sont comme les espèces végétales susceptibles de certaines modifications secondaires (soit naturelles, soit dues à la culture) qui constituent des races ou variétés; mais elles conservent des caractères propres et fondamentaux qui permettent de les distinguer les unes des autres. C'est l'association de ces *espèces* en groupes primordiaux qui constitue les *genres*.

FIG. 23. — *Chiens bassets,*

Nous avons déjà donné dans ce chapitre des exemples de variétés ou races, d'espèces et de genres. La réunion des genres ayant des caractères communs forme des *familles naturelles;* l'association de ces familles constitue les *ordres;* les ordres forment à leur tour les *classes* lorsqu'ils relèvent d'un même système général d'organisation, et c'est en associant les classes elles-mêmes en tenant compte du plan commun de leur structure que l'on édifie les *types* ou *embranchements* au nombre de cinq seulement entre lesquels on partage la totalité des animaux[1].

1. Exemples : *race*, le lévrier; — *espèce :* le chien domestique; — *genre :* le genre *Canis*, formé de la réunion des espèces chien, loup

Le mot *hybridation*, auquel nous avons fait allusion plus haut, demande à être expliqué. Il est facile, dans certains groupes de végétaux, d'obtenir une forme intermédiaire à deux espèces données en fécondant l'une de ces espèces par le pollen de l'autre. De même en zoologie on obtient par le croisement de deux espèces appartenant à un même genre des produits hybrides appelés métis ou mulets. Tout le monde connaît le mulet, qui provient du rapprochement du cheval avec l'ânesse ou de la jument avec l'âne. Mais chez les animaux supérieurs de semblables produits ont, en général, cela de particulier qu'ils sont inféconds, c'est-à-dire incapables de donner des descendants. Un des hybrides les plus curieux que l'on ait encore obtenus est celui d'une tigresse et d'un lion.

chacal, renard; — *famille :* la réunion des canis, félis, hyène et animaux analogues qui sont digitigrades ; — *ordre :* l'ensemble des carnivores, c'est-à-dire les digitigrades dont il vient d'être question et les ours, etc., qui sont des carnivores plantigrades; — *classe :* les mammifères (carnivores, ruminants, cétacés, etc.) ; — *type* ou *embranchement :* les vertébrés, c'est-à-dire les mammifères et les autres animaux pourvus de vertèbres, tels que les oiseaux, les reptiles, les batraciens et les poissons.

# CHAPITRE III.


**MŒURS DE LA TAUPE. REMARQUES AU SUJET DE DIFFÉRENTES AUTRES ESPÈCES DE QUADRUPÈDES.**

Les Taupes, auxquelles on fait une poursuite assidue, sont moins nuisibles qu'on ne le pense généralement, car elles vivent d'insectes et s'opposent par conséquent à la trop grande reproduction de ces animaux dévastateurs. Le bouleversement du sol dans lequel elles creusent leurs galeries constitue leur principal dégât; aussi quelques naturalistes ont-ils essayé la réhabilitation de ces mammifères et ils proposeraient volontiers d'en favoriser la multiplication.

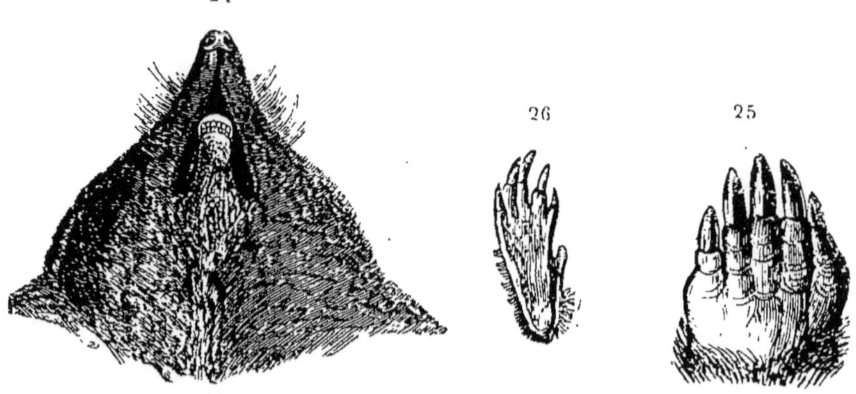

FIG. 24. — Tête de la *Taupe;* vue en dessous.
FIG. 25. — Patte antérieure de la *Taupe.*
FIG. 26. — Patte postérieure de la *Taupe.*

Les taupes rentrent avec les hérissons, les musaraignes,

les desmans et un certain nombre d'espèces exotiques dont
quelques-unes constituent des genres encore différents de
ceux-là, dans un ordre particulier de la classe des mammifères, ordre auquel on a donné le nom d'insectivores
parce que les insectes constituent principalement la nourriture des animaux qui le composent. La conformation des
taupes est des plus curieuses.

FIG. 27. — *Taupe.*

Appelées à vivre presque constamment sous terre, elles
ont les yeux fort petits, mais sans être privées pour cela du
sens de la vue ; elles manquent d'oreilles externes ; leur
museau est allongé en forme de groin, et leurs membres
antérieurs, dont l'humérus (fig. 29) ou os principal est
court et large, constituent de véritables rames (fig. 25), à
l'aide desquelles elles remuent facilement la terre. Aussi ces
petits animaux construisent-ils des galeries souterraines
très-étendues et ils s'y meuvent avec une grande facilité.

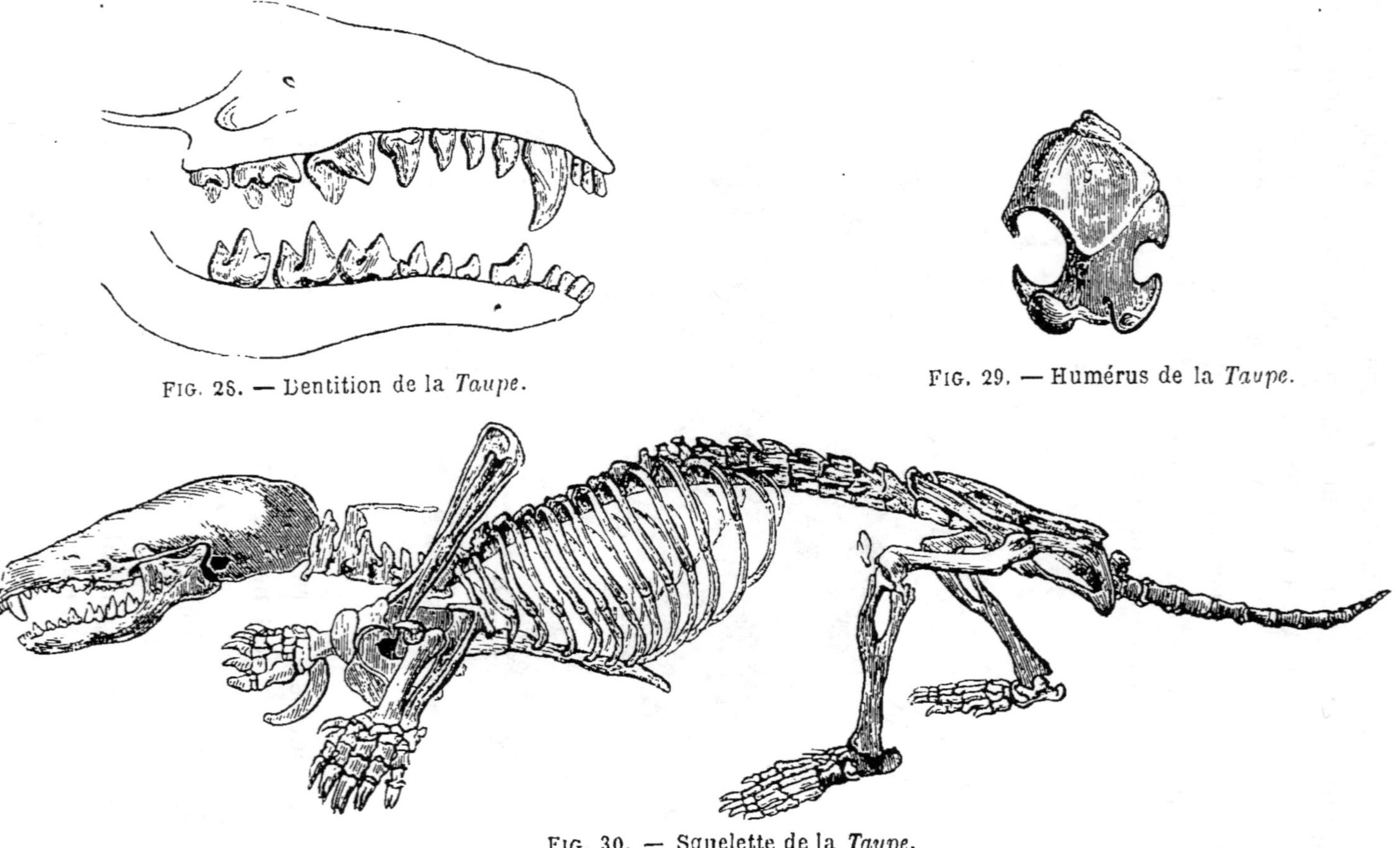

Fig. 28. — Dentition de la *Taupe*.

Fig. 29. — Humérus de la *Taupe*.

Fig. 30. — Squelette de la *Taupe*.

Leur squelette (fig. 30) présente encore quelques particularités non moins bizarres que celles dont il vient d'être question, et le reste de leur organisation n'est pas moins curieux à étudier.

Leurs dents (fig. 28) sont nombreuses, aiguës ou relevées par des pointes, ce qui leur donne une grande facilité pour broyer les insectes dont elles se nourrissent.

Les taupes passent leur vie souterraine dans les galeries qu'elles pratiquent près de la surface du sol et que décèlent les petites buttes faites avec la terre qu'elles en retirent. Chaque individu a son terrier particulier, lequel se compose d'un long conduit ou boyau à l'une des extrémités duquel est le cantonnement formé par de nombreux passages partagés en différents carrefours. Chaque jour, la taupe creuse pour la recherche de ses aliments. A l'autre extrémité sont aussi des galeries dont une lui sert de gîte (fig. 31). Elle n'en sort guère que deux heures le matin et deux heures le soir pour se livrer à ses travaux dans la galerie de cantonnement. Dans un sol meuble la taupe se meut avec vitesse, et lorsqu'on cherche à la surprendre dans ses galeries, elle réussit habituellement à se soustraire aux poursuites dont elle est l'objet; à terre elle est plus embarrassée.

Des règlements prescrivent la destruction de ces petits mammifères. Il y a des gens qui exercent le métier de taupiers. Leur principal talent consiste à appliquer à la capture des taupes quelques procédés dont ils font souvent mystère. Ils arrivent toutefois à en faire une grande destruction. On emploie aussi des piéges pour obtenir ce résultat, et des manuels spéciaux ont été consacrés à ce genre de chasse.

Les taupes possèdent six mamelles; elles ont plusieurs petits à chaque portée.

Quelques naturalistes admettent l'existence en Europe de deux espèces du genre taupe, dont une aurait les yeux encore plus petits que la taupe de nos prairies (*Talpa vulgaris*). Elle a reçu le nom de taupe aveugle (*Talpa cæca*); c'est en Italie qu'elle a été signalée.

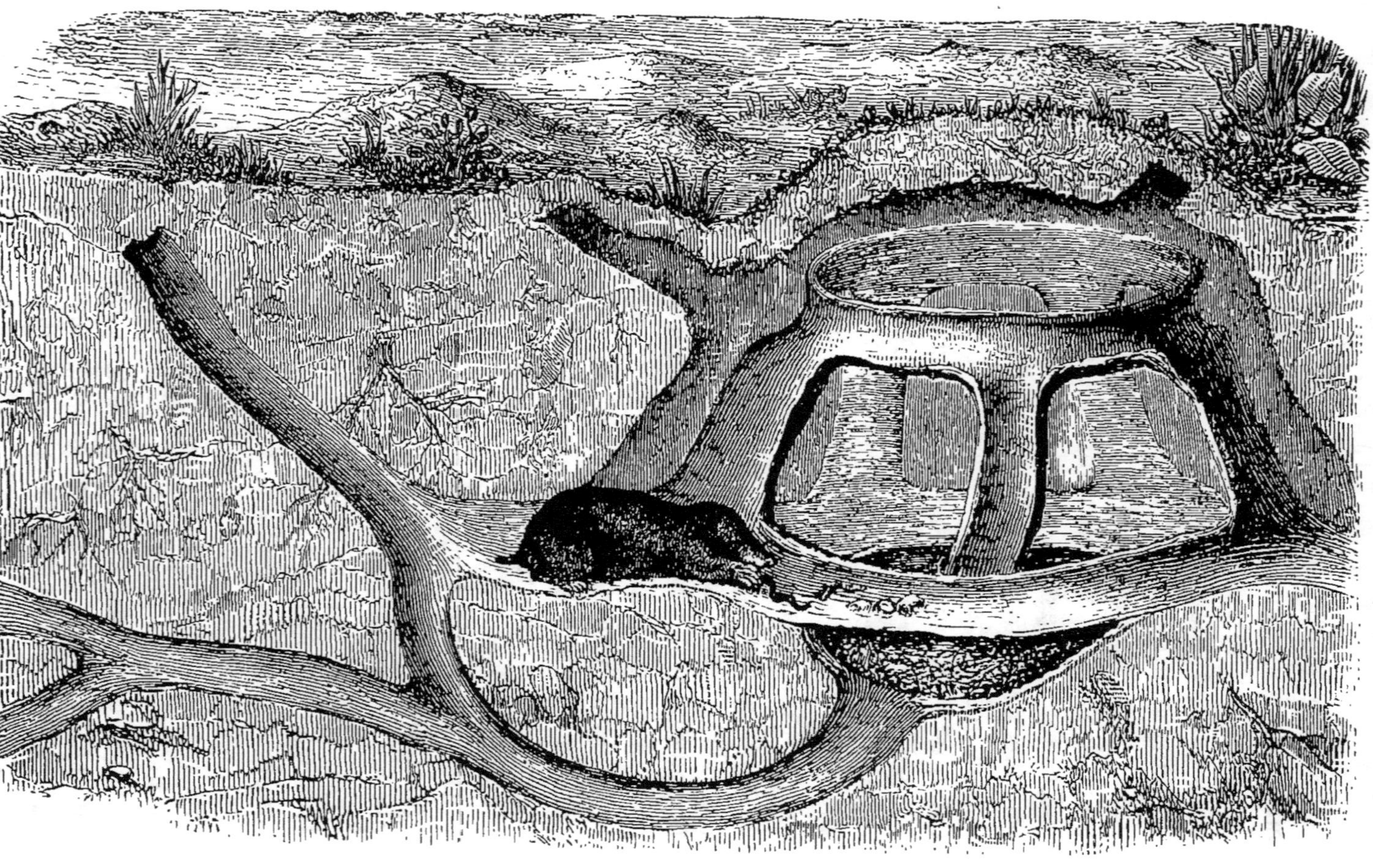

Fig. 31. — Galeries de la *Taupe*.

Une espèce analogue aux taupes par tous ses caractères extérieurs, mais dont la dentition présente une particularité distinctive facile à saisir, vit au Japon; on la nomme *Taupe moogura*.

Des animaux de la même famille, mais qui présentent des particularités notables, sont connus aux États-Unis d'Amérique ainsi qu'en Afrique.

Dans ce dernier continent vivent les chrysochlores qui joignent à quelques dispositions anatomiques fort singulières la particularité d'avoir le pelage irisé et donnant des reflets métalliques. Leur conformation est encore mieux appropriée à la vie souterraine que celle de nos taupes européennes; on ne les trouve que dans les régions sableuses.

EXAMEN COMPARATIF DE LA TAUPE, DU CHIEN, DU LAPIN, DU BOEUF, DU MOUTON ET DU CHEVAL. — Ainsi que nous l'avons dit tout à l'heure, la taupe dont nous venons de parler et les espèces également insectivores qui s'en rapprochent, forment une série de genres que les naturalistes ont réunis en un ordre particulier appartenant à la classe des mammifères; cet ordre est celui des insectivores.

Buffon, qui n'avait pas reconnu, lorsqu'il commença son grand ouvrage, les nécessités d'une classification régulière des animaux et qui ignorait d'ailleurs, comme tous les naturalistes de son temps, les règles qui peuvent seules rendre cette classification possible, ne tarda pas à comprendre qu'on ne saurait se passer d'un tel guide. Aussi, en traitant des espèces exotiques ou indigènes les plus connues, eut-il soin de grouper autour de chacune d'elles celles qui lui ressemblent le plus, quelle qu'en soit la provenance et quel que soit le parti que nous en puissions tirer. C'est aux singes qu'il a d'abord appliqué ces règles de classification naturelle.

De son côté, Linné s'exerçait à établir une classification régulière des animaux et des plantes, et dans les diverses éditions de son Système de la nature, il a modifié à plusieurs reprises la répartition donnée par lui des espèces en groupes naturels.

D'autres savants se sont appliqués à la solution des mêmes questions, et de nos jours la classification zoologique est arrivée à un degré de perfection remarquable. Les espèces qui ont des caractères communs et des propriétés analogues sont réunies dans le même genre. L'association des genres qui se ressemblent le plus forme des familles ou des ordres, et c'est du rapprochement de ces ordres que résultent les classes. Les mammifères, en particulier, forment une classe dans laquelle on reconnaît plusieurs ordres, de nombreuses familles et une quantité encore plus considérable de genres et d'espèces.

G. Cuvier, dont les travaux ont si largement contribué aux progrès de la classification naturelle, admettait que les taupes et autres mammifères insectivores appartenaient au même ordre que le chat et le chien. Il plaçait encore dans cet ordre les chéiroptères, ainsi que les phoques. On a démembré depuis lors cette association hétérogène et fait des chéiroptères, des insectivores, des carnivores comprenant le chat, le chien et les autres animaux ayant un régime analogue, enfin des phoques, autant d'ordres à part. Ces ordres ne sont pas les seuls que comprenne la classe des mammifères.

Les singes, dont nous parlerons bientôt, en forment un autre auquel on associe également les makis; les ruminants sont un autre groupe naturel de même valeur; les chevaux réunis aux rhinocéros et aux tapirs un autre encore; enfin, il faut ajouter à cette liste, pour la compléter, les rongeurs (castor, écureuil, rat, lapin), les édentés (tatou, fourmilier, pangolin), les marsupiaux (sarigue, kangurou), les monotrèmes (échidné, ornithorhynque) et les cétacés (baleine, cachalot, dauphin), qui sont autant de groupes naturels d'animaux mammifères dont tout le monde a entendu parler.

Les caractères de chacun de ces ordres seront exposés avec détail dans la partie de cet ouvrage consacrée aux mammifères [1].

---

1. *Zoologie*, 1re année, 2e partie.

Nous avons déjà parlé du cheval dans ce volume; la taupe, type des insectivores, le chien et le chat, espèces de carnivores, viennent aussi de nous occuper. Il nous suffira donc, pour répondre aux questions du programme, de rappeler sommairement les principaux traits distinctifs du lapin, pris comme exemple de l'ordre des rongeurs et ceux du bœuf ainsi que du mouton, qui sont nos espèces de ruminants les plus utiles.

Le LAPIN est un animal plutôt captif que domestique, vivant par petites bandes, lorsqu'il est à l'état sauvage, et dont les instincts bornés sont bien loin de rappeler l'intelligence du chien, du chat, du cheval ou du bœuf. Il appartient, comme tous les autres rongeurs, à la grande division des mammifères pourvus d'ongles ou mammifères onguiculés.

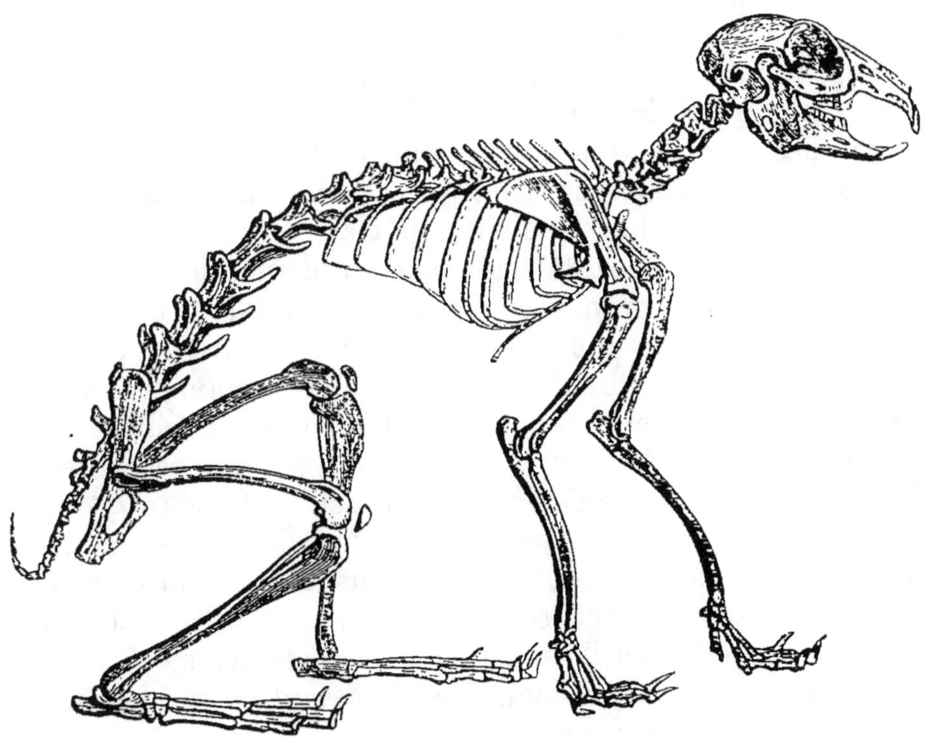

FIG. 32. — Squelette du *Lapin.*

Ses dents, de deux sortes, incisives et molaires, sont au nombre de seize à la mâchoire supérieure et de douze à l'inférieure. Une large barre sépare ses molaires d'avec les incisives dont il a deux paires supérieurement et une paire inférieurement.

Le cerveau du lapin est petit, ce qui est en rapport avec son peu d'intelligence. Ses oreilles sont allongées parce qu'il doit entendre ses ennemis de loin pour leur échapper, et ses pattes de derrière sont plus longues que celles de devant, ce qui contribue à le rendre aussi agile à la course qu'habile à sauter; sa queue est courte. Intérieurement, il offre de remarquable la longueur considérable de ses intestins et l'ampleur de son cœcum, c'est-à-dire de l'appendice placé entre son intestin grêle et son gros intestin. Ce mode de conformation est en rapport avec le régime du lapin, qui est essentiellement végétal.

Il y a des lapins sauvages dans plusieurs parties du monde (Europe, Asie, Afrique et Amérique).

Ces animaux sont du même groupe naturel que les lièvres, mais ils ont des habitudes différentes des leurs et leur apparence extérieure n'est pas non plus la même. Leurs petits naissent sans poils et les yeux fermés tandis que ceux des lièvres sont velus et voient déjà clair.

Le Bœuf (fig. 1 et 34) est aussi un mammifère herbivore, mais il a la propriété de ruminer, c'est-à-dire de ramener à sa bouche pour les mâcher et les insaliver d'une manière suffisante, les aliments qu'il a précipitamment introduits dans son estomac; aussi a-t-il cet organe divisé en plusieurs loges : la *panse*, vaste réservoir qui reçoit les aliments à mesure que l'animal les recueille; le *bonnet*, qui les moule partie par partie sous la forme de petites pelotes et les renvoie à travers l'œsophage jusque dans la bouche où ils subissent le bénéfice d'une nouvelle mastication; le *feuillet*, dans lequel ils redescendent après avoir été ainsi triturés d'une manière définitive, et la *caillette* qui les imprègne de suc gastrique.

Le bœuf rumine donc, ce qu'il est d'ailleurs facile de constater lorsque cet animal est en repos. On voit alors remonter le long de son cou les petites pelotes alimentaires dont nous avons parlé plus haut et, après les avoir broyées patiemment, l'animal les fait ensuite redescendre dans la troisième loge de son estomac.

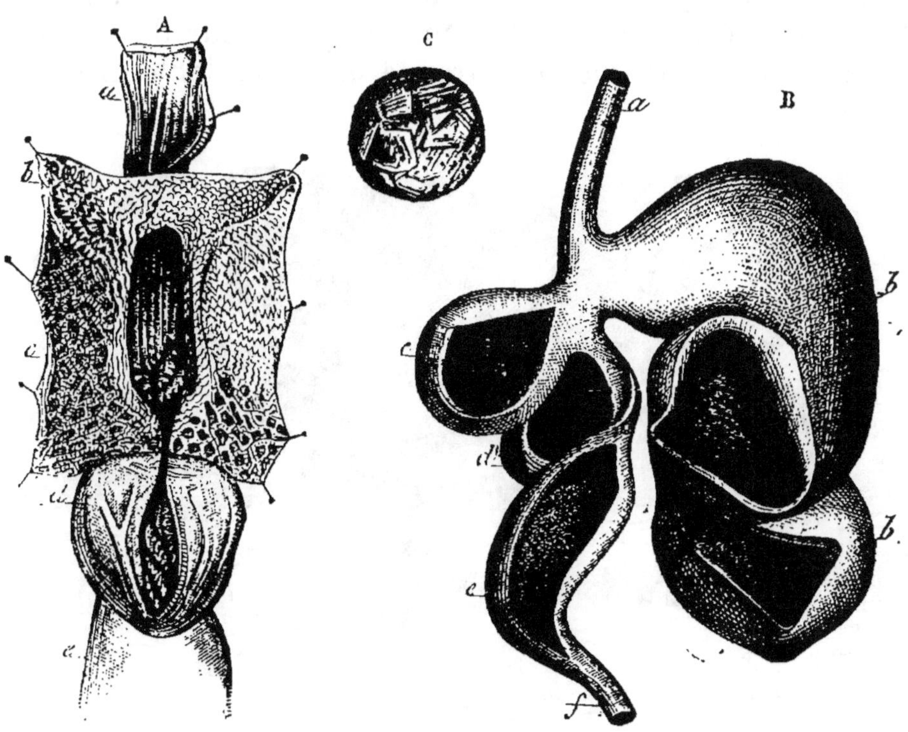

FIG. 33. — Estomac de ruminant (*Mouton*).

A = *a*) la partie inférieure de l'œsophage fendue ; — *b*) partie de la panse. — *c*) partie du bonnet : ces deux cavités ont été ouvertes pour montrer la gouttière ou rainure conduisant à l'œsophage, qui facilite la rumination ; — *d*) le feuillet fendu longitudinalement ; — *e*) partie de la caillette.

B = *a*) œsophage ; — *bb*) panse divisée en deux compartiments ; — *c*) bonnet ; — *d*) feuillet ; — *e*) caillette ; — *f*) commencement du duodénum : les quatre divisions de l'estomac ont été ouvertes pour en montrer l'intérieur.

C = pelote alimentaire que l'animal fait remonter de son estomac à sa bouche pour la mâcher de nouveau, ce qui constitue l'acte de la rumination.

Le bœuf est du nombre des animaux qui ont les intestins fort longs, disposition rendue nécessaire par son régine même, puisque les aliments végétaux sont moins nourrissants à volume égal de poids que ceux d'origine animale.

Il présente encore d'autres particularités dignes d'attention. Sa tête est armée de cornes formées par un étui extérieur de nature cornée et par un axe intérieur osseux, excavé intérieurement par de nombreuses cellules qui semblent être des prolongements des sinus olfactifs et contribuent en même temps à diminuer la pesanteur du crâne entre les parois duquel on retrouve une semblable disposition.

FIG. 34. — *Taureau.*

Les pieds du bœuf ne sont pas moins caractéristiques. Ils sont formés par deux doigts disposés en fourche ou, comme on le dit dans le langage zoologique, bisulques, et ces deux doigts sont portés par un os unique, le canon, qui résulte pour les pieds de devant de la soudure des deux métacarpiens principaux, et pour les pieds de derrière de celle des deux métatarsiens correspondants. Deux autres doigts purement rudimentaires complètent les pieds de cet animal.

Une semblable réunion de caractères se retrouve chez le mouton, la chèvre, les antilopes de toutes sortes, les cerfs et autres espèces pourvues de cornes à étuis ou de bois,

ainsi que chez quelques mammifères de genres encore
différents, tels que la girafe, le chevrotain, le chameau et
le lama. Tous ces animaux rentrent donc dans la catégorie
des ruminants, mais les derniers, plus particulièrement les
chameaux et les lamas, s'éloignent déjà des autres à divers
égards et leur dentition n'est plus tout à fait la même.

.Il est digne de remarque qu'un rapport constant existe
chez ces animaux entre la conformation de leurs dents, dont
nous donnerons ailleurs la description, et la longueur de
leurs intestins. Les pieds eux-mêmes sont appropriés à ce
mode de conformation : chez les ruminants ils sont terminés par des sabots et incapables de servir à autre chose
qu'à la marche.

Nous avons déjà trouvé une pareille harmonie entre
les dents, le tube digestif et la forme des pieds chez le
cheval; les particularités qui le distinguent à cet égard sont
évidemment en rapport avec le genre de vie de cette utile
espèce et son rôle au sein de la création.

De même pour le lapin, le chien, le chat, le singe, animaux quadrupèdes dont les habitudes sont encore différentes
et qui possèdent les uns et les autres un certain nombre de
particularités anatomiques qui leur sont propres. Il n'est
pas jusqu'à la conformation de la mâchoire qui ne participe
à cette sorte de corrélation organique dont les rapports varient pour chaque espèce ou chaque groupe d'espèces.

Cuvier a parlé de ces rapports avec beaucoup de justesse
dans son Discours sur les révolutions du globe. « Tout
être organisé, dit ce grand naturaliste, forme un ensemble,
un système unique et clos, dont les parties se correspondent
mutuellement, et concourent à la même action définitive
par une action réciproque.... Si les intestins d'un animal
sont organisés de manière à ne digérer que de la chair et
de la chair récente, il faut aussi que ses mâchoires soient
construites pour dévorer une proie; ses griffes pour la
saisir; ses dents pour la couper et la diviser; le système
entier de ses organes de mouvement pour la poursuivre et
pour l'atteindre; les organes des sens pour l'apercevoir de

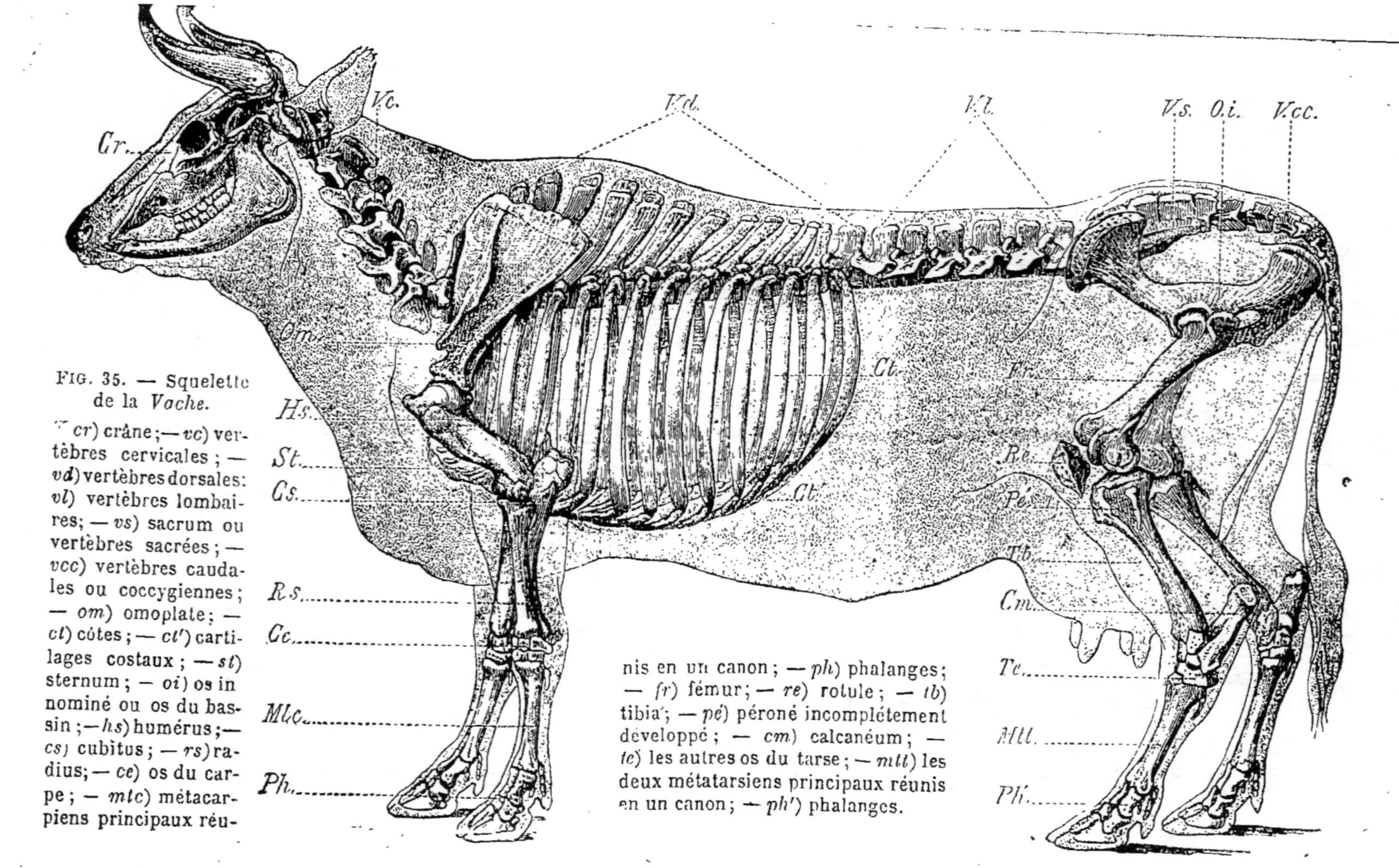


FIG. 35. — Squelette de la *Vache*.

cr) crâne; — vc) vertèbres cervicales; — vd) vertèbres dorsales: vl) vertèbres lombaires; — vs) sacrum ou vertèbres sacrées; — vcc) vertèbres caudales ou coccygiennes; — om) omoplate; — ct) côtes; — ct') cartilages costaux; — st) sternum; — oi) os innominé ou os du bassin; — hs) humérus; — cs) cubitus; — rs) radius; — ce) os du carpe; — mtc) métacarpiens principaux réunis en un canon; — ph) phalanges; — fr) fémur; — re) rotule; — tb) tibia; — pé) péroné incomplétement développé; — cm) calcanéum; — te) les autres os du tarse; — mtt) les deux métatarsiens principaux réunis en un canon; — ph') phalanges.

loin; il faut même que la nature ait placé dans son cerveau
l'instinct nécessaire pour savoir se cacher et tendre des
piéges à ses victimes.

« Telles sont les conditions générales du carnivore ; tout
animal destiné pour ce régime les réunira infailliblement,
car sa race n'aurait pu subsister sans elles ; mais sous ces
conditions générales il en existe de particulières, relatives
à la grandeur, à l'espace, au séjour de la proie pour laquelle
l'animal est disposé ; et de chacune de ces conditions particulières résultent des modifications de détail dans les
formes qui dérivent des conditions générales : ainsi, non-
seulement la classe, mais l'ordre, le genre et jusqu'à
l'espèce se trouvent exprimés dans la forme de chaque
partie.

« .... Nous voyons bien, par exemple, que les animaux
à sabots doivent tous être herbivores, puisqu'ils n'ont
aucun moyen de saisir une proie ; nous voyons bien que,
n'ayant d'autre usage à faire de leurs pieds de devant que
de soutenir leur corps, ils n'ont pas besoin d'une épaule
aussi vigoureusement organisée, d'où résulte l'absence de
clavicule et d'acromion, l'étroitesse de l'omoplate ; n'ayant
pas besoin non plus de tourner leur avant-bras, leur radius
sera soudé au cubitus, ou du moins articulé par ginglyme
et non par arthrodie avec l'humérus ; leur régime herbivore
exigera des dents à couronne plate pour broyer les semences
et les herbages ; il faudra que cette couronne soit inégale,
et, pour cet effet, que les parties de l'émail y alternent avec
les parties osseuses ; cette sorte de couronne nécessitant
des mouvements horizontaux pour la trituration, le condyle
de la mâchoire ne pourra être un gond aussi serré que
dans les carnassiers : il devra être aplati et répondre aussi
à une facette de l'os des tempes plus ou moins aplatie ; la
fosse temporale qui n'aura qu'un petit muscle à loger sera
peu large et peu profonde, etc.

« Toutes ces choses se déduisent l'une de l'autre selon
leur plus ou moins de généralité, et de manière que les
unes sont essentielles et exclusivement propres aux ani-

FIG. 36. — *Chevreuil.*

maux à sabots, et que les autres, quoique également nécessaires dans ces animaux, ne leur sont pas exclusives. »

Nous arriverions aux mêmes résultats par l'examen comparatif du cerf, animal ruminant, pourvu de bois qui servent
à sa défense, de la chauve-souris, destinée à poursuivre sa
proie dans les airs , et de la loutre ou du phoque qui vont
la chercher dans les eaux. La connaissance de leurs mœurs,
en rapport avec leurs organes locomoteurs, et celle de l'appropriation de leurs dents, ainsi que de leur appareil digestif au régime propre à chacun de ces animaux, nous
fourniraient de nouveaux exemples de l'harmonie qui a
présidé à la création de tous les êtres.

Le CERF appartient au même ordre que le bœuf et le mouton, et, comme eux, il se nourrit de substances végétales.
Ses dents ont à peu de chose près la même configuration
que les leurs ; son canal digestif dont l'estomac est multilo-
culaire et apte à la rumination est également fort long
et pourvu d'un ample cœcum. C'est par les particularités
secondaires de sa conformation qu'il se distingue et l'une
des principales consiste dans la nature de ses cornes. Ce
sont, comme chez le bœuf, des prolongements osseux des cs
frontaux, mais au lieu d'être celluleux à l'intérieur, et en-
veloppés extérieurement par un étui corné, ces prolongements auxquels on donne le nom de *bois*, n'ont pour enveloppe qu'une peau vasculaire dont ils se dépouillent bientôt ;
ils sont pleins, leur tige est rameuse et de plus ils sont ca-
duques. On sait en effet que les bois du cerf, du daim,
du chevreuil, ainsi que ceux des autres animaux de la
même famille, tombent annuellement et que chaque année
ils repoussent avec une nouvelle vigueur, tant que l'animal
est dans sa période de croissance et de force.

La CHAUVE-SOURIS nous montre une tout autre conformation. C'est un mammifère qui vit de proie et dont les mâchoires sont fortes et armées de dents de trois sortes, parmi lesquelles on distingue à chaque mâchoire une paire de
puissantes canines. Le condyle servant à l'articulation de
la mâchoire inférieure est transversal au lieu d'être longi-

ludinal, comme dans les ruminants ou le lapin, et il est fortement retenu par les ligaments dans la cavité glénoïde de
l'os temporal sur laquelle il se meut. De même que le condyle, cette cavité est étendue dans le sens transversal. A
ces différents égards, la chauve-souris est donc conformée
sur le même modèle que les carnivores, mais elle en diffère beaucoup sous d'autres rapports.

En effet, c'est d'insectes et non de chair ordinaire que la
chauve-souris fait sa nourriture, et ses dents molaires ont
leur couronne comme épineuse, de manière à pouvoir briser
les élytres et les autres parties dures et chitineuses qui
forment l'enveloppe extérieure de ces petits animaux.

FIG. 37. — *Chauve-souris* (Rhinolophe).

De plus, elle doit les poursuivre jusque dans les airs et
elle jouit, comme les oiseaux, de la propriété de voler.
Cependant c'est par une autre combinaison d'organes que
la nature est arrivée à ce résultat.

La chauve-souris a le corps couvert de poils au lieu de
plumes, et ses ailes sont autrement conformées que celles
des oiseaux. Les doigts, au lieu d'y être raccourcis comme
ceux de ces derniers, y sont au contraire fort longs, les phalanges aussi bien que les métacarpiens, et ils soutendent
une membrane dénudée qui se prolonge sur le pli du bras,

sur les flancs et, en arrière, entre les membres postérieurs, de manière à comprendre la queue. D'ailleurs, la chauve-souris a le corps raccourci comme tous les animaux destinés au vol, et ses muscles pectoraux acquièrent un développement en rapport avec l'allongement de ses bras.

La LOUTRE a aussi des appétits carnassiers, mais c'est dans l'eau qu'elle doit poursuivre ses victimes. Son corps tend à s'allonger comme celui des autres espèces aquatiques;

FIG. 38. — Loutre.

sa queue l'aide dans ses mouvements, et elle doit surtout son habileté comme animal nageur aux membranes qui garnissent ses pieds de derrière. Elle a ces pieds palmés, caractère que nous retrouvons chez le castor, le cygne, le canard, le manchot, etc., qui sont aussi des animaux aquatiques.

Le PHOQUE, sans passer toute sa vie dans l'eau comme le fait un dauphin ou une baleine, est cependant plus aquatique que la loutre. Il s'écarte du rivage, traverse à l'occasion des bras de mer, lutte contre la tempête et peut exercer au milieu des flots la plupart de ses fonctions. Son corps a pour ainsi dire la forme d'un fuseau ; il est d'une souplesse extrême lorsqu'il nage, et ses membres, comme empêtrés, constituent de véritables rames, les antérieurs aussi bien que les postérieurs.

FIG. 39. — *Phoque.*

L'organisation intérieure du phoque présente en outre différentes particularités en harmonie avec ces habitudes plongeuses, et il peut passer sous l'eau sans y être asphyxié un temps assez considérable. Ajoutons que ses dents sont aiguës ou relevées par des pointes, presque en scie pour la plupart et parfaitement appropriées à la capture du poisson dont il fait principalement sa nourriture.

Nous trouvons dans les SINGES un mode encore différent d'appropriation. Ce sont des animaux destinés à vivre sur les arbres et qui ont les membres disposés pour saisir facilement les branches sur lesquelles ils se meuvent avec une agilité merveilleuse, gambadant de l'une à l'autre et s'élançant parfois à des distances considérables.

L'orang-outang n'est pas moins remarquable que les autres singes sous ce rapport ; mais de tous les animaux de cette famille, les mieux conformés pour ce genre de vie sont évidemment certaines espèces américaines, chez lesquelles la queue elle-même devient un instrument de préhension.

FIG. 40. — *Cercopithèque Malbrouck* (d'Afrique).

Elle est volubile à la volonté de l'animal, saisit comme le ferait une main et peut à elle seule soutenir tout le poids du corps qui se balance ainsi dans l'espace. Si l'animal s'élance sur quelque arbre éloigné, ses quatre extrémités terminées par de véritables mains servent à l'y retenir.

Les singes présentent une autre particularité qui facilite la rapidité de leurs mouvements en laissant leurs mains libres, même lorsqu'ils ont quelques aliments à transporter. Les joues,

FIG. 41. — *Sajou* (d'Amérique).

principalement chez ceux qui vivent dans l'ancien conti-

nent, sont dilatables, transformées en petites poches dans
lesquelles ils placent les fruits qu'ils viennent d'arracher aux
arbres, et ils se sauvent en les emportant de cette façon.

FIG. 42. — *Sojous.*

En traitant de la classe des mammifères, nous ferons
connaître les remarquables particularités de structure que
présentent les mammifères de ce groupe et les principaux
genres que l'on reconnaît parmi eux.

Une seule espèce de singes existe naturellement en Europe ; c'est le magot, qu'on ne trouve qu'auprès de Gibraltar. Le même animal est répandu dans plusieurs parties du Maroc et de l'Algérie.

# CHAPITRE IV.

## DES ÉLÉPHANTS. ESPÈCES ACTUELLES ET ESPÈCES FOSSILES. PRINCIPALES PARTICULARITÉS D'ORGANISATION.

Les ÉLÉPHANTS forment dans la classe des mammifères un groupe naturel bien distinct dont il n'existe plus maintenant que deux espèces, l'une propre à l'Afrique (*Elephas africanus*), l'autre vivant dans l'Inde (*E. indicus*), où un certain nombre des individus qui la composent servent comme animaux domestiques.

L'anatomie comparée a montré que beaucoup d'ossements de grande dimension répandus dans le sol, en Europe, en Asie, en Amérique et même en Afrique, provenaient d'animaux analogues, les uns congénères de nos éléphants actuels, les autres appartenant à des genres à part, mais susceptibles d'être classés dans le même groupe, et dont la race s'est éteinte à des époques non moins reculées. Ceux-ci ont reçu les noms de mastodontes et de dinothérium. On en trouve de nombreux débris en France, où il y a aussi des restes fossiles d'éléphants véritables.

Les éléphants sont d'énormes mammifères à pieds en colonnes et ne servant qu'à la marche, à cou raccourci, à tête volumineuse, dont la mâchoire supérieure est armée d'une paire de longues dents incisives sortant de la bouche qui leur servent de défenses. Leurs oreilles sont grandes et aplaties; leurs yeux sont proportionnellement assez petits. Mais ce qui distingue ces animaux de tous les autres, c'est

le long appendice charnu, mobile en tous sens et capable
de servir à la fois à la préhension ainsi qu'au tact, qui surmonte leur lèvre supérieure. Il leur permet d'atteindre à
terre sans se baisser et, par la force musculaire dont il est
doué, il constitue en outre une arme puissante avec laquelle
l'éléphant peut terrasser ses ennemis.

FIG. 43. — *Éléphant d'Asie.*

C'est la trompe, qui n'est en réalité qu'un prolongement
de l'appareil nasal. Les deux tubes des narines la traversent
dans toute sa longueur, et à son extrémité libre on voit
leur double orifice en arrière du petit prolongement digi-
tiforme qui la termine. L'animal s'en sert pour boire. En
opérant une forte aspiration, il remplit d'eau les deux tubes
qui la traversent, mais cette eau ne remonte pas jusque

dans la partie olfactive de l'appareil nasal; les tubes se ré-
trécissent avant d'arriver à cette dernière, et l'éléphant a

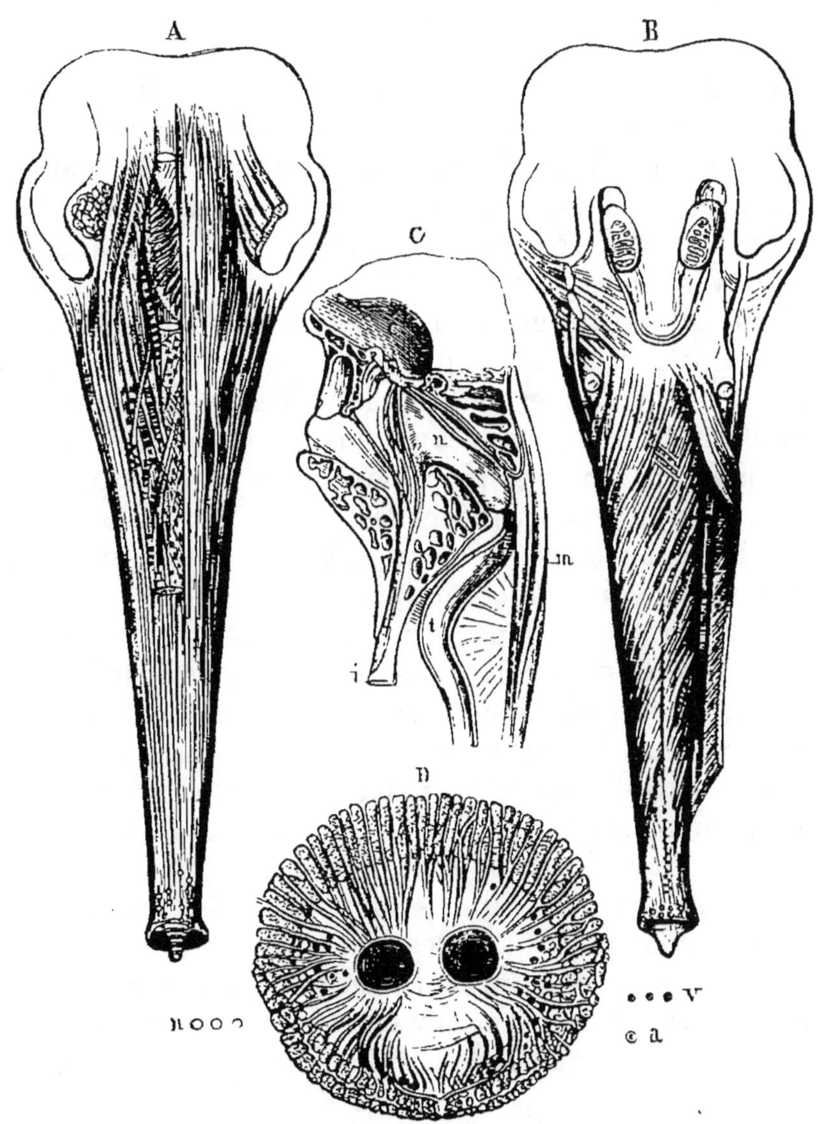



FIG. 44. — Anatomie de la trompe de l'*Éléphant*.

A) les muscles de la partie supérieure et leur insertion sur le front.
B) les muscles de la partie inférieure.
C) Coupe du crâne montrant : c) la cavité cérébrale ; — n) une des narines
— i) l'os incisif, — m) les muscles de la partie supérieure de la trompe ; —
t) un des deux tubes de celle-ci qui conduisent aux narines.

D) Coupe de la trompe, pour montrer les nombreux muscles qui la meuvent. Les deux gros cercles ombrés sont les deux canaux conduisant aux narines. Les petits cercles vides semblables à ceux marqués *n* sont des nerfs; ceux dont un est répété auprès de la lettre *a* sont des artères, et ceux de la lettre *v* des veines.

la possibilité de les fermer complétement de manière que sa trompe devient alors un double siphon d'aspiration, au moyen duquel l'animal laissera ensuite écouler dans sa bouche l'eau qu'il y a renfermée, par le simple relâchement des fibres musculaires qui en forment le point de jonction avec les véritables narines.

Une quantité extrêmement considérable de muscles entre dans la construction de la partie charnue de la trompe et concourt à lui donner cette extrême flexibilité. Cette souplesse de la trompe, jointe à sa force considérable et à sa sensibilité, en font un instrument extrêmement précieux pour ces singuliers quadrupèdes. Cuvier n'évalue pas à moins de 30 ou 40 000 le nombre des muscles qui entrent dans la composition de cet organe.

Les éléphants ont deux sortes de dents : des incisives, dont nous avons déjà parlé sous le nom de défenses, et des molaires, appropriées à un régime essentiellement végétal.

Leur cerveau présente de nombreuses circonvolutions et ce sont certainement des animaux fort intelligents.

Leurs mamelles, dont il n'y a qu'une seule paire, sont pectorales; leurs doigts sont au nombre de cinq à chaque pied ; enfin leurs membres sont disposés comme des colonnes, uniquement affectés à la sustentation du corps et reposant sur le sol par l'extrémité des doigts. Une grosse pelote de tissu fibreux élastique soutient les pieds de ces animaux et empêche leurs doigts de fléchir dans la marche.

Les éléphants asiatiques (fig. 43) sont faciles à distinguer de ceux de l'Afrique par la forme de leur tête, doublement bombée; par leurs oreilles moins grandes ; et par leurs dents molaires qui montrent des ellipses d'émail, à bords festonnés au lieu de losanges réguliers (fig. 45).

Les éléphants de l'Inde·sont seuls domestiques; encore ne le sont-ils qu'individuellement, puisqu'ils ne se reproduisent pas en captivité et qu'il faut prendre sauvages ou tout au moins dans un état de demi-liberté ceux que l'on veut employer et les apprivoiser l'un après l'autre. Quel-

FIG. 45. — *Éléphants d'Afrique et d'Asie.*

ques auteurs ont pensé que les éléphants asiatiques constituaient deux espèces, dont une serait particulière à Sumatra; mais il ne s'agit peut-être ici que de simples variétés.

ÉLÉPHANTS FOSSILES. — Il a existé en Europe, pendant la période quaternaire, des animaux du même genre : on admet même qu'ils étaient de plusieurs espèces. Quel-

FIG. 46. *Mammouth*, et *Éléphant d'Asie* (squelette et peau), du Musée de Saint-Pétersbourg.

ques-uns dépassaient considérablement en dimensions les éléphants actuels.

Ces éléphants d'espèces aujourd'hui éteintes s'étendaient jusque dans le nord de l'Asie et dans l'Amérique septentrionale.

Leur race ou espèce la plus nombreuse était celle à laquelle on a donné le nom de mammouth (*Elephas primigenius*). On en retrouve des individus entiers enfouis dans les boues gelées de la Sibérie, et les poils dont ils avaient le corps garni doivent faire admettre qu'ils étaient capables de mieux résister au froid que ne pourraient le faire les éléphants d'aujourd'hui. L'homme a été le comtemporain de ces animaux.

Le musée de Saint-Pétersbourg possède le squelette d'un éléphant fossile qui a été rapporté des bords de la Léna. Il fut découvert en 1799, par des pêcheurs tongouses, et c'est le naturaliste russe Adams qui a réussi à le faire transporter en Europe. Au moment où on le signala, l'animal avait encore sa peau et ses chairs. Quelques mèches de longs poils dont il était couvert ont été envoyées à différents musées ; on en voit dans celui de Paris. Cette espèce a été commune en Europe.

En France, les éléphants ont aussi existé jusque dans les premiers temps de la période glaciaire. On trouve également des restes de ces animaux en Angleterre, en Belgique, en Allemagne et jusque sur les bords de la mer Noire. C'est donc bien certainement par erreur, qu'après avoir attribué ces ossements à des géants appartenant à l'espèce humaine, on a voulu y voir les restes des éléphants qu'Annibal a conduits de Carthage en Italie, en les faisant passer par l'Espagne et le midi de la France.

Des éléphants assez différents de ceux dont il vient d'être question sont fossiles dans l'Inde, mais dans des terrains plus anciens. On distingue aussi plusieurs espèces parmi eux.

————

# CHAPITRE V.



Beaucoup d'animaux accomplissent périodiquement de
longs voyages. Les lemmings, sortes de campagnols particuliers aux régions arctiques, quittent par troupes innombrables la chaîne des Alpes scandinaves, qui est leur
demeure habituelle, et ils s'en éloignent suivant deux directions différentes; les uns marchent vers la mer du nord
avançant de l'est à l'ouest; les autres descendent vers le
golfe de Bothnie et vont de l'ouest à l'est; puis ils retournent vers leurs montagnes. Les bisons, encore si multipliés
pans certaines parties de l'Amérique septentrionale, exécutent aussi des émigrations et l'on en voit des bandes considérables aller du nord au sud ou du sud au nord, suivant les saisons. D'autres espèces de mammifères ont des
habitudes analogues, et l'on a expliqué par de semblables
déplacements l'apparition annuelle des harengs dans les
régions septentrionales de l'Atlantique, celles des sardines
dans les parties tempérées du même océan et les passages
périodiques du thon sur nos côtes de la Méditerranée.

Les migrations des oiseaux sont mieux connues et le but
en est incontestable. C'est le soin de leur alimentation qui
les dirige, aussi voit-on certaines espèces qui se nourrissent
d'insectes voyager annuellement. En été elles viennent ni-
cher dans nos contrées où il leur est alors facile de se nour-

rir; en hiver elles traversent la Méditerranée et vont en
Afrique chercher une nourriture que notre climat est devenu impuissant à leur fournir puisque le froid y a détruit
les insectes.

Ces habitudes nomades ont rendu célèbres les HIRON-
DELLES. Leur départ annonce les mauvais jours; en revenant elles nous présagent le retour de la belle saison.

Il y a en France plusieurs espèces d'oiseaux de ce genre,
dont les deux plus communes sont l'hirondelle de cheminée et l'hirondelle de fenêtre.

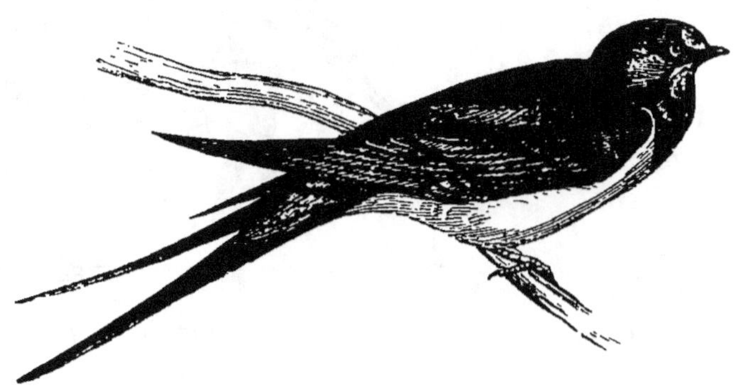

FIG. 47. — *Hirondelle de cheminée.*

Chez l'hirondelle de cheminée (*Hirundo rustica*), le front
et la gorge sont de couleur marron; la poitrine et le ventre sont d'un blanc terne ou roussâtre.

Elle recherche partout le voisinage de l'homme, émigre
régulièrement, mais ne pousse pas ses voyages au delà du
tropique. C'est sur nos habitations, quelquefois dans leur
intérieur qu'elle fait son nid, pour lequel elle emploie surtout des matières argileuses. Ses œufs sont blancs, marqués de petites taches brunes et violettes.

L'hirondelle de fenêtre (*Hirundo urbica*) a la nuque et
le haut du dos de couleur noire avec des reflets violets;
toutes ses parties inférieures et son croupion étant d'un
blanc pur. Ses œufs sont aussi de cette couleur. Elle vient
dans les villes et niche principalement sous le rebord des
toitures ainsi qu'aux angles des fenêtres.

Ces oiseaux volent avec autant de grâce que de légèreté; ils ont les ailes aiguës et la queue en fourche ; mais leurs pieds sont courts et lorsqu'ils se posent à terre leur marche est assez embarrassée. Leur bec large leur permet de saisir au vol les insectes dont ils font leur pâture.

Au retour de leur voyage annuel les hirondelles reviennent dans les localités où elles sont nées et celles qui ont

FIG. 48. — *Hirondelle ae fenêtre.*

déjà niché savent retrouver l'emplacement même où elles s'étaient précédemment établies. Elles arrivent isolément ou par petites bandes et l'on n'en voit d'abord qu'un certain nombre. Celles-là semblent être des messagères expédiées par les autres pour s'assurer de la possibilité de trouver sous notre climat une subsistance suffisante pour le gros de la troupe, et si le mauvais temps reprend on n'en voit pas arriver immédiatement un plus grand nombre.

Au contraire, le départ des hirondelles a lieu en masse. Il est décidé dans une sorte de réunion générale à laquelle se rendent toutes celles d'une même circonscription.

Dans les villes on voit alors des milliers de ces oiseaux rassemblés sur les toits ; ils s'agitent attendant l'instant propice, et, à un moment donné, ils prennent tous leur vol pour gagner un climat moins rigoureux.

Outre les véritables hirondelles, nous avons aussi en Europe des martinets (genre *Cypselus*), oiseaux de la même famille, mais dont les pattes sont encore plus courtes et les ailes plus longues. Ils se tiennent à une hauteur plus considérable. On les voit souvent en grand nombre auprès des monuments élevés. Leur plumage est moins élé-

FIG. 49. — Départ des *Hirondelles*.

gant que celui des hirondelles et leur taille est sensiblement plus forte.

Les hirondelles et les martinets volent et chassent de jour.

Au contraire, c'est pendant la nuit que les ENGOULE-VENTS (genre *Caprimulgus*) entrent en activité, et sous ce rapport ils sont comparables aux accipitres nocturnes (effraies, chouettes, hiboux), auxquels ils ressemblent assez par le moelleux et les teintes gris-brun de leur pelage.

L'engoulevent est dans nos campagnes l'objet de préjugés qui n'ont aucun fondement; aussi nous dispense-
rons-nous de les rappeler.

FIG. 50. — *Engoulevent d'Europe.*

On trouve dans certaines parties de la mer des Indes une
espèce d'hirondelles différentes des nôtres qui place son nid
dans les rochers. Elle le construit avec des fucus à moitié
digérés qu'elle imprégne d'un suc digestif fourni par son
propre estomac.

Cette hirondelle est la SALANGANE (*Hirundo esculenta*)
dont le nid est fort recherché comme aliment, surtout en
Chine.

On en fait des potages d'une digestion facile, qui relèvent
les forces des malades et excitent l'appétit des individus
bien portants. Il semble que le suc gastrique des hirondelles que ces nids renferment se mêle alors à celui de l'estomac humain pour lui venir en aide, et l'on peut comparer
leur action à celle du principe appelé pepsine que l'on ex-

trait de la caillette des ruminants pour soulager les personnes qui ont des digestions difficiles.

FIG. 51. — *Hirondelle salangane.*

La salangane est plus petite que nos hirondelles de
France, brune en dessous, blanchâtre en dessus et au bout
de la queue, qui est fourchue.

# CHAPITRE VI.

DES POISSONS. COMPARAISON DE LEUR RESPIRATION AVEC CELLE
DES AUTRES ANIMAUX. ANALOGIES QUE LES BATRACIENS ONT
AVEC LES POISSONS.

Tous les animaux dont nous avons parlé jusqu'à présent respirent l'air élastique et le prennent à l'atmosphère. Les batraciens n'échappent pas à cette règle puisqu'ils ont des poumons pendant une partie de leur vie, même ceux qui gardent des branchies à tous les âges. Nous verrons que les cétacés, tout en se tenant constamment dans l'eau, ont la respiration purement aérienne et nous retrouverons aussi parmi les invertébrés des espèces qui sont même dans ce cas. Les planorbes et les limnées, mollusques communs dans nos étangs, en sont un exemple. Ils respirent à la manière des limaces et des colimaçons de nos jardins et leurs organes respiratoires ne sont pas différents de ceux de ces derniers mollusques.

Au contraire, un grand nombre d'espèces appartenant aux classes inférieures habitent l'eau et elles y accomplissent leur respiration, c'est-à-dire cet échange d'acide carbonique produit dans leurs tissus et dont se charge le sang en traversant ces derniers, contre de l'oxygène, qui devra servir à l'oxydation d'une quantité nouvelle de carbone incessamment fournie par l'alimentation. La respiration est donc un fait général à tous les animaux et les êtres organisés qui constituent le règne végétal ne sont pas dispensés de cette nécessité vitale. Sans elle les fonctions s'éteignent et la mort ne tarde pas à détruire toute activité organique.

Si nous poursuivions ces réflexions, il nous serait facile de démontrer que dans les deux cas de la respiration aérienne et de la respiration aquatique les choses se passent en définitive de la même manière, du moins dans ce que ce phénomène a d'essentiel; c'est toujours l'oxygène mêlé au milieu ambiant qui est échangé dans l'organe respiratoire contre de l'acide carbonique fourni par l'organisme. La quantité d'eau varie seule. Peu considérable mais jamais nulle dans la respiration aérienne, à laquelle le corps la fournit lui-même, elle est abondante dans la respiration aquatique et l'organe respiratoire se trouve baigné par ce liquide. L'eau ne joue cependant qu'un rôle secondaire dans la respiration. Elle a pour objet d'entretenir la souplesse des membranes à travers lesquelles cet échange de gaz s'accomplit. Quel que soit le mode suivant lequel la respiration s'opère, dans les poissons aussi bien que dans les animaux aériens, ce n'est jamais d'elle que provient l'oxygène absorbé; elle n'est point décomposée et l'air que l'eau des fleuves ou celle de la mer tient en dissolution est même plus riche en oxygène que ne l'est celui qui entre dans la composition de l'atmosphère. Il en contient jusqu'à 35 et 40 pour 100.

Cet acte de la respiration, si nécessaire à la vie, s'accomplit toutefois au moyen d'organes différemment conformés suivant le genre de vie des animaux que l'on examine.

Les poumons, c'est-à-dire les organes de respiration des espèces aériennes, sont formés par des poches cachées dans l'intérieur du thorax et abrités contre l'action desséchante de l'atmosphère ainsi que contre les autres causes qui pourraient entraver les phénomènes physiques dont ils sont le siége; tandis que les branchies, organes spéciaux de respiration aquatique, flottent librement dans le liquide au milieu duquel sont plongés les animaux qui les portent. Elles peuvent même être tout à fait extérieures, et si elles sont renfermées dans une cavité, cette cavité est à peu près constamment remplie d'une eau courante et les houppes branchiales sont de toute part en contact avec ce liquide.

De même que c'est en traversant les poumons que le sang se débarrasse de son acide carbonique pour renouveler sa provision d'oxygène, de même aussi cet échange a lieu pendant le passage du sang à travers les branchies, et en définitive, sauf les modifications nécessitées par la nature du séjour, le phénomène a lieu chez les espèces aquatiques comme chez les espèces aériennes. Telle est la loi que nous voulions démontrer.

C'est donc un caractère pour les poissons, vertébrés vivant complétement dans l'eau, que d'être pourvus de branchies au lieu d'avoir des poumons. Cette particularité suffirait à les faire distinguer de tous les autres animaux du même embranchement, si on ne la retrouvait, tantôt dans le jeune âge seulement, tantôt pendant toute la vie, chez les faux reptiles auxquels on donne le nom de batraciens.

Pendant quelque temps les naturalistes avaient classé les batraciens parmi les reptiles proprement dits, tels que les tortues, les lézards et les couleuvres, et ils s'étaient bornés à en faire un ordre à part, en en formant le quatrième de cette classe elle-même qui se trouvait ainsi partagée en chéloniens ou tortues, sauriens ou lézards, ophidiens ou serpents et batraciens ou reptiles nus.

C'est sur la considération des métamorphoses que les batraciens subissent après leur naissance que se trouvait basée cette séparation des grenouilles, des salamandres, etc., comme ordre distinct, et c'est à cause de leurs pattes à peu près conformées comme celles des reptiles véritables et surtout en considération des poumons qu'ils acquièrent en devenant adultes, qu'on ne distinguait pas ces animaux des reptiles proprement dits. Les analogies qu'ils offrent sous plusieurs autres rapports avec les poissons avaient été considérées comme secondaires, et l'on croyait y satisfaire en mettant les batraciens plus près des poissons que les reptiles à corps écailleux ou reptiles ordinaires.

L'étude comparative du mode de développement des ba-

traciens et des autres reptiles a conduit récemment les
naturalistes à rapprocher davantage les premiers de ces

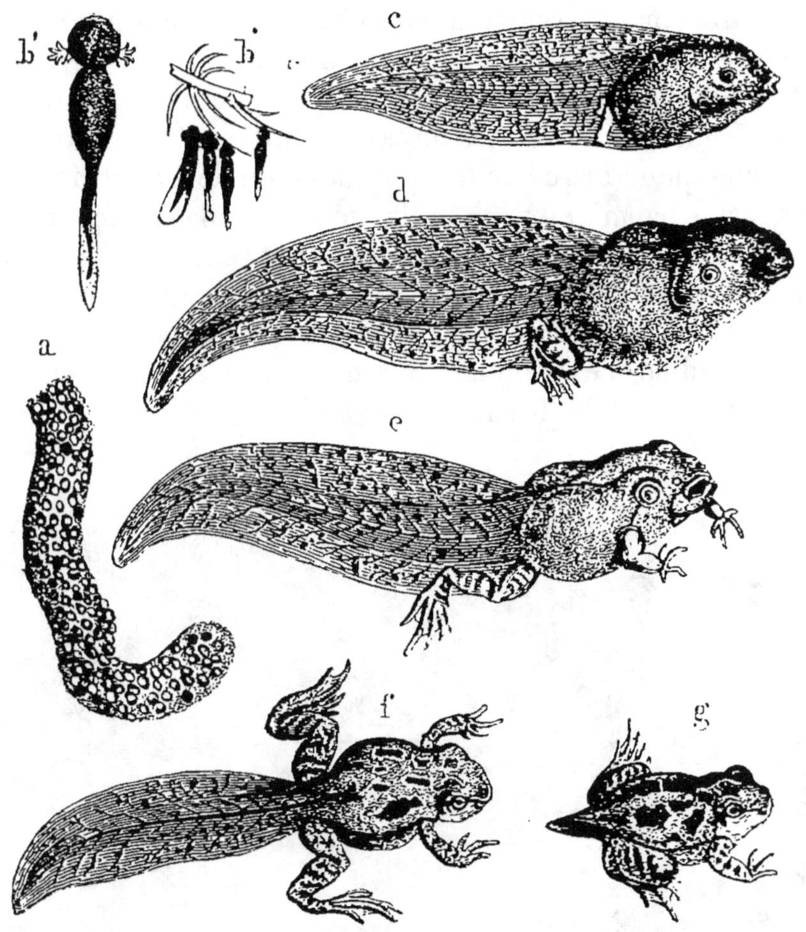

FIG. 52. — Métamorphoses du *Crapaud*.
*a*) les œufs réunis en un long cordon ; — *b*) têtards au moment de l'éclosion ;
— *b'*) l'un d'eux grossi pour faire voir ses branchies extérieures ; — *c*) le
même ayant perdu ses branchies extérieures, mais ne possédant pas encore de
pattes ; — *d*) pourvu de pattes postérieures ; — *e*) pourvu de pattes postérieures et de pattes antérieures ; — *f*) le corps commence à perdre la forme qu'il
avait dans l'état de têtard et prend son aspect définitif ; — *g*) la queue a
presque entièrement disparu.

animaux des poissons, et nous verrons en traitant de la
classification[1] que si l'on partage l'embranchement des ver-

1. *Zoologie*, 2ᵉ année, p. 89.

tébrés en deux sous-embranchements, c'est avec les poissons que les batraciens doivent prendre place, tandis que les reptiles ordinaires sont au contraire des animaux de la même série que les oiseaux et les mammifères.

Nous n'avons en France qu'un petit nombre de batraciens. Tous subissent des métamorphoses et perdent leurs branchies pour acquérir des poumons en devenant adultes. Il en est, parmi eux, dont la queue disparaît également avec l'âge et qui par suite deviennent encore plus différents de ce qu'ils étaient au moment de leur naissance. Ce sont les batraciens anoures, c'est-à-dire privés de queue. Cet appendice n'existe chez eux que dans le premier âge, alors qu'ils ont la forme de têtards.

Fig. 53. — *Salamandre tachetée.*

La grenouille verte (*Rana esculenta*), la grenouille rousse (*R. temporaria*), le pélodyte ponctué (*Pelodytes punctatus*), l'alyte accoucheur (*Alytes obstetricans*), le pélobate cultripède (*Pelobates cultripes*), le pélobate brun (*P. fuscus*), le bombinator à ventre rouge (*Bombinator igneus*), le crapaud commun (*Bufo vulgaris*) et le crapaud vert (*Bufo viridis*), sont avec la Rainette (*Hyla viridis*) vulgairement appelée Granet, les différentes espèces de batraciens anoures propres à la France.

Nos autres espèces de la même classe sont des urodèles, c'est-à-dire qu'elles ont la queue persistante. Une d'elles devient terrestre en perdant ses branchies; c'est la salamandre proprement dite, ou salamandre tachetée (*Salamandra maculosa*), qui a alors la queue arrondie; les autres se tiennent presque toujours à l'eau et leur queue reste comprimée, à tous les âges.

FIG. 54. — *Tritons ou Salamandres aquatiques.*

On donne à ces dernières la dénomination générique de tritons : triton marbré (*Triton marmoratus*), triton à crête (*T. cristatus*), triton ponctué (*T. punctatus*), triton palmipède (*T. palmipes*), etc.

Il existe dans les Alpes une espèce de batraciens ap-

pelée la salamandre noire (*Salamandra atra*) qui tout en
se rapprochant de celles du centre de la France dont nous
avons parlé plus haut, et celle de l'île de Corse, présente
quelques particularités assez remarquables dans son mode

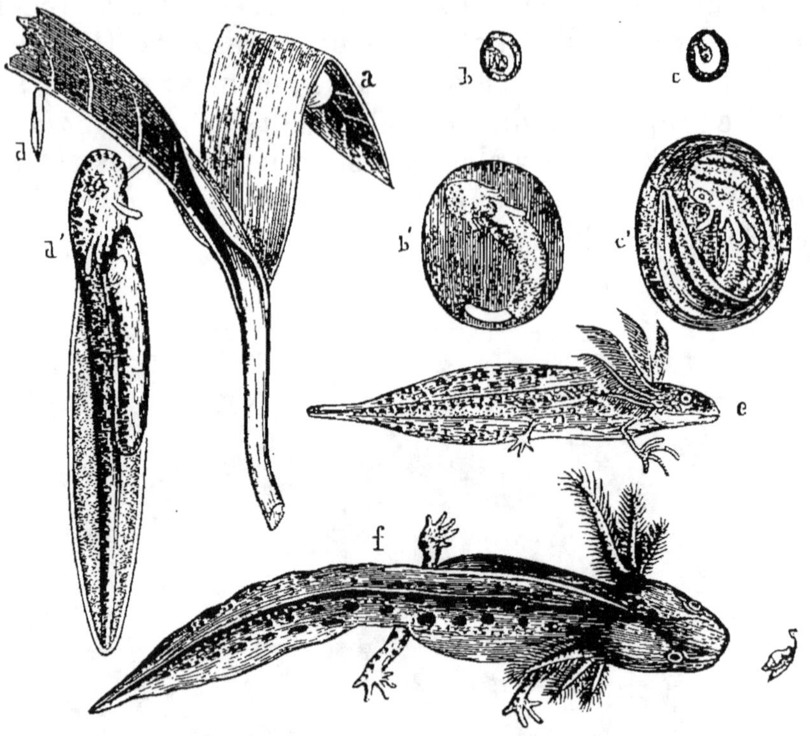

FIG. 55. — Développement du *Triton*.

*a*) l'œuf; — *b, c*) développement de l'œuf; — *b'*, *c'*) les mêmes figures gros-
sies ; — *d*) larve au moment de l'éclosion ; — *d*) la même, grossie; — *e*) plus
âgée et pourvue de pattes ; — *f*) encore plus avancée, mais n'ayant pas perdu
ses branchies.

de parturition. Elle fait également des petits vivants, mais
elle n'en a que deux chaque fois et ils ont déjà perdu leurs
branchies. Au contraire les tritons sont tous ovipares
(fig. 55.)

# CHAPITRE VII.

### DES CÉTACÉS ET DE QUELQUES AUTRES ANIMAUX AQUATIQUES QUE L'ON CONFOND SOUVENT AVEC LES POISSONS.

Les poissons tels que la zoologie les définit sont des animaux vertébrés aquatiques pourvus de nageoires, les unes paires, les autres impaires, les premières répondant aux membres des animaux terrestres propres au même embranchement, et dont la respiration, qui s'opère par des branchies, utilise à son profit l'oxygène de l'air dissous dans l'eau. Ils n'ont que deux cavités au cœur, une oreillette et un ventricule, et leur peau est habituellement garnie de véritables écailles.

Ces vertébrés sont donc faciles à reconnaître et c'est bien à tort que l'on confond souvent avec eux dans le langage vulgaire, non-seulement les cétacés, qui sont des mammifères aquatiques, mais encore certains animaux sans vertèbres tels que l'écrevisse et d'autres crustacés, l'huître ainsi que beaucoup de mollusques vivant dans l'eau, enfin un grand nombre d'êtres encore différents de ceux-là et dont la plupart sont des zoophytes. Un examen même superficiel permettrait d'éviter de semblables confusions. Nous nous bornerons en ce moment à faire ressortir les caractères distinctifs qui séparent les cétacés des poissons.

Les anciens, plus particulièrement les Grecs, qui avaient réuni au sujet des animaux de la Méditerranée des notions très-étendues dont les naturalistes n'ont compris la portée que dans ces derniers temps, savaient déjà que les baleines ont le sang chaud et qu'elles font des petits vivants. Ils connaissaient la baleine rorqual (phalaïna ou mysticetos d'Aristote), le dauphin et quelques autres espèces du même ordre.

Chez tous les animaux de ce groupe on retrouve une forme peu différente en apparence de celle des poissons, mais qui cependant peut empêcher de les confondre avec les poissons véritables. Quoique leur peau manque de poils ou que, pour être plus exact, elle n'en ait que de très-rares et fort difficilement perceptibles, elle a la structure de celle des quadrupèdes vivipares et recouvre une épaisse panne graisseuse comparable à celle du porc; en outre les nageoires des cétacés dont il n'y a qu'une paire, l'antérieure, répondant à nos membres thoraciques, n'ont pas les rayons caractéristiques des pectorales des poissons, et leur nageoire caudale, absolument dépourvue des os ou des rayons qui la soutiennent chez ces derniers, est transversale au lieu d'être verticale comme cela se voit sans aucune exception dans les vertébrés de la classe des poissons.

Ajoutons que les cétacés ont des mamelles sécrétant un véritable lait et que ce caractère seul, si on en avait bien compris la valeur, aurait suffi pour les faire classer avec les mammifères, c'est-à-dire avec les quadrupèdes vivipares puisqu'il ne permet pas de douter que ces animaux ne soient semblables aux autres mammifères par l'ensemble de leur structure anatomique.

L'examen intérieur des mêmes animaux nous offrirait donc d'autres particularités concordantes avec celles-là, et dont il serait également facile de tirer des indications importantes.

Les cétacés, mammifères intelligents, ont le cerveau volumineux et établi d'après le mode général propre aux mammifères. Leurs dents sont radiculées comme celles de ces animaux mais à une seule racine; leurs poumons sont analogues aux leurs, également appropriés à une respiration aérienne et pourvus d'une trachée-artère; leur cœur a quatre cavités; leur circulation est double; leur sang est chargé de globules qui sont circulaires au lieu d'être elliptiques ; ils ont un diaphragme ; leurs organes reproducteurs et leur mode de génération sont semblables à ceux des animaux à mamelles, et, ce qui ne pouvait manquer d'avoir lieu, la conformation générale des cétacés étant telle que nous venons de la décrire, ils jouissent d'une chaleur propre, résultat de leur activité nutritive, et sont au nombre des animaux qui ont le sang chaud.

Ce n'est donc qu'en tenant exclusivement compte de leur genre de vie que l'on a pu rapprocher les cétacés des poissons tels que nous les avons caractérisés plus haut. Encore aurait-on dû remarquer qu'au lieu de respirer sous l'eau à la manière de ces animaux, ils viennent à la surface prendre l'air qui leur est nécessaire et en remplir leurs poumons.

Étant destinés à vivre exclusivement au sein des mers, et par suite à nager au lieu de marcher, les cétacés ne devaient pas avoir la même forme que les mammifères terrestres dont ils possèdent pourtant les principales particularités d'organisation, et l'on comprend très-bien que la nature ait approprié leur forme générale, ainsi que celle de leurs différentes parties extérieures, aux conditions pour lesquelles elle les destinait. C'est là l'explication de leur analogie extérieure avec les poissons ; mais, disons-le encore, cette analogie est plus apparente que réelle. Au lieu d'avoir une valeur vraiment caractéristique, elle réside dans le *facies*, c'est-à-dire dans une fausse ressemblance et n'a rien qui soit susceptible de fournir des caractères véritablement importants tels que ceux auxquels on doit avoir recours si l'on veut déterminer avec précision dans quelle classe chaque espèce animale doit être placée.

Les BALEINES, et les autres cétacés de la même famille qu'elles, sont avec les cachalots les plus volumineux de tous les animaux actuellement existants. Leur caractère principal réside dans les fanons, sortes de lamelles cornées, fournissant la baleine du commerce, qui garnissent leur bouche. Ces lamelles sont surtout développées dans les

baleines proprement dites ou baleines franches, dont il y a
des espèces dans les régions polaires, soit arctiques soit
antarctiques, et comme ces énormes cétacés donnent aussi
plus d'huile que les autres, ce sont eux que l'on poursuit
de préférence.

FIG. 56. — *Baleine franche.*

La pêche de la baleine s'est autrefois effectuée dans le
golfe de Gascogne. Les Basques s'y adonnaient avec succès
et poursuivaient sur leur propre littoral une espèce
aujourd'hui presque éteinte à laquelle on donne le nom de
Baleine de Biscaye. Plus tard, durant le dernier siècle
surtout et dans une partie du siècle actuel, nos baleiniers
et ceux de la Hollande ont été dans le nord pour y rechercher les baleines franches ou baleines mysticètes, et depuis
lors la rareté croissante de cette espèce les a obligés d'a-
bandonner ces parages pour les mers du sud et pour le
Pacifique ; aussi cette spécialité a-t-elle passé en grande
partie aux Américains.

Les baleines vivent par troupes ; elles se retirent dans
certaines anses où elles trouvent en abondance les petits
mollusques et les crustacés presque microscopiques dont
elles font leur pâture. Les voyages qu'elles exécutent sont
bien moins étendus qu'on ne l'avait cru d'abord, et l'on

sait aujourd'hui qu'une même espèce n'existe pas en même temps dans les deux hémisphères.

Les Rorquals, divisés en balénoptères ou baleines à nageoire dorsale et en ptérobaleines ou baleines à bosses, forment deux genres différents de celui des baleines franches, mais qui appartiennent à la même famille. Ils ne sont point recherchés des baleiniers parce que leur poursuite est plus dangereuse. En effet, ces animaux sont plus sveltes que les vraies baleines, et comme d'ailleurs ils ont les fanons plus courts que ces dernières, et qu'ils ne fournissent qu'une faible quantité d'huile on les évite au lieu de les rechercher.

FIG. 57. — Pêche de la *Baleine*.

Quant aux cachalots, ils n'appartiennent pas au même sous-ordre, ce sont des cétacés pourvus de dents et qui manquent de fanons. Cependant ils ne sont pas inutiles. On en tire de l'ivoire, des os presque aussi durs que l'ivoire, de l'huile et du blanc de baleine. Ils vivent en grande partie de céphalopodes, et l'on trouve encore dans l'ambre gris qu'ils rejettent avec leurs excréments les becs chitineux de ces mollusques. Cette substance est recherchée pour la parfumerie ainsi que pour la pharmacie.

Au même sous-ordre que les cachalots appartiennent les hyperoodons, les ziphius, les orques, les glabiceps, les tursios, les dauphins et les marsouins qui sont aussi des animaux marins et possèdent en commun avec eux le caractère d'être pourvus de dents plus ou moins nombreuses et à une seule racine.

# CHAPITRE VIII.



## QUELQUES REMARQUES SUR LES REPTILES : LÉZARDS, COULEUVRES, VIPÉRES, TORTUES.

Il y a des animaux pourvus de squelette, par conséquent vertébrés, dont le corps est simplement couvert d'écailles, sans poils ni plumes, qui vivent à l'air libre comme les mammifères et les oiseaux. Toutefois leur respiration est moins active que celle de ces derniers; elle est aussi moins parfaite et leur température est variable avec les circonstances extérieures. Ce sont les reptiles, animaux qui n'ont pas une activité vitale suffisante pour entretenir leur température au même degré d'élévation que les vertèbres des deux premières classes, lorsqu'il fait froid.

Nous en avons en France de plusieurs genres, particulièrement des lézard, seps, orvet, couleuvre et vipère. Dans le midi ainsi que dans le sud-ouest, il existe une espèce de cistude ou tortue d'eau, et l'on trouve sur quelques points de nos départements méditerranéens des sauriens du genre gectro.

Les LÉZARDS (genre *Lacerta*) sont des reptiles pourvus de quatre pattes et d'une longue queue dont les plaques ventrales sont plus larges que les autres. Ils se nourrissent principalement d'insectes ; nous en possédons plusieurs espèces dont une est ovo-vivipare (*Lacerta vivipara*), les autres sont ovipares.

Ce sont le lézard des souches (*L. stirpium*) et le lézard

des murailles (*L. muralis*), le lézard vert (*L. viridis*) un peu plus grand, et le lézard ocellé (*L. ocellata*) qui le dépasse encore.

Une petite espèce de lézards habite exclusivement les dunes du littoral méditerranéen; on lui a donné le nom de *L. hispanica*.

Tous ces animaux ont la langue bifide, les yeux garnis de paupières et le tympan ou membrane vibrante de l'oreille moyenne, visible extérieurement.

FIG. 58. — *Lézard*.

Leur système de circulation et leurs poumons comparés à ceux des mammifères et des oiseaux montrent une moindre complication que chez ces animaux, ce qui est en rapport avec le peu d'élévation de leur chaleur propre.

On retrouve en géneral les mêmes caractères d'organisation chez les COULEUVRES (genre *Coluber*), mais certaines particularités extérieures permettent de les distinguer aisément; ainsi leurs yeux n'ont plus de paupières, leurs tympans sont cachés par la peau et elles ne possèdent pas de membres.

Non-seulement les couleuvres manquent de ces appendices, mais on ne retrouve plus dans leur squelette ni épaule véritable ni bassin, comme il y en a encore chez le orvets ou serpents de verre (genre *Anguis*) qui sont des sauriens, de même que les lézards, mais des sauriens sans pieds et dont la forme est déjà très-analogue à celle des serpents. Chez les seps du midi (genre *Seps*) les pieds quoique rudimentaires sont néanmoins apparents et terminés par trois doigts très-petits.

Les couleuvres vivent de proie. Ce sont des grenouilles et autres batraciens, des lézards, parfois des oiseaux ou de petits mammifères qui forment la base de leur alimentation.

Quelques serpents avalent même des animaux beaucoup plus gros, sans avoir cependant des dimensions supérieures à celles de nos couleuvres. Avant d'engloutir leurs victimes ils ont bien soin de leur briser les os en les serrant au milieu des replis de leur corps.

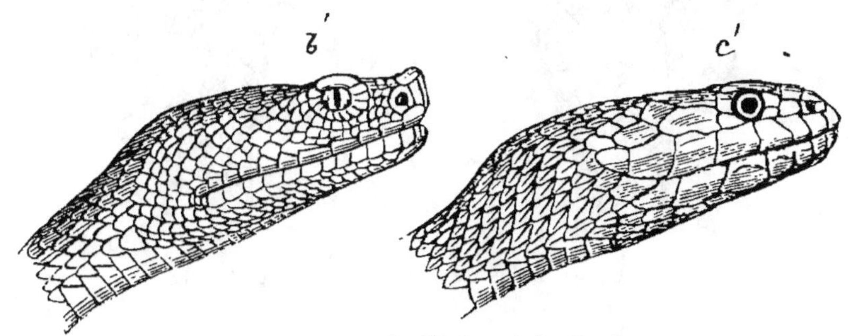

FIG. 59. — Têtes de *Vipère* et de *Couleuvre*.

C'est un caractère des ophidiens, c'est-à-dire les serpents véritables, d'avoir la possibilité d'introduire dans leur tube digestif des animaux plus gros qu'eux, ce qui tient à la dilatabilité de leurs mâchoires et à leur manque de sternum. Ils peuvent dès lors ouvrir considérablement leur bouche et comme rien ne s'oppose à la distension de leur pharynx ainsi qu'à celle de leur œsophage, ils prennent lorsqu'ils ont ainsi dégluti quelque proie, un diamètre bien supérieur à celui qu'on leur connaît dans les conditions ordinaires.

Nous avons en France plusieurs espèces de couleuvres, dont les plus communes sont la couleuvre à collier (*Coluber natrix*) et la vipérine (*C. viperinus*), l'une et l'autre du genre tropidonote.

Le centre et le midi possèdent plusieurs autres espèces de ces animaux : couleuvre lisse, couleuvre verte et jaune, couleuvre d'Esculape, couleuvre hermanienne et couleuvre de Montpellier.

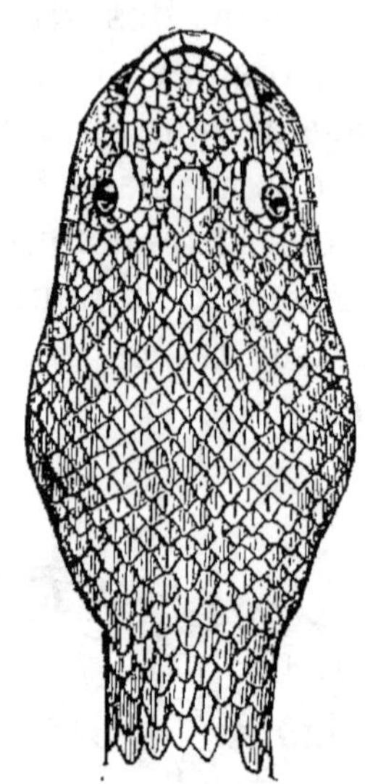

FIG. 60. — Têtes de *l'ipère* et de *Couleuvre*.

Les Vipères (genre *Vipera*) sont ainsi que les couleuvres des reptiles de l'ordre des batraciens et comme elles elles sont privées de pattes et ont les mâchoires dilatables. A part quelques caractères extérieurs tels que la forme elliptique des pupilles, la grandeur moindre des plaques qui recouvrent la tête et la faible longueur de la queue, elles se distinguent encore par la brièveté de leurs maxillaires supérieurs et par la disposition canaliculée des dents dont ces os sont garnis. En outre elles possèdent sur les côtés de la tête des glandes sécrétant du venin, et c'est par le canalicule de leurs dents maxillaires que ce venin amassé dans une poche contractile au gré de l'animal est rejeté au dehors. En piquant sa victime, la vipère lui inocule une certaine quantité de ce venin.

L'action du poison ne tarde pas à se manifester. La partie lésée se tuméfie, le sang tend à entrer en décomposition et après un état plus ou moins prolongé d'engourdissement, l'animal piqué meurt et reste à la disposition du serpent qui s'il y a lieu en fera sa nourriture ou celle de ses petits. Un principe particulier donne au venin les propriétés particulières dont il jouit.

C'est l'échidnine ou vipérine que l'on a pu isoler et dont on a fait l'analyse chimique. Prise séparément, l'échidnine a des propriétés bien plus actives que lorsqu'elle est mêlée à la salive qui lui sert de véhicule.

Comme elle existe en quantités plus ou moins grandes dans le venin de reptiles appartenant à la famille des vipères, tels que les vipères minutes d'Afrique et de l'Inde, les cérastes des mêmes pays, les trigonocéphales, les bothrops ou fers de lance et les crotales ou serpents à sonnettes, on comprend la différence qu'il y a entre

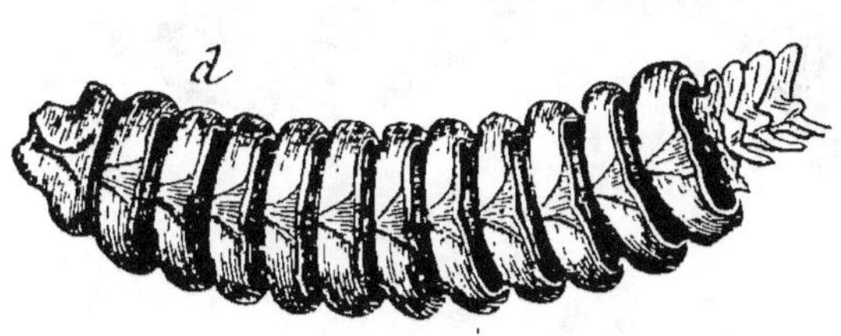

FIG. 61. — Sonnette du *Crotale.*

les suites de la piqûre faite par ces différents ophidiens. Les crotales, dont les espèces sont exclusivement américaines, sont plus venimeux que les autres et à part le cas de soins actifs et immédiats, les blessures qu'ils font à l'homme sont constamment mortelles.

Ce n'est que par exception que la piqûre des vipères d'Europe donnent lieu à des résultats aussi épouvantables. Elle agit moins rapidement et les accidents qui en sont la suite peuvent dans certains cas disparaître sans traitement. Il est toutefois prudent de ne pas s'abandonner à une confiance exagérée, et la succion, des lotions ammoniacales, parfois l'ouverture de la plaie et sa cautérisation sont des précautions qu'on ne doit pas négliger. Des boissons sudorifiques aident aussi à la guérison.

Un homme robuste est toujours moins éprouvé qu'une

femme ou un enfant par la piqûre de la vipère, et s'il s'agit d'animaux, l'intensité des accidents est également proportionnée à la taille du sujet blessé ou à la quantité de venin qui lui a été inoculée.

FIG. 62. — *Vipère.*

On sait que la sécrétion toxique des serpents dont nous parlons n'agit pas sur le canal intestinal, ce qui tient à ce que son absorption par la muqueuse digestive n'a pas lieu. Cela explique pourquoi le premier soin à donner aux personnes piquées est de sucer ou de leur faire sucer l'endroit lésé pour en

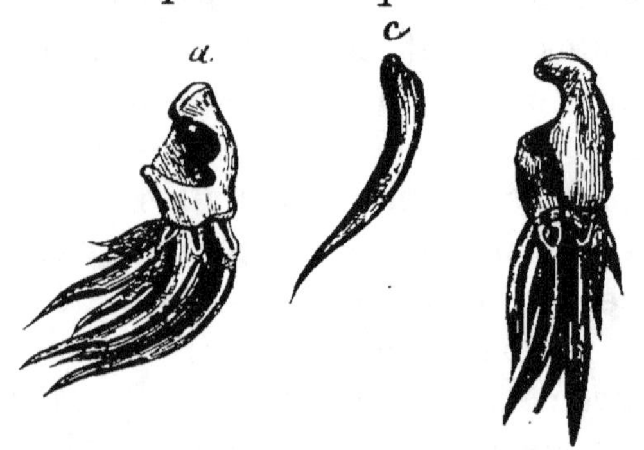

FIG. 63. — Dents cannelées du *Crotale*, implantées sur l'os maxillaire.

extraire le venin. Il y a toutefois cette condition à observer que la muqueuse buccale doit être saine et sans aphthes ou excoriations; autrement le venin passerait par endosmose dans le sang et il donnerait lieu aux mêmes accidents que lorsqu'il est introduit sous la peau par les crochets dentaires du reptile.

Les TORTUES (genres *Testudo*, *Emys*, *Trionyx*, *Chelone*, etc.), dont nous ne devons pas séparer l'histoire de celle des autres reptiles, joignent aux caractères fondamentaux de ce groupe un tout autre mode de conformation extérieure.

FIG. 64. — *Tortue grecque.*

Leur corps est raccourci et pourvu de quatre pattes; elles ont une queue moyennement longue et leurs mâchoires présentent au lieu de dents, un bec corné rappelant celui des oiseaux; mais, ce qui les distingue particulièrement, c'est leur carapace qui, dans les espèces de ces genres, forme une sorte de boîte servant de moyen de protection à l'animal et dans lequel il peut enfermer plus ou moins complétement ses pattes, sa tête et sa queue.

Le squelette proprement dit contribue à fournir la carapace, mais lui seul ne suffit pas à ce résultat : la peau s'ossifie dans une partie du corps, principalement sur le dos de l'animal et sous son ventre. Le supplément de parties dures qu'elle ajoute au squelette du tronc, c'est-à-dire à la colonne vertébrale, au sternum et aux côtes, complète la boîte osseuse servant d'enveloppe à l'animal. Lorsque celui-ci reste immobile et veut se soustraire à ses ennemis, il y rentre les parties non cuirassées dont nous avons parlé tout à l'heure.

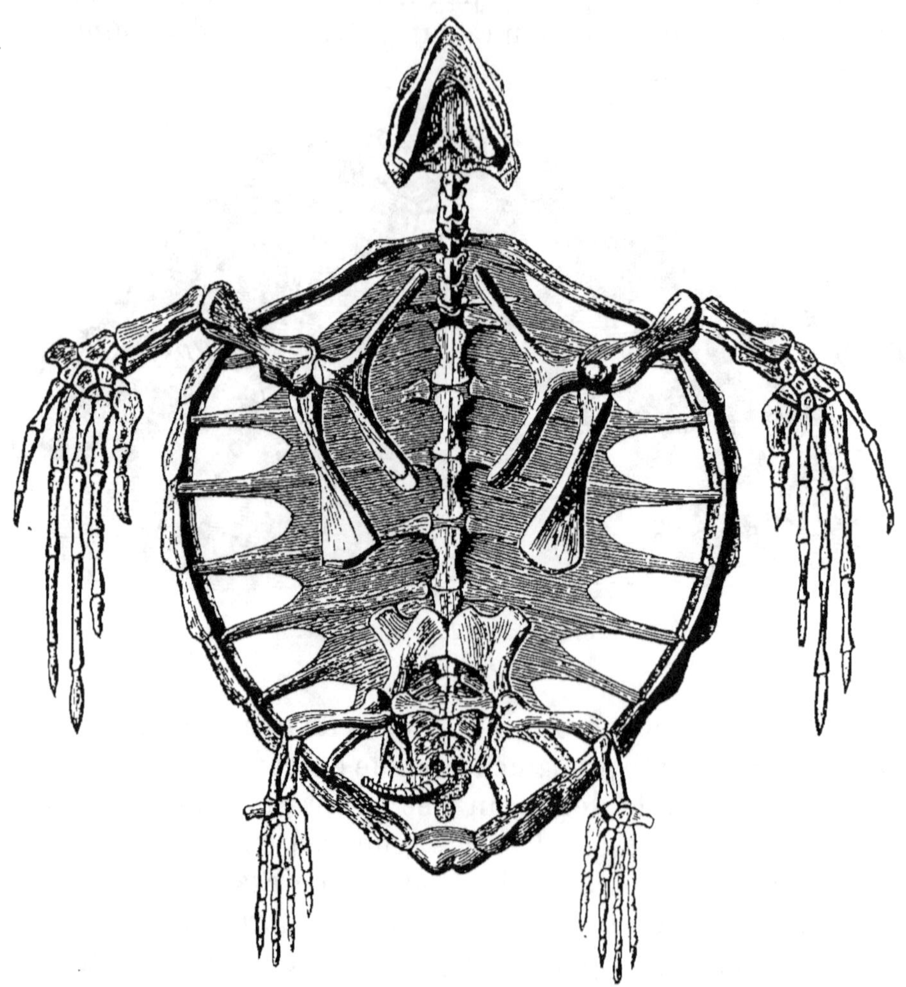

FIG. 65. — Squelette de *Chélonée* ou Tortue de mer.

Les tortues sont le type d'un ordre à part de reptiles qui comprend encore d'autres genres, et cet ordre a reçu le nom de chéloniens, tiré du mot grec *chéloné* signifiant tortue.

Certaines espèces de cet ordre au lieu d'être terrestres

comme la tortue grecque et les autres chéloniens du même genre, sont aquatiques, et l'on doit distinguer parmi elles les chéloniens de marais tels que les émydes, les cistudes, les chélydes, les émysaures, etc.; les tortues de fleuves aussi nommées trionyx et les tortues de mer au nombre desquelles nous citerons les chélonées et les sphargis.

Ces dernières sont plus grosses que les autres, ce sont aussi celles dont la carapace offre le moins de résistance; moins exposées que les tortues terrestres, elles n'ont pas reçu de la nature les moyens de protection aussi parfaits que ceux qui ont été accordés à ces dernières et elles ne se retirent qu'incomplétement dans leur maison osseuse.

FIG. 66. — *Cistude.*

Nous n'avons en France que des chéloniens d'une seule espèce. Ce sont des émydes ou tortues palustres du genre *Cistudo* (*Cistudo europæa*). Il y en a dans quelques localités du midi et du centre, particulièrement dans les marais de la Sologne. Cette espèce était autrefois plus répandue et elle s'étendait davantage vers le nord. On en retrouve des débris fossiles en Prusse et même en Suède.

# CHAPITRE IX.

## DES INSECTES ET EN PARTICULIER DU HANNETON.

Les insectes forment la classe la plus nombreuse de tout le règne animal. La diversité de leurs caractères anatomiques aussi bien que celle de leurs formes leur permettent de vivre dans les conditions les plus opposées; les changements qu'ils éprouvent avec l'âge contribuent encore à rendre leurs aptitudes plus nombreuses. En effet, telle espèce, comme le papillon qui commence par être une che-

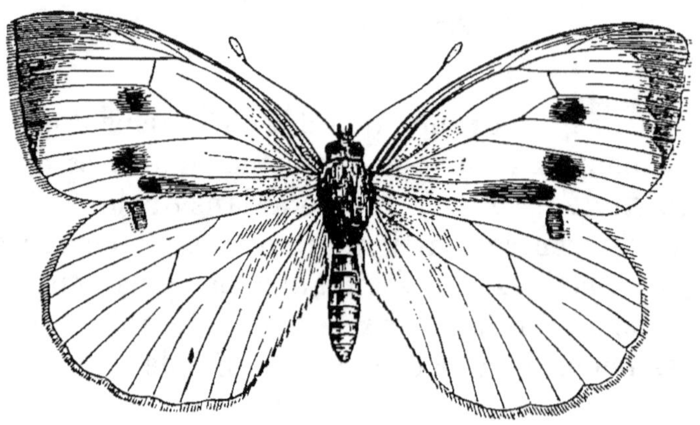

FIG. 67. — *Papillon du chou.*

nille, en apparence fort semblable à un ver, deviendra en se métamorphosant capable de s'élever dans les airs et de voltiger avec légèreté de fleur en fleur pour choisir la nourriture qui lui convient le mieux ou aller déposer ses œufs dans des conditions capables d'assurer aux jeunes qui en sortiront une facile alimentation. Il est vrai que tout dans la structure de l'insecte a été sagement mis en rapport avec les circonstances au milieu desquelles devront se passer les différentes phases de son existence, et pour être moins parfait que l'animal vertébré, il n'est ni moins habilement organisé ni moins admirable dans les détails de sa conformation.

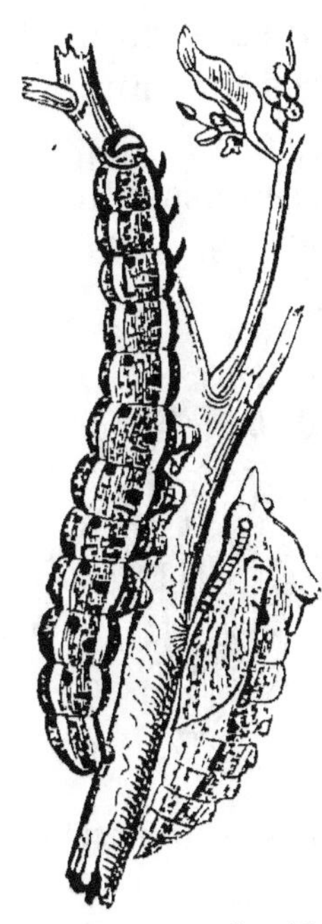
FIG. 68. — Chenille et chrysalide du *Papillon du chou*.

Les mammifères, les oiseaux, les reptiles, les batraciens et les poissons dont nous avons déjà étudié quelques espèces remarquables, ont été réunis en ce groupe unique appelé l'embranchement des vertébrés parce qu'ils sont tous pourvus d'un squelette intérieur dont les principales pièces sont formées par les vertèbres. Ce caractère manque aux insectes et à tout le reste des animaux; aussi les différentes classes dont nous aurions à parler maintenant, si nous faisions un exposé de la classification zoologique, ont-elles été souvent comprises sous une dénomination commune, celle d'animaux sans vertèbres; mais les particularités qui les distinguent les unes des autres ont ordinairement plus de valeur que celles qui ont servi à caractériser les cinq classes des vertébrés, et l'on démontre aisément que les animaux sans vertèbres ne constituent pas un seul et unique embranchement.

Cuvier et de Blainville les partageaient en trois groupes de cette valeur : les articulés ou annelés, dont les insectes font partie; les mollusques, parmi lesquels nous décrirons plus loin la seiche, le limaçon. l'huître; enfin les rayonnés ou radiaires dont font partie les oursins, les astéries ou étoiles de mer, les actinies qui servent d'ornement à nos aquariums, l'hydre ou polype des eaux douces ainsi que le corail, que tant de personnes considèrent comme une simple pierre.

On en a distingué plus récemment les protozoaires dont le nom rappelle la simplicité de structure et qui sont en effet les moins parfaits des animaux. Les infusoires ou animalcules microscopiques en font partie; les éponges leur appartiennent aussi par plusieurs de leurs caractères essentiels.

Du Hanneton. — Mais revenons aux insectes et prenons pour type de cette classe un de ses représentants les plus généralement connus et dont nous avons le plus à nous plaindre, le hanneton.

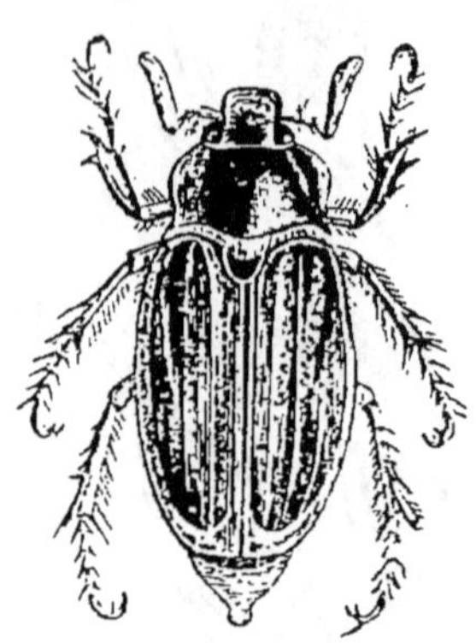

Il a, comme c'est le caractère essentiel des animaux articulés, le corps formé d'une suite d'anneaux résistants, en partie mobiles les uns sur les autres, et suppléant à l'absence du squelette intérieur propre aux vertébrés; mais ces articles sont superficiels

FIG. 69. — *Hanneton.*

et ils résultent de l'endurcissement de la peau au moyen d'une substance organique particulière appelée chitine. Ici donc plus d'os solidifiés à l'aide du

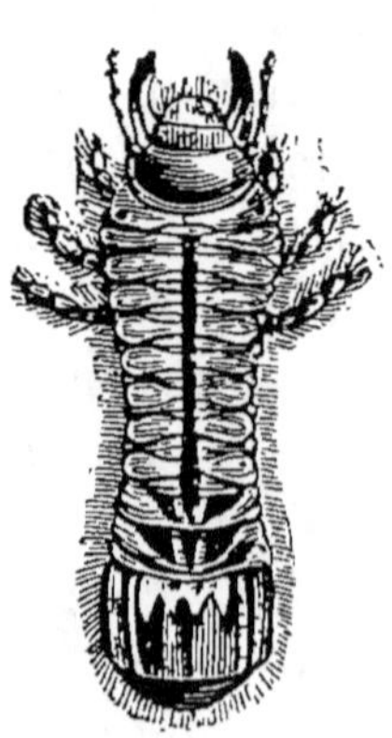
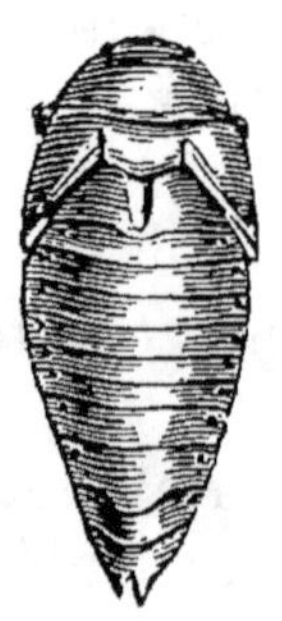

FIG. 70. — Larves du *Hanneton.*    FIG. 71. — Nymphes du *Hanneton.*

phosphate de chaux comme on en voit au squelette intérieur des vertébrés.

La conformation générale du corps du hanneton n'est pas moins particulière. On lui distingue trois parties principales : la tête, le thorax et l'abdomen, formées chacune de plusieurs articles, et il possède en outre des pattes, au nombre de six, ainsi que deux paires d'ailes.

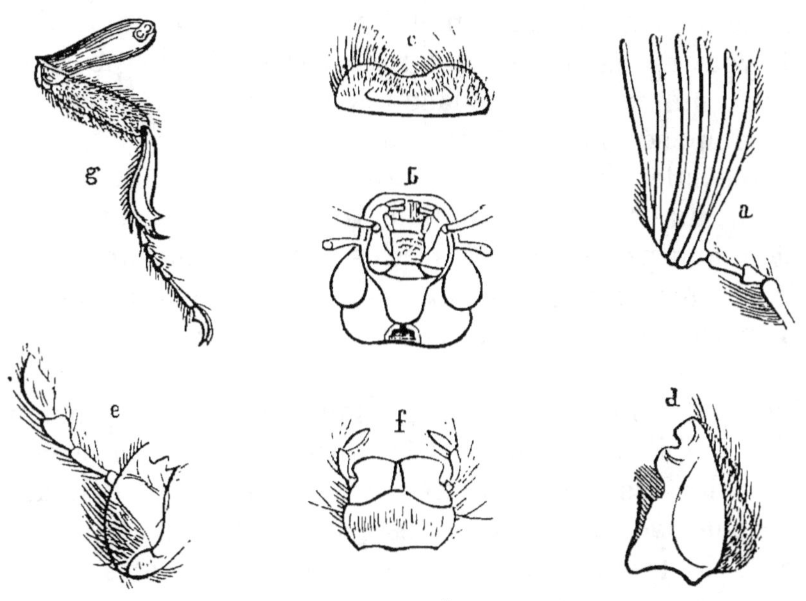

FIG. 72. — Antenne, appendices buccaux et patte du *Hanneton.*

*a*) antenne ; — *b*) la bouche avec ses différents appendices ; — *c*) le labre ou lèvre supérieure ; — *d*) mandibule ; — *e*) mâchoire ; — *f*) lèvre inférieure ; — *g*) une des pattes.

Les anneaux de la *tête* sont soudés entre eux, et c'est à leur ensemble que sont attachées diverses parties accessoires :

1° Les antennes, organes d'olfaction, au nombre de deux et qui ont l'apparence de cornes multi-articulées (fig. 72, *a*);

2° Les pièces de la bouche (fig. 72 *b* à *f*), savoir : le labre ou lèvre supérieure, les deux mandibules formant la première paire de mâchoires, les deux mâchoires proprement dites ou mâchoires inférieures et la lèvre inférieure.

Les mâchoires inférieures, ou mâchoires proprement dites des entomologistes portent chacune un ou deux palpes, et

la lèvre inférieure est accompagnée de palpes, ordinairement insérés sur celles de ses deux pièces à laquelle on
donne le nom de galettes. Chez le hanneton, toutes ces
parties sont distinctes les unes des autres et la bouche est
disposée pour broyer les aliments.

3° La tête porte aussi les yeux. Ils sont en deux groupes
résultant chacun de la réunion d'un nombre considérable de
petits yeux agrégés dont les cornées, vues à la loupe, apparaissent comme autant de facettes : aussi les a-t-on appelés
yeux composés ou yeux à facettes.

La seconde division principale du corps est le *thorax*,
résultant du rapprochement de trois articles dont chacun
possède une paire de pattes. Ces trois articles ont été appelés, le premier prothorax, corselet ou collier, le second mésothorax et le troisième métathorax ou arrièrethorax.

Les *pattes* qui s'y rattachent sont formées de plusieurs
articles mobiles les uns sur les autres et que l'on a nommés, en les assimilant d'une manière plus approximative
que réelle avec les différentes parties des membres : la
hanche, le trochanter, la cuisse, la jambe et le tarse.
Chez le hanneton, ce dernier est formé de cinq articles à
toutes les pattes (fig. 72, *g*).

Indépendamment de ces organes de progression qui sont
attachés aux arceaux inférieurs des pièces constituant le
corselet, celui-ci porte aussi les *ailes*. Le hanneton est du
nombre des insectes qui en ont deux paires : celles de la
première paire insérées sur le mésothorax ; celles de la seconde insérées sur le métathorax (fig. 73, C).

Dans cette espèce comme dans tous les autres insectes
du même ordre, c'est-à-dire dans les coléoptères, les ailes
du mésothorax sont résistantes et aussi chitineuses que le
corselet lui-même. Étant rabattues, elles forment une
sorte de carapace au-dessous de la partie molle de l'abdomen. Ce sont des élytres ou ailes en étuis ou fourreaux,
ce qu'exprime d'ailleurs le nom de coléoptères. Les autres, celles du métathorax, sont membraneuses, soutenues

par une sorte de charpente à mailles larges et repliées au-
dessous des élytres ou ailes de la première paire.

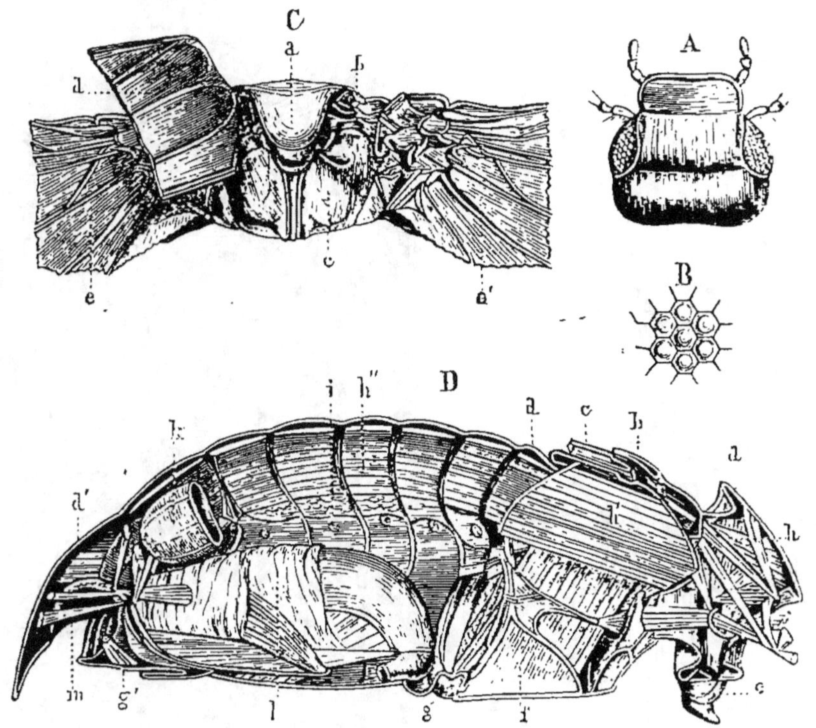

FIG. 73. — Téguments, ailes et muscles du Hanneton.

A = la tête vue en dessus.

B = Quelques facettes des yeux composés; très-grossies.

C = le thorax et les ailes. — *a*) écusson; — *b*) insertion des élytres; — *c*) le dos? — *d*) une des élytres, coupée; — *ee*) les ailes inférieures.

D — intérieur du thorax et de l'abdomen. — *a*) prothorax; — *b*) mésothorax : — *c*) métathorax; — *dd*) les différents anneaux de l'abdomen; — *e*) insertion de la première paire de pattes ; — *f*) partie inférieure du métathorax?
— *g g'*) le dessous de l'abdomen; — *h h' h''*) muscles du thorax et de l'abdomen; — *i*) un des stigmates abdominaux; — *k*) rectum ou partie terminale
de l'intestin; — *l*) une portion des organes reproducteurs; — *m*) l'emplacement de l'anus.

En arrière du thorax vient l'*abdomen*, formant la troisième et dernière partie du corps. Il ne présente aucun
appendice proprement dit, mais on voit à la surface supérieure des anneaux qui le constituent les *stigmates*, c'est-
à-dire les boutonnières qui servent d'orifices aux trachées

qui sont les organes de la respiration. Dans le dernier

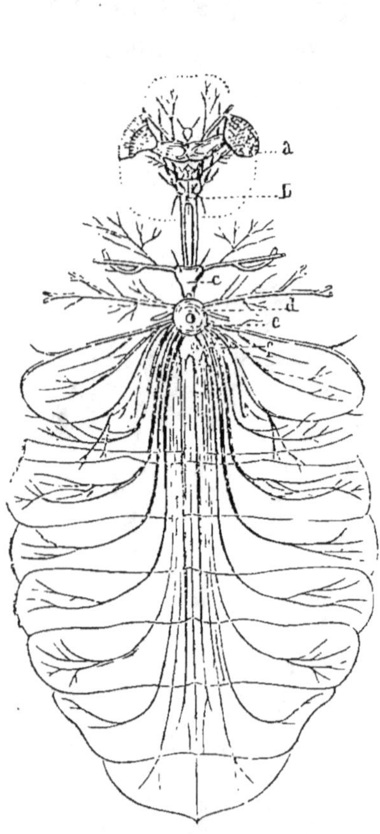

FIG. 74. — Système nerveux du
*Hanneton.*

*a)* cerveau et yeux ; — *b)* partie
sous-œsophagienne du cerveau ; —
*c)* premier ganglion thoracique ; —
*d)* les deux autres ganglions thoraciques réunis en une masse unique ;
— *e)* nerfs qui en partent ; — *f)* partie abdominale de la chaine ganglionnaire et nerfs qui en partent.

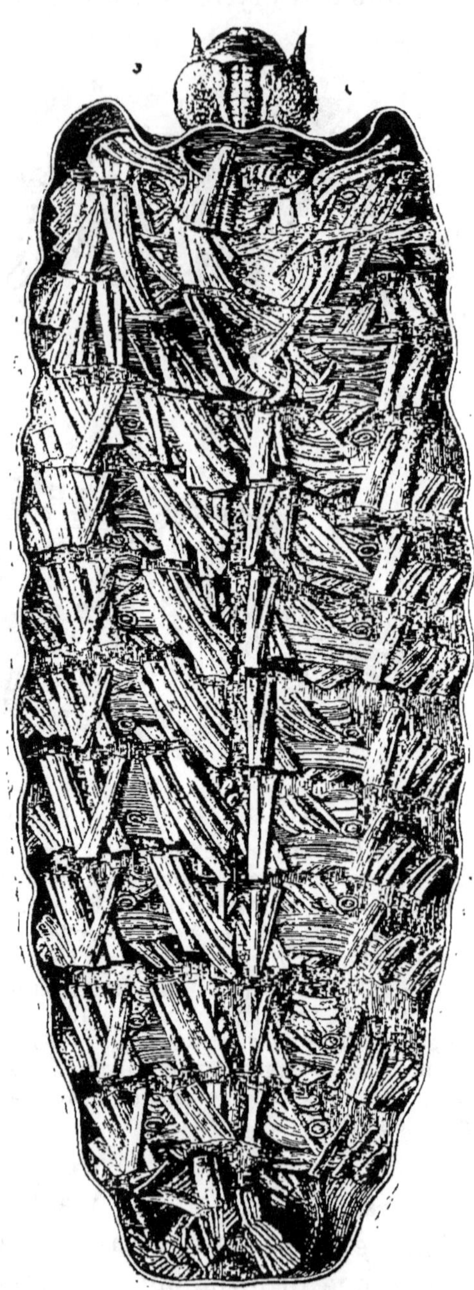

FIG. 75. — Système musculaire de la
*Chenille du Saule.*

anneau abdominal sont ouverts l'anus et les organes reproducteurs.

Telle est, d'une manière sommaire, la superficie du corps du hanneton. Son intérieur n'est pas moins curieux à étudier; mais nous ne pouvons en faire qu'un examen rapide. Cette espèce a d'ailleurs été disséquée d'une manière extrêmement détaillée par un naturaliste français, dont le nom est resté célèbre dans la science, M. Straus-Durcheim. Il a fait de ses études l'objet d'un ouvrage particulier [1], auquel nous emprunterons quelques figures destinées à rendre cette courte description plus facile à comprendre.

Les organes intérieurs sont d'une étude plus difficile. Signalons en premier lieu le système nerveux formé du cerveau et une série de ganglions placés au-dessous du tube digestif, et fournissant les nerfs qui vont aux différentes parties, puis le système musculaire composé d'un nombre très-considérable de petits faisceaux (fig. 73, D).

Le système nerveux et les muscles rentrent dans la catégorie des organes de relation.

Aux organes de nutrition appartiennent les trachées, naissant des stigmates dont nous avons parlé précédemment et se répandant sur tous les viscères. Ces trachées sont renflées en vésicules dans certaines parties de leur trajet. Elles servent à la respiration.

Le canal digestif et les glandes sécrétrices qui s'y rattachent (glandes salivaires et tubes de Malpighi) doivent être également signalés (fig. 77).

Enfin nous mentionnerons le vaisseau dorsal, agent particulier de la circulation, et les organes destinés à la production des œufs ou à leur fécondation, c'est-à-dire les organes femelles et les organes mâles, suivant le sexe des sujets observés.

---

[1]. *Considérations générales sur l'anatomie comparée des animaux articulés, auxquelles on a joint l'anatomie descriptive du* Melolontha vulgaris *(hanneton) donnée comme exemple de l'organisation des coléoptères.* 1 vol. in-4°, avec pl. Paris, 1828.

Si sommaire que soit cette description, elle n'est applicable qu'à l'état adulte ou état parfait, celui sous lequel le hanneton a pris sa forme définitive et pendant lequel il est à la fois capable de voler et apte à se reproduire.

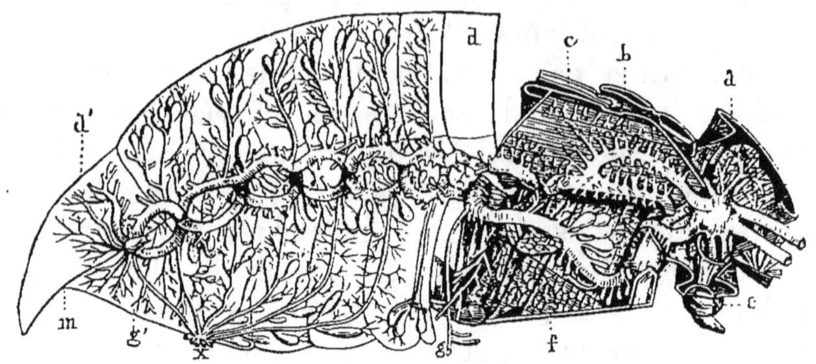

FIG. 76. — Appareil respiratoire du *Hanneton*.

*a b c*) les trachées du thorax; — *d d'*) l'abdomen, dont la partie supérieure a été relevée pour montrer les trachées *g*); — *m*) l'anus.

Avant de s'être ainsi métamorphosé, le hanneton a passé un certain temps dans un état d'immobilité à peu près absolue, développant, durant une sorte d'engourdissement provisoire, les nouveaux organes nécessaires à sa forme définitive.

Notre figure 75 représente, d'après Lyonnet, le système musculaire de la chenille du saule (genre à part).

Cet état transitoire est l'état de nymphe (fig. 71) répondant à la chrysalide des bombyces ou vers à soie. Les pattes, les antennes, les pièces de la bouche, les ailes mêmes y sont reconnaissables, mais comme emprisonnées dans un manteau commun dont l'insecte devra se dépouiller pour que ces différentes parties acquièrent la fermeté nécessaire aux usages auxquels ils sont destinés et pour qu'elles puissent s'étendre, jouer sur elles-mêmes et remplir leurs fonctions respectives.

Avant cette phase d'élaboration, le hanneton avait vécu pendant un temps assez long sous une première forme. Il était une simple *larve* comparable à un ver et répondait à

ce que l'on appelle la chenille chez le papillon (fig. 68).
Cette forme primitive comporte elle - même un certain nombre de mues. Il les a passées sous terre, fouillant le sol pour aller dévorer les racines de certaines plantes, tandis que plus tard, arrivé à l'état d'insecte ailé, c'est sur les feuilles des végétaux et par conséquent sur leurs parties extérieures qu'il exerce ses ravages (fig. 69).

En beaucoup d'endroits, et dans certaines années plus que dans d'autres, les hannetons apparaissent en quantités innombrables, dévastant des bois, principalement les parties de ces bois les plus rapprochées des terres cultivées, en les dénudant de leur feuillage.

Ces insectes ne sont pas moins nuisibles sous leur forme de larve, et ils constituent alors les *vers blancs* (fig. 70).

Leurs trois états successifs sont donc l'état

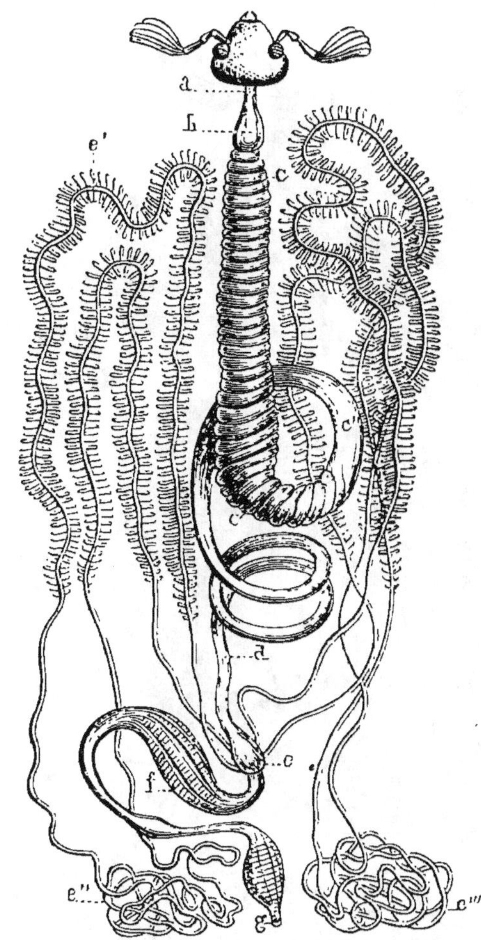

FIG. 77. — Le tube digestif du *Hanneton.*

*a*) œsophage ; — *b*) jabot ; — *c c'*) estomac ; — *d*) intestin grêle ; — *e*) l'insertion des canaux de Malpighi, organes qui représentent le foie ; — *e'e''*) ces canaux ; — *f*) gros intestin et sa terminaison anale *g*.

de larve, ou ver blanc, celui de nymphe et celui de hanneton ou insecte parfait.

La larve naît directement de l'œuf. Elle vit deux années avant de se transformer en nymphe, et ce n'est qu'aux pre-

miers beaux jours de l'année suivante que celle-ci se change
en hanneton.

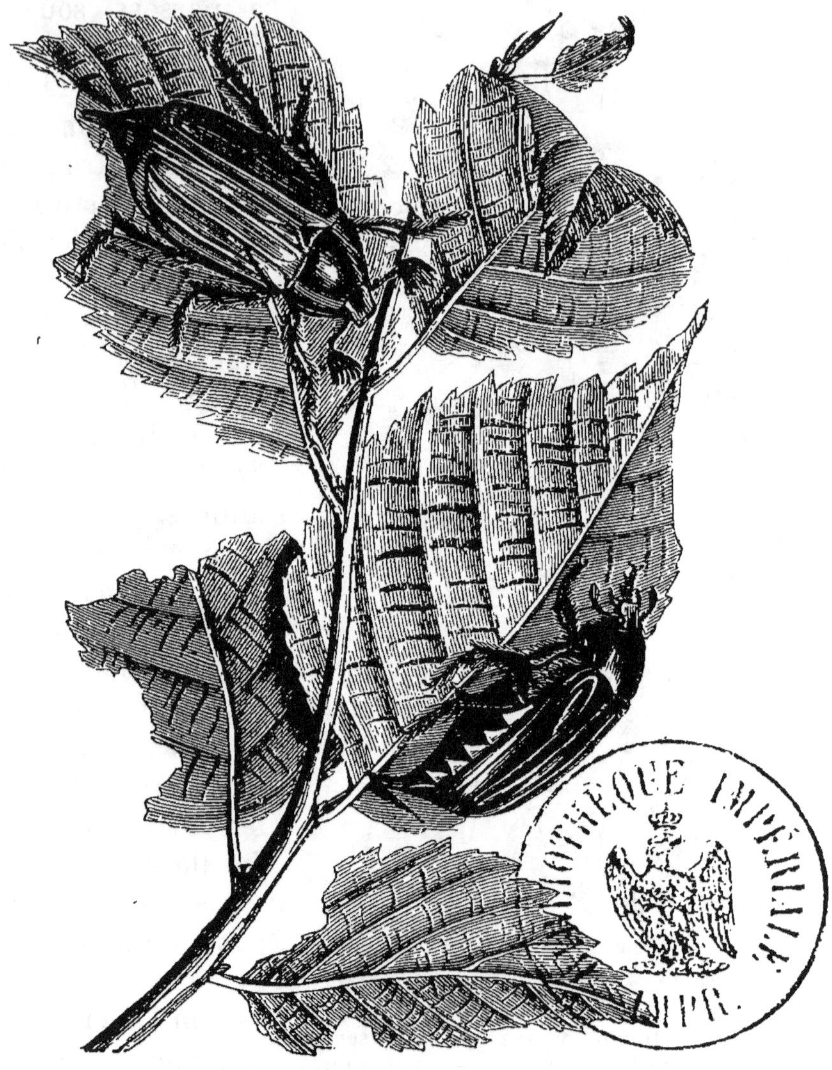

FIG. 78. — *Hanneton vulgaire.*

Cette espèce vit donc trois ans, et, comme certaines conditions sont plus favorables que d'autres à son développement, on comprend que les hannetons soient plus nombreux dans certaines années que dans d'autres et qu'ils
soient intermittents. En effet, il faut trois années pour

qu'une ponte exceptionnelle donne des produits définitifs, c'est-à-dire des hannetons arrivés à leur état définitif; on voit donc que si les circonstances s'y prêtent, une ponte plus considérable donnera au bout de ce laps de temps une quantité considérable de hannetons arrivés à leur état définitif.

L'agriculture n'est pas restée inactive devant un ennemi aussi dangereux, mais elle n'en a pas triomphé complétement, et dans certains cas le mal que les hannetons occasionnent n'est pas moins grand présentement qu'autrefois; l'extension des cultures les rend même plus nuisibles. C'est, pour ainsi dire, par nuées que ces insectes sortent du sol à certaines époques. Après l'avoir ravagé pendant leur état de larve et avoir réduit ou anéanti les récoltes, en s'attaquant aux racines des plantes, ils se fixent sur les arbres et leur font alors beaucoup de mal.

Le hannetonnage, c'est-à-dire la destruction des hannetons métamorphosés, peut donner de bons résultats, puisqu'en détruisant ces animaux avant la ponte on en atténue les dégâts pour l'avenir; mais il faut empêcher aussi la métamorphose des larves et l'on a différents moyens pour détruire ces dernières. Un des meilleurs consiste à retourner profondément le sol à l'aide de la bêche ou de la charrue et à livrer les vers blancs que cette opération a momentanément rejetés à la surface aux corbeaux ou aux pies qui en font une grande consommation. On a utilisé ce procédé en faisant suivre la charrue par des volailles qui s'engraissent en dévorant les larves ainsi mises à nu. Les chiens mangent aussi les hannetons et ils peuvent servir en cette occasion les intérêts de l'agriculture.

# CHAPITRE X.



Le BOMBYCE du mûrier (*Bombyx mori*) plus connu sous le nom de ver à soie, est cette espèce de lépidoptère ou papillon appartenant à la grande famille des nocturnes, dont la chenille nous fournit les cocons de soie dans lesquels elle se transforme en chrysalide. Il est originaire de la Chine, où son espèce est domestique depuis un temps immémorial.

Sous Justinien, au sixième siècle, des missionnaires grecs rapportèrent de l'Inde à Constantinople des graines de ce précieux insecte, c'est-à-dire des œufs, et, de là, il en fut transporté plus tard à Naples, vers l'époque des croisades. A la fin du seizième siècle, on commençait à élever des bombyces en France. Sully encouragea cette industrie nouvelle, qui devait bientôt prendre une si grande extension et qui est aujourd'hui une source de richesses pour toute la région méditerranéenne.

Les départements du midi de la France produisent annuellement plus de trente millions de kilogrammes de cocons, ce qui, en portant le prix moyen du kilogramme à 5 francs seulement, donne un revenu total de 150 millions de francs.

La graine des vers à soie était autrefois produite dans le pays ou apportée de divers points de l'Espagne, dont le climat diffère peu de celui des Cévennes; on la tire aujourd'hui en grande partie de l'Italie, de l'Orient et du Japon.

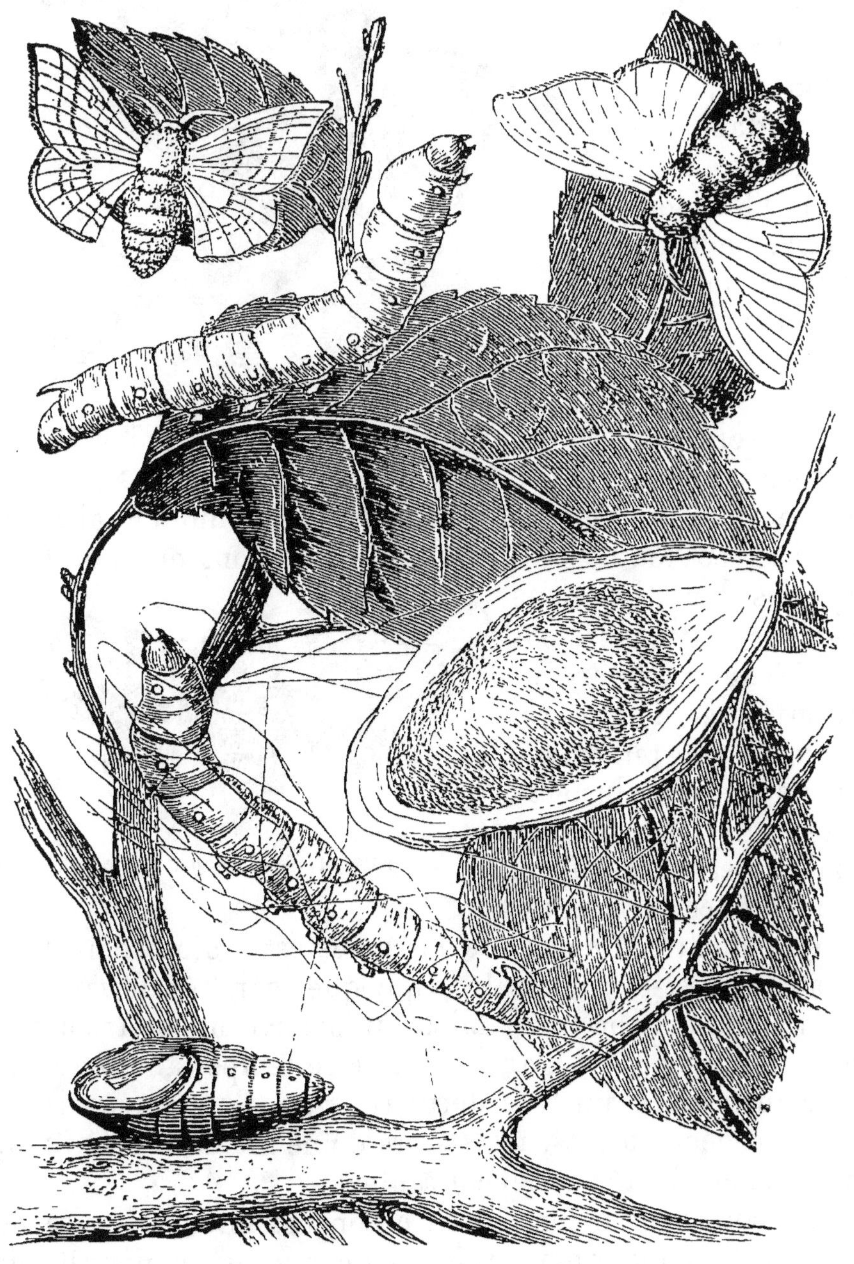

FIG. 79. — *Bombyce du mûrier*.

Pour faire éclore celle que l'on destine à une même éducation et avoir des vers qui monteront simultanément sur les bruyères qu'on leur ap-
prête dans les magnaneries pour filer leur
cocon, on a re-cours à une in-cubation artificielle qui dure quelques jours.

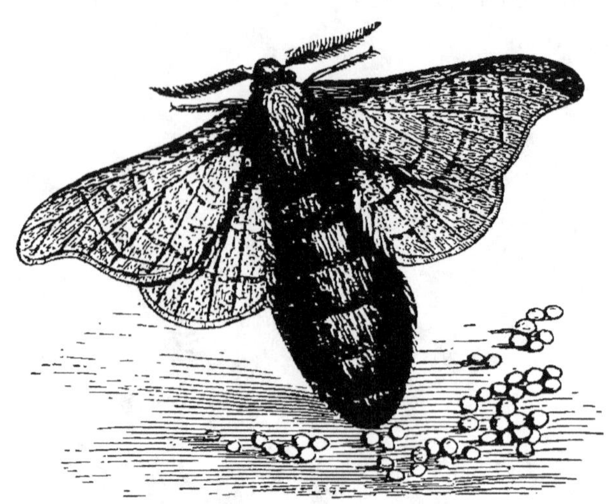

FIG. 80. — *Bombyce* femelle, en train de pondre.

Les vers une fois éclos, on leur
donne immédiatement à manger. Leur unique aliment
consiste en feuilles du mûrier, arbre dont on a fait de
grandes plantations dans tous les pays séricico-
les. L'éducation dure en-viron trente-quatre jours.

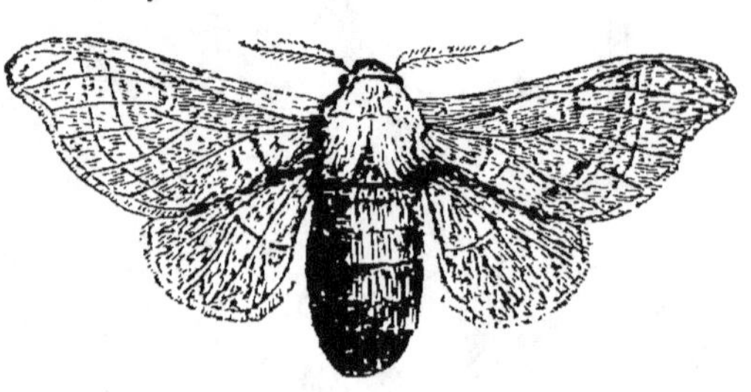

FIG. 81. — *Bombyce mâle.*

Pendant ce temps, les vers subissent plusieurs
mues, appelées maladies par les personnes qui se
livrent à cette intéres-
sante industrie. Le nombre des mues est ordinairement de
quatre (fig. 82-87); mais il y a quelques variétés de vers qui
n'en subissent que trois. Elles durent environ une trentaine
d'heures chacune. L'animal passe ce temps sans manger.
Quelques jours après la dernière mue, il cesse encore de
prendre des aliments, mais alors d'une manière définitive,
car bientôt il va commencer à filer.

La soie dont il forme son cocon est une substance de
composition quaternaire renfermant une petite quantité de

soufre et qui a beaucoup d'analogie avec les principes albuminoïdes. Elle se produit dans une paire de longues

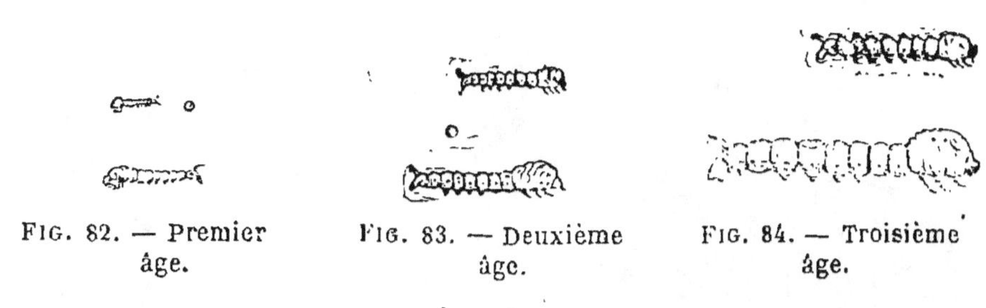

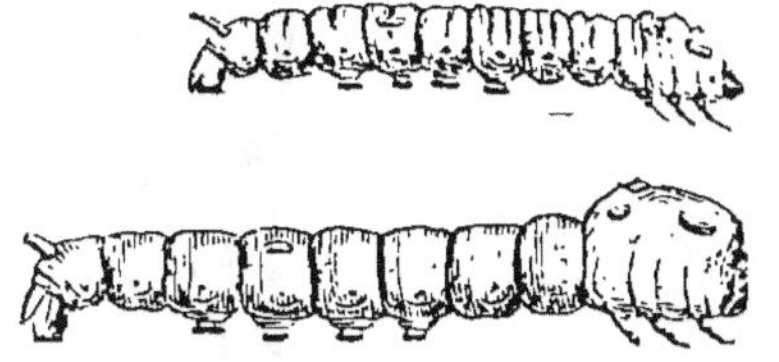

FIG. 82. — Premier âge.

FIG. 83. — Deuxième âge.

FIG. 84. — Troisième âge.

FIG. 85. — Quatrième âge.

FIG. 86. — Position du ver à soie pendant la mue.

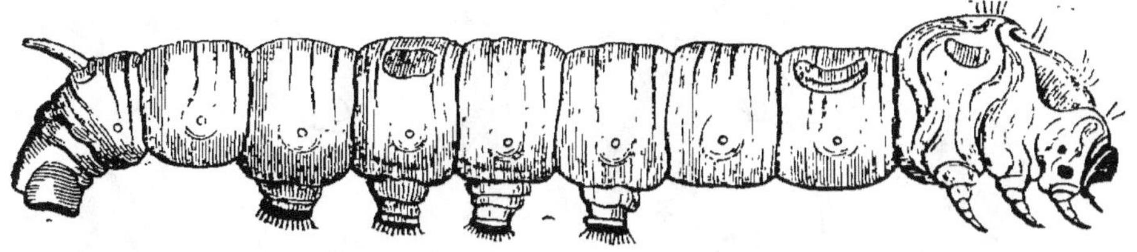

FIG. 87. — Fi du quatrième âge.

FIG. 82 à 87. — Différents âges du *ver à soie*.

glandes tubiformes, plusieurs fois repliées sur elles-mêmes, qui suivent intérieurement la face ventrale du corps du ver (fig. 88).

La soie y est à l'état semi-liquide. Elle est filée à travers un petit appareil percé à son sommet d'un orifice unique et très-fin. Cet appareil est placé auprès de la bouche, dont il semble constituer la lèvre inférieure; on lui donne le nom de filière.

Le ver à soie attache d'abord quelques brins de soie aux corps environnants pour s'assurer des points d'appui. Il trame ensuite son cocon qui est d'un seul fil, et s'en enveloppe comme dans une sorte de prison, au sein de laquelle il passera 'son état de chrysalide (fig. 79). On a

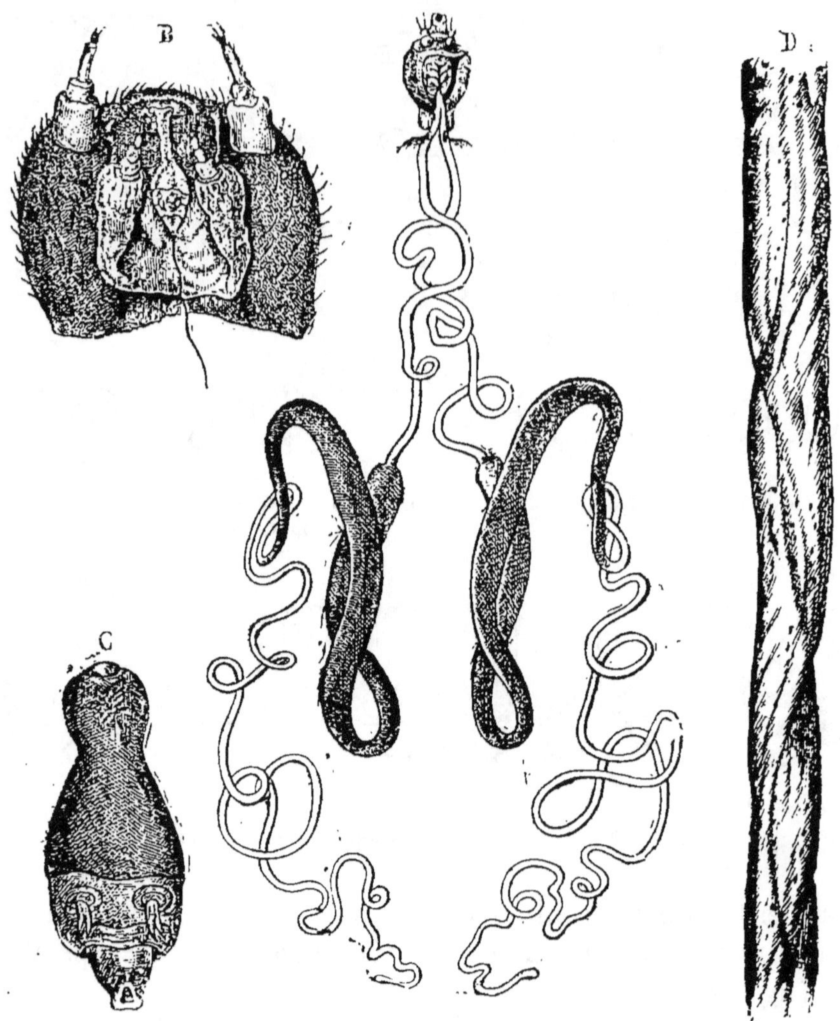

FIG. 88. — Appareil sécréteur de la soie.

A) appareil de la soie ; vu dans ses différentes parties et isolé du reste du corps. On y distingue la filière, en communication avec le tube sécréteur, qui se divise presque immédiatement en deux branches fort longues, en partie contournées et repliées l'une sur l'autre dans leur partie moyenne, ainsi transformée en réservoir. — B) tête du ver; vue en dessous pour montrer la filière et le fil de soie qui en sort. — C) la filière; vue séparément; son orifice est dirigé inférieurement. — D) soie décreusée; vue au microscope ; les fils en sont irrégulièrement aplatis ; leur épaisseur varie entre 0mm,007 et 0mm,015.

calculé que le fil de chaque cocon n'a pas moins de quatre ou cinq cents mètres de long.

Si l'on veut utiliser les cocons pour leur soie, on y étouffe les chrysalides. On les dévide ensuite plusieurs ensemble, ce qui donne les écheveaux de *soie grége*, destinés à la fabrication des tissus. Les fils de soie sont naturellement recouverts d'une matière gélatineuse dont on doit débarrasser ceux que l'on destine à cet usage, surtout si l'on se propose d'en faire des étoffes souples et qu'on veuille teindre ces étoffes avec soin. La soie encore recouverte de sa matière gélatineuse est la *soie écrue*. L'opération par laquelle on l'en débarrasse est appelée *décreusage*.

Les cocons destinés à la reproduction sont mis à part jusqu'à ce que la chrysalide y soit parvenue à l'état de papillon. L'animal perce alors son enveloppe et se montre au dehors. Sous sa forme ailée il n'a pas besoin de nourriture. Sa fonction est uniquement d'assurer la propagation de l'espèce.

Les vers à soie sont exposés à diverses maladies véritables, différentes de leurs mues, qui rendent singulièrement précaires, depuis quelques années surtout, les bénéfices que l'on se promet en les élevant.

Plusieurs de ces maladies sont aujourd'hui mieux connues dans leur nature, et on a trouvé le moyen de combattre victorieusement quelques-unes d'entre elles, plus particulièrement la *muscardine*. Actuellement c'est la *pébrine* qui exerce ses ravages. Parmi les causes qui ont amené l'état de souffrance dans lequel se trouve l'industrie séricicole, on doit citer le peu de soin apporté par les éleveurs à la production de la graine, et la condition dans laquelle est placée toute graine étrangère, introduite dans nos contrées, de subir les chances d'une acclimatation nouvelle. Le retour à la graine du pays, faite avec des garanties suffisantes et au moyen de mâles pris dans d'autres chambrées que les femelles, afin d'éviter la consanguinité, permettrait sans doute de triompher de cet état de souffrance, ou du moins d'en atténuer beaucoup la gravité.

**La maladie des vers pébrinés est due à la présence dans**

leurs humeurs et dans tous leurs tissus de corpuscules mobiles de très-petite dimension, qui ont reçu le nom de corpuscules de Cornalia, en l'honneur d'un savant italien qui a beaucoup contribué à les faire connaître. Ce sont sans doute des microphytes, c'est-à-dire de petits végétaux voisins des algues inférieures. On peut les comparer aux psorospermies qui infestent parfois les poissons et l'observation démontre qu'il s'en trouve déjà dans la plupart des œufs desquels naissent les chambrées malades, ce qui oblige à faire de ces œufs un examen attentif pour lequel on peut avoir recours au microscope. La graine ainsi envahie éclôt plus difficilement que celle qui est saine et les vers qui en sortent meurent pour la plupart avant de filer leur cocon.

FIG. 89. — *Attacus yama-maï.*

On a tenté depuis plusieurs années l'acclimatation dans nos contrées de quelques espèces de bombyces différentes de celle du mûrier ; les principales appartiennent au genre *Attacus*.

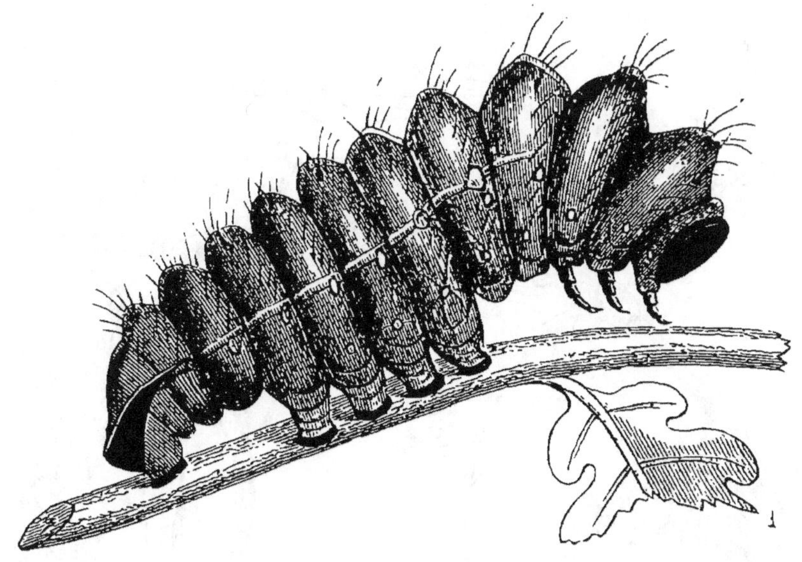

FIG. 90. — Chenille de l'*Attacus yama-mai*.

Ce sont l'*Attacus yama-mai* qui vit sur le chêne ; l'*A. Pernyi*, originaire de Mandchourie ; l'*A. mylitta*, des Indes ; l'*A. cynthia* qui se tient sur l'ailante ou vernis du Japon, et l'*A. du ricin* que l'on nourrit avec la plante dont il porte le nom.

L'espèce de l'ailante est à peu près acclimatée. Dans beaucoup de parcs et de jardins, soit à Paris, soit dans d'autres parties de la France, on en prend annuellement des exemplaires éclos à l'état de liberté. Arrivés à la forme ailée, ils sont beaucoup plus beaux que les papillons du *Bombyx mori*. Leur chenille est aussi très-singulière, mais la soie de leurs cocons est sensiblement inférieure.

Ces bombyces sont pour ainsi dire des espèces auxiliaires, et comme leur soie diffère de celle du bombyce du mûrier par quelques qualités qui permettraient d'en faire un usage différent, elles peuvent devenir fort utiles à l'industrie si elles passent dans la grande culture. On se sert d'ailleurs, dans plusieurs régions de l'Asie, de bombyces différents de ceux de l'espèce ordinaire et, en Europe, il en

FIG. 91. — Œufs, chenilles et cocons de l'*Attacus de l'Ailante*.

a déjà été fait des essais intéressants au sujet de plusieurs des attacus dont il vient d'être question.

# CHAPITRE XI.

## MŒURS DES FOURMIS. INSTINCT ET INTELLIGENCE DES ANIMAUX.

Des habitudes analogues à celles des abeilles[1] et qui ne sont pas moins dignes de notre attention se retrouvent chez les FOURMIS; mais elles tournent à notre détriment plutôt qu'à notre profit et moins de personnes les ont étudiées.

Ces insectes appartiennent aussi à l'ordre des hyménoptères, dont le caractère principal est d'avoir les ailes membraneuses et veinées, avec les parties de la bouche disposées pour broyer. Une autre particularité leur est commune avec les abeilles, celle de subir des métamorphoses complètes et de passer par conséquent par les trois états de larve, de nymphe ou chrysalide et d'insecte parfait.

Les fourmis ne sont pas mellifères, c'est-à-dire qu'elles ne produisent pas de miel à la manière des abeilles et autres hyménoptères de la même famille que celles-ci, mais elles font des provisions, souvent même à nos dépens, ce qui les rend dans bien des cas fort gênantes, et si l'on vante leur économie on ne l'encourage guère. De même que les abeilles, elles possèdent à la partie postérieure du corps un aiguillon au lieu d'une tarière, ou bien elles lancent une liqueur acide qui leur sert aussi à se défendre.

1. *Zoologie*, 2ᵉ année, p. 168.

FIG. 92. — *Fourmilière.*

Les sociétés de ces insectes se composent de plusieurs
sortes d'individus : des mâles ainsi que des femelles, qui
sont ailés, et des neutres dépourvus d'organes destinés au
vol. Ces neutres sont quelquefois de deux sortes, les uns
constituant des travailleurs ordinaires; les autres qui
sont des espèces de soldats dont la mission est de défendre contre l'agression d'insectes étrangers les sociétés
auxquelles ils appartiennent.

On reconnaît d'ailleurs les fourmis à leurs antennes
coudées et à leur abdomen dont la partie antérieure est
très-rétrécie, ce qui le fait paraître comme pédiculé. Elles
se construisent des demeures qui sont tantôt souterraines,
tantôt placées à la surface du sol, où elles forment des élé-
vations souvent considérables. C'est là qu'elles amassent,
en vue de leur alimentation et de celle des individus reproducteurs ou de la progéniture de ces derniers leurs nombreuses provisions. Certaines d'entre elles creusent les arbres pour s'y établir et les galeries qu'elles y pratiquent
ont souvent une extrême complication.

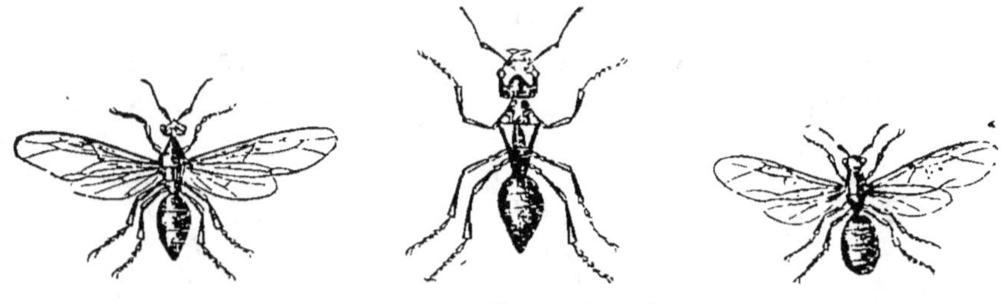

FIG. 93. — *Fourmi cendrée.*
Mâle, ouvrière et femelle.

Cependant les fourmis savent se retrouver au milieu de
ces dédales, et nulle ne s'y égare. Celles d'une même fourmilière se reconnaissent entre elles ; un faible atttouche-
ment de leurs antennes, organes de l'odorat, leur suffit pour
se communiquer des renseignements capables de les gui-
der dans les actes qu'on leur voit exécuter.

Les individus neutres sont surtout occupés à la récolte

et à l'aménagement des provisions; ils donnent aussi des soins aux œufs et aux larves, et, dans certains cas on les voit les porter à la surface de leurs habitations pour les faire jouir pendant quelque temps des bienfaits d'une douce

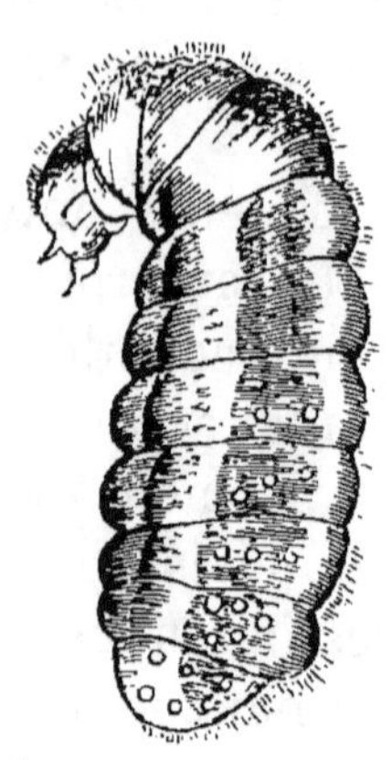

FIG. 94. — Larve de *Fourmi rouge*; très-grossie.

FIG. 95. — Nymphe de *Fourmi rouge*.

insolation, après quoi ils les remettent à la place qu'elles occupaient d'abord. Ils retiennent aussi les individus ailés pour les empêcher de sortir et dirigent leurs principales actions jusqu'à ce qu'ils soient aptes à se reproduire.

FIG. 96. — *Fourmi noire*, mâle, ouvrière et femelle.

FIG. 97. — *Fourmi roussâtre.*

Il **y a** différentes espèces de] fourmis. Dans certains cas ces animaux se battent les uns contre les autres ; mais ce sont ceux des différentes fourmilières qui se livrent ces combats, et l'on a constaté qu'ils se font des prisonniers. Les vainqueurs les emmènent comme esclaves pour les assujettir à des travaux dont leur colonie profitera.

Ces faits ont été observés par Hubert fils, de Genève, qui a apporté dans l'étude des fourmis les mêmes soins que son père avait donnés à celle des abeilles.

Ajoutons, pour terminer, que les mêmes insectes sont friands du suc qui s'écoule des deux petits prolongements que les pucerons portent sur l'abdomen, et qu'on les voit souvent rechercher ces derniers pour s'emparer de la sécrétion qui leur est propre. Il y a plus : certaines fourmis emportent les pucerons avec elles, les mettent dans des lieux convenables et les y retiennent captifs comme nous le faisons de nos troupeaux lorsque nous les abritons dans une étable.

Voilà, dira-t-on, des animaux dont l'intelligence acquiert un bien grand développement et qui tout faibles et tout petits qu'ils sont ne le cèdent point aux vertébrés des premières classes. Certains de leurs actes semblent n'être comparables qu'à ceux qui caractérisent les sociétés humaines. Les fourmis ont comme les abeilles des gouvernements aussi bien ou mieux organisés que les nôtres ; il semble dans certaines circonstances que les règles de l'économie politique et sociale président à l'établissement et à l'administration de leurs réunions. Mais sont-ce bien là des faits analogues à ceux qui procèdent de l'intelligence et un pur instinct ne suffit-il pas à leur production ?

Les auteurs qui se sont occupés de ces difficiles et intéressantes questions ont attribué tantôt à l'instinct tantôt à l'intelligence les actes que nous venons de rappeler sommairement, mais sans qu'aucun d'eux ait donné une définition exacte de ce que l'on doit entendre par chacune de ces deux expressions : *instinct* et *intelligence*.

Pour Dupont de Nemours, philosophe et observateur français de l'école de Condillac, tout cela était réellement intelligent ; pour beaucoup d'autres c'est uniquement de

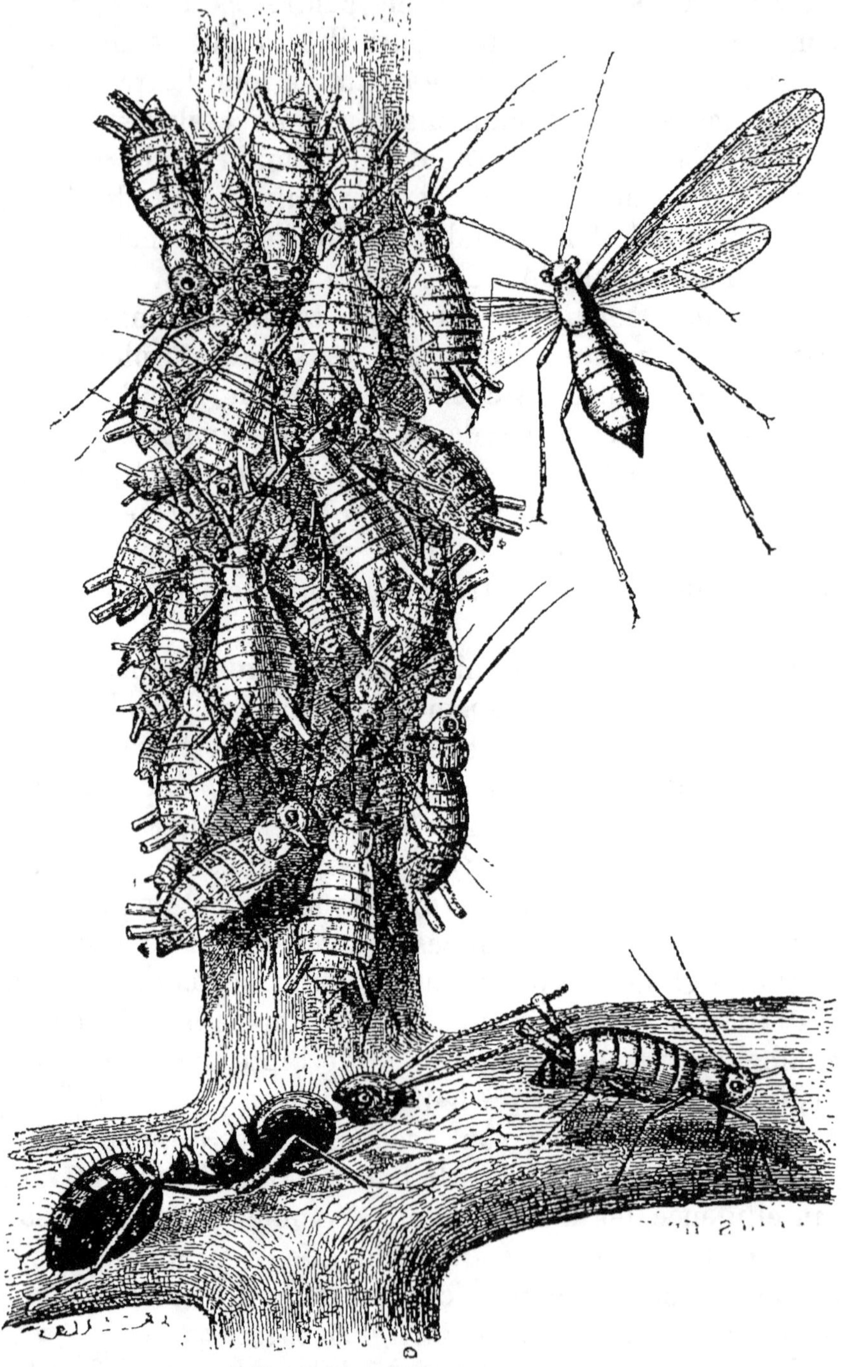

FIG. 98. — *Fourmis* occupées à traire des pucerons.

l'instinct, c'est-à-dire le résultat d'aptitudes innées, incapables de modifications, s'ignorant pour ainsi dire elles-mêmes, et qui ne se modifient jamais quelle que soit la diversité des circonstances extérieures au milieu desquelles elle s'exercent.

Frédéric Cuvier a étudié les mammifères au même point de vue. Il admet l'intelligence chez les singes supérieurs, le chien, l'éléphant, le cheval qui sont capables d'apprendre, qui réfléchissent dans certaines limites, peuvent être dressés à des exercices fort divers, reçoivent de leurs parents ou de nous-mêmes une véritable éducation et s'associent volontairement à notre espèce ; il ne reconnaît que de l'instinct chez l'écureuil, le lapin, le castor. A plus forte raison eût-il expliqué par la même faculté les actes cependant si divers et en apparence si bien calculés que les insectes exécutent.

En réalité, comme on n'a pas encore trouvé une définition comparative exacte de l'intelligence et de l'instinct, on avance en général peu les questions relatives à la nature propre de ces actes quand on les attribue à l'une ou à l'autre de ces aptitudes.

Elles diffèrent sans aucun doute l'une de l'autre, mais nous ignorons les conditions de leurs manifestations et le plus souvent leurs rapports avec l'organisation des êtres ne sauraient encore être établis. Leur rôle dans la conservation des animaux et la diversité des manifestations particulières à chaque espèce est toujours admirablement calculé ; mais, il faut bien le reconnaître, leur essence nous échappe dans la plupart des cas et nous ne connaissons pas assez les particularités intimes de la structure du système nerveux ni les forces dont il est le siége pour nous rendre un compte suffisamment exact du mécanisme vital qui détermine des manifestations si diverses et parfois si singulières.

Bornons-nous donc à constater la sagesse qui préside à leur exécution sans prétendre les comparer aux actes réfléchis et libres que nous exécutons nous-mêmes.

L'homme, indépendamment des qualités élevées qui en font un être raisonnable, différent de tous les animaux, présente d'ailleurs, comme ces derniers, des manifestations de l'une et de l'autre sorte. Les unes instinctives et dont il n'a que vaguement conscience, président à ses premiers actes de relation ; durant les premiers temps de son existence elles dirigent presque seules ses rapports avec ce qui l'entoure. Les secondes dont l'indice ne tarde pas à apparaître l'associent plus directement à mesure qu'il se développe et grandit aux faits du monde ambiant ; elles se multiplient concurremment avec les progrès de son intelligence et le développement de ses organes ; enfin, les perfectionnements que l'éducation y apporte sont tels, qu'elles nous font oublier nos instincts, les dominent souvent et placent notre espèce tellement au-dessus de toutes les autres, que trompés par ce contraste, certains philosophes ont cru que les animaux n'avaient que de l'instinct et que c'étaient pour ainsi dire des automates vivants, tandis qu'ils ont admis que l'intelligence était le partage exclusif de notre espèce, tandis que la raison est le seul caractère distinctif de l'homme.

# CHAPITRE XII.

## DES ARAIGNÉES ET DE L'ÉCREVISSE.

ARAIGNÉES. — Les araignées sont comme les insectes des animaux articulés, mais ils rentrent dans une autre classe que les insectes hexapodes ou à six pattes, celle des arachnides, dont on peut les considérer comme formant le type. De même que les écrevisses, elles ont la tête réunie au thorax, mais cette seconde partie est d'une autre forme que chez les crustacés. En outre le nombre des appendices n'y est pas le même et les araignées diffèrent aussi des crustacés par la disposition de leurs membres.

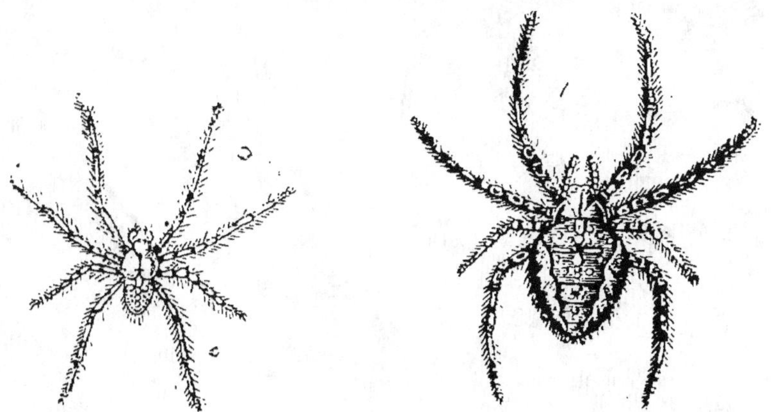

FIG. 99 et 100. — *Araignées épéires*, mâle et femelle.

Les araignées et tous les animaux qui rentrent avec elles dans la classe des arachnides manquent d'antennes, leurs yeux sont sessiles et simples au lieu d'être pédiculés et à facettes; leur bouche n'a pas de pièces comparables à celles que l'on voit chez les insectes ou les crustacés.

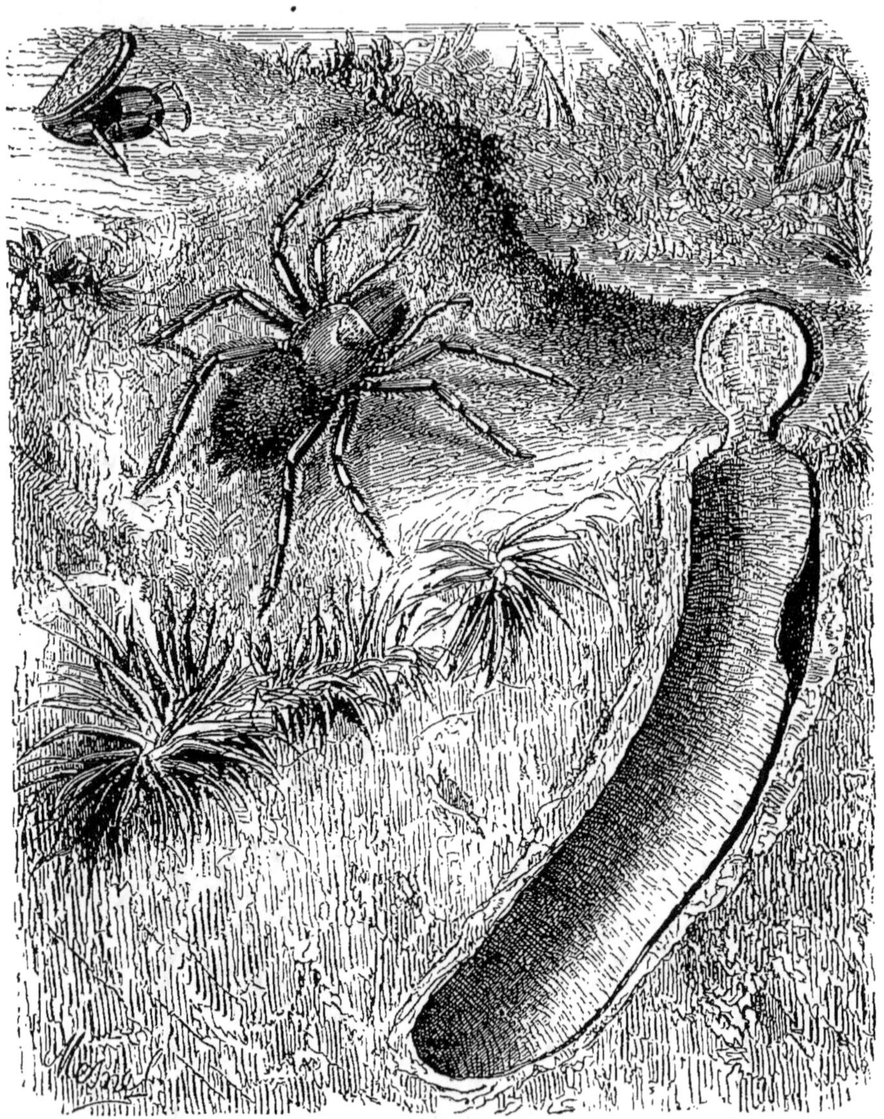

FIG. 101. — *Mygales maçonnes.*

Elle s'ouvre entre deux paires de pieds-mâchoires, plus allongées que chez les écrevisses et dont l'une porte un appendice acéré servant à introduire le venin de ces animaux dans les piqûres qu'ils font tandis que l'autre est grêle et forme une sorte de palpe antenniforme. L'abdomen est en boule ; il porte l'orifice des organes respiratoires qui sont des sacs lamelleux auxquels on a donné le nom impropre de poumons. L'anus et les filières, en communication avec les glandes sécrétrices de la soie, s'y ouvrent également. Ce sont ces derniers organes qui fournissent la substance avec laquelle les araignées tis ont leurs toiles. Chaque espèce de ce groupe en fait d'une forme particulière, et le baron Walckenaer qui s'est occupé d'une manière tout à fait spéciale de ces animaux, a tiré des différentes formes de leurs toiles des indications pour une classification générale des araignées.

Les épéires ou araignées des jardins (fig. 99 et 100) dont la toile est orbiculaire et rattachée aux arbres ou aux plantes environnantes par quelques fils principaux qui en partent comme autant de rayons, appartiennent aux orbitèles.

Les mygales maçonnes du midi de l'Europe (fig. 101) creusent dans la terre une sorte de petit puits qu'elles garnissent d'une fine couche de soie et elles le bouchent avec un couvercle qu'elles ont soin d'y retenir attaché au moyen d'une charnière également faite de cette substance. C'est là qu'elles se blottissent pour attendre leur proie.

Les ruses employées par les autres espèces de ce groupe ne sont pas moins bizarres.

Les argyronètes sont de véritables araignées, remarquables par leurs habitudes aquatiques. Elles font sous l'eau une espèce de cloche au moyen de la soie que fournit leur filière, et, après l'avoir remplie d'air, elles s'y retirent. On trouve de ces araignées en France.

ÉCREVISSE. — C'est un animal articulé, de la classe des crustacés, que l'on trouve dans nos rivières.

Son corps se partage en deux parties principales : la tête et le thorax, réunis en une seule pièce qu'on nomme le céphalothorax, et l'abdomen que sa forme allongée et multiarticulée fait désigner vulgairement par le nom impropre de queue. Les yeux de l'écrevisse sont pédiculés et de la catégorie dite yeux composés; leurs antennes sont doubles pour chaque côté, l'une des paires dépassant de beaucoup l'autre en longueur. Elles ont des pièces buccales proprement dites et des pièces accessoires servant aussi à la mastication auxquelles on donne le nom de pattes mâchoires. Quant aux pattes spécialement appropriées à la locomotion, elles sont au nombre de cinq paires comme dans les autres crustacés décapodes et la première est en forme de pinces didactyles.

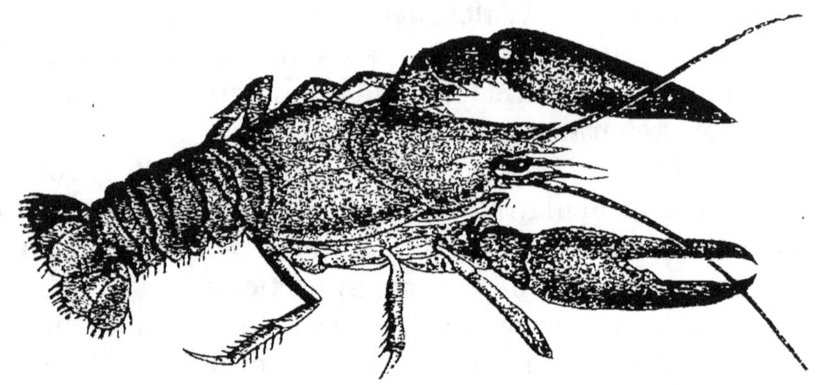

FIG. 102. — *Écrevisse.*

L'abdomen des écrevisses est composé de cinq anneaux dont le dernier porte des lamelles natatoires; au-dessous de chaque anneau sont de petits appendices, plus développés chez les femelles (fig. 103) que chez les mâles, auxquels celles-ci suspendent leurs œufs. La position des ouvertures génitales sert aussi à faire reconnaître les sexes.

L'enveloppe générale du corps de ces animaux est encroûté de matière calcaire et d'apparence crustacée; elle est sujette à des mues avec lesquelles coïncide l'accroissement des écrevisses. Elles mettent quelque temps à solidifier leur têt et au moment où cette opération va s'accomplir, on trouve en général dans leur corps deux petites masses calcaires, appelées yeux d'écrevisses, qui constituent un approvisionnement destiné à cette solidification.

Le canal digestif est complet et l'estomac volumineux[1].

La nourriture des écrevisses consiste particulièrement en substances animales; la chair corrompue les attire et elles la préfèrent à tout autre aliment. Près le commencement de leur intestin est le foie, formant des cœcums qui simulent des houppes allongées. Le système veineux est moins complet que le système aortique et sur le point de jonction de celui-ci avec les vaisseaux revenant des branchies on remarque une dilatation contractile formant un véritable cœur, lequel est placé sous la partie postérieure et médiane du céphalothorax.

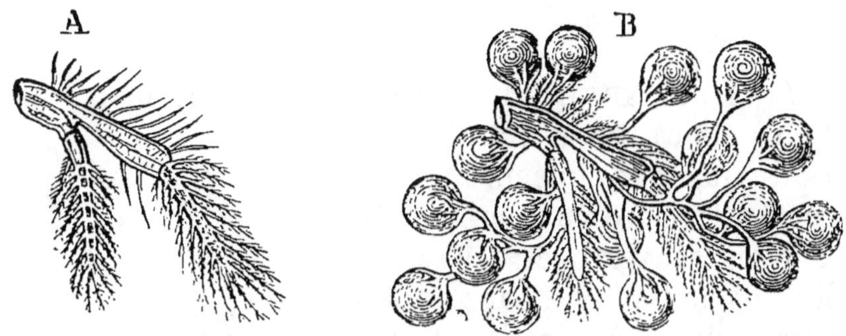

FIG. 103. — A) une des fausses pattes abdominales de l'*Ecrevisse* femelle.
B) la même, chargée d'œufs.

Les branchies des écrevisses sont en panaches et logées bilatéralement dans une cavité que protégent les rebords de la carapace. Quant au système nerveux, il a la disposition d'une chaîne ganglionnaire sous-intestinale. Il commence par un cerveau placé au-dessus de l'œsophage.

Les écrevisses sont des animaux à respiration aquatique et qui vivent dans l'eau. Elles se retirent pendant l'hiver dans des excavations. Leur croissance est lente.

On a fait quelques essais de culture concernant ces animaux, qui ont déjà donné de bons résultats. Il paraît possible de tirer un bon parti de leur parcage.

1. *Zoologie*, 2ᵉ année, fig. 182 à 188.

# CHAPITRE XIII.

## DU LOMBRIC OU VER DE TERRE ET DE LA SANGSUE.

LES VERS DE TERRE, animaux si communs dans une multitude de localités et dont les natu-ralistes distinguent plusieurs espèces, ont le corps formé d'un nombre consi-dérable d'anneaux à peu près sembla-bles les uns aux autres, sans appareil extérieur pour la respiration, tels que nous en voyons chez beaucoup de vers propres aux eaux marines. Ils sont sans tentacules tactiles, mais leurs nom-breux articles portent chacun plusieurs rangées de soies qui servent à la loco-motion. Ils vivent dans le sol et sui-vant l'humidité de celui-ci, s'y en-foncent plus ou moins profondément.

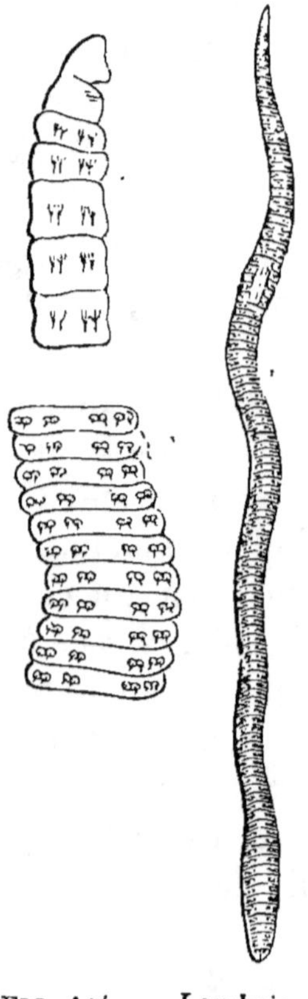

Ces animaux forment le genre des lombrics. Leur tube digestif est droit et sans appendices sur son trajet; l'hu-mus chargé de substances organiques constitue leur principale nourriture et les petites masses moulées en tortil-lons qu'ils en rejettent décèlent habi-tuellement leur présence.

FIG. 104. — *Lombric*.

Étudiés dans leur structure intérieure, les vers de terre

présentent indépendamment de la peau sétigère et annelée qui les enveloppe, ainsi que du tube digestif droit dont nous avons déjà parlé, un système vasculaire et un système nerveux; ce dernier longe inférieurement le canal digestif sous lequel il forme une chaîne ganglionnaire. Ils ont aussi des organes de reproduction mâles et femelles pour chaque individu.

Quelques espèces de ce genre jouissent de la singulière propriété d'être phosphorescentes. Aucune d'elles ne subit de métamorphoses; leur génération est ovipare.

On classe les lombrics parmi les annélides ou vers à sang rouge.

Les SANGSUES, type du genre *Hirudo*, ont le corps entièrement dépourvu d'appendices locomoteurs et leurs mouvements s'exécutent par les contractions générales dont ils sont susceptibles, ainsi que par les deux ventouses terminales, l'une entourant la bouche, l'autre placée tout à fait en arrière et plus complète dont ils sont pourvus à la région anale.

C'est dans leur ventouse antérieure qu'est ouverte la bouche, laquelle est armée de trois mâchoires dentées en scie sur leur bord libre. Ils s'en servent pour ouvrir la peau des sujets sur lesquels ils se fixent, et, en faisant le vide à l'aide de leurs ventouses, ils hument le sang de l'homme ou celui des animaux.

Le tube digestif des sangsues est droit, mais il montre sur son trajet des expansions en forme de culs-de-sac dont les postérieures sont les plus grandes. Elles manquent de branchies et présentent latéralement de petits sacs respiratoires. Leur appareil de la circulation est assez compliqué.

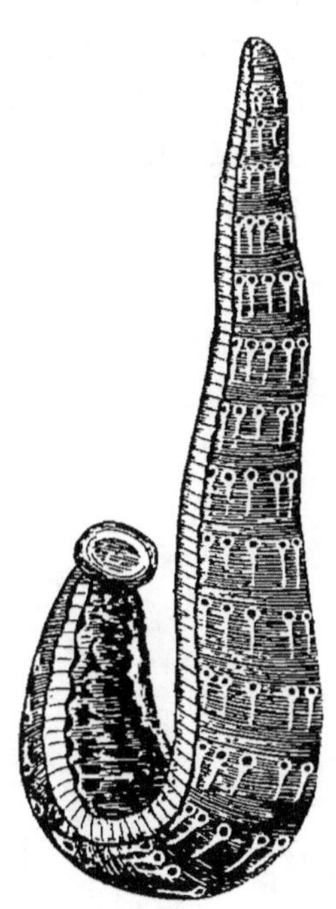

FIG. 105. — *Sangsue.*

Elles ont le sang rouge. Leur système nerveux consiste en un cerveau sus-œsophagien relié par un collier avec une chaîne de ganglions sous-intestinaux qui se continue dans toute la longueur du corps.

Semblables sous ce rapport aux lombrics, les sangsues réunissent les deux sexes et les jeunes au sortir de l'œuf ne subissent aucune métamorphose. Les œufs sont enfermés dans des espèces de gros cocons lanugineux à leur surface.

Ces animaux rentrent aussi dans la catégorie des vers annélides. Ils ont des yeux rudimentaires et même des oreilles internes réduites à une seule capsule auditive.

Tout le monde connaît l'usage que l'on en fait en médecine. Leur multiplication, leur vente et les envois auxquels ils donnent lieu pour toutes les parties du globe sont l'objet de transactions qui ne manquent pas d'importance.

On a nommé hirudiculture la branche de la zoologie appliquée qui s'occupe de la propagation des sangsues et perfectionne les procédés employés pour la multiplication et la conservation de ces espèces de vers.

# CHAPITRE XIV.

## DE LA SEICHE, DE LA LIMACE ET DU LIMAÇON.

La Seiche est un animal commun sur tous les marchés de nos villes littorales, que l'on mange dans toutes ces localités. Cette grosse espèce de mollusques a le dos soutenu par une pièce calcaire constituant sa coquille et que l'on donne aux oiseaux de volière pour aiguiser leur bec.

Son corps est mou et inarticulé, mais elle a la tête bien distincte du tronc et surmontée de dix appendices en forme de longs tentacules que l'on appelle bras ou pieds et qui ont fait donner à la classe dont la seiche est le type la dénomination de céphalopodes. Sur ces appendices reposent des ventouses qui servent au mollusque pour s'attacher aux autres objets, et l'on voit à leur base au milieu du cercle où leur insertion a lieu, la bouche qui est elle-même garnie d'une paire de fortes mâchoires d'apparence cornée rappelant assez bien le bec d'un perroquet.

La seiche vit dans la mer; elle nage avec facilité. Son corps est garni d'une paire de nageoires latérales; elle possède en outre un appareil très-curieux qui est le principal agent de sa locomotion.

Un grand sac placé sous son ventre renferme deux grosses branchies; on y voit aussi l'orifice terminal du tube digestif et celui de plusieurs autres organes. Ce sac largement ouvert lorsque l'eau destinée à la respiration s'y in-

troduit, peut se fermer hermétiquement lorsque cette eau
est chassée au dehors; l'animal fait alors passer le liquide
à travers une sorte d'entonnoir également formé par la
peau et qui se trouve placé en avant du sac lui-même, entre ce dernier et la tête du mollusque. Le tube de l'entonnoir est dirigé du côté de la tête, d'où il résulte que l'eau
qui en sort est elle-même poussée d'arrière en avant.

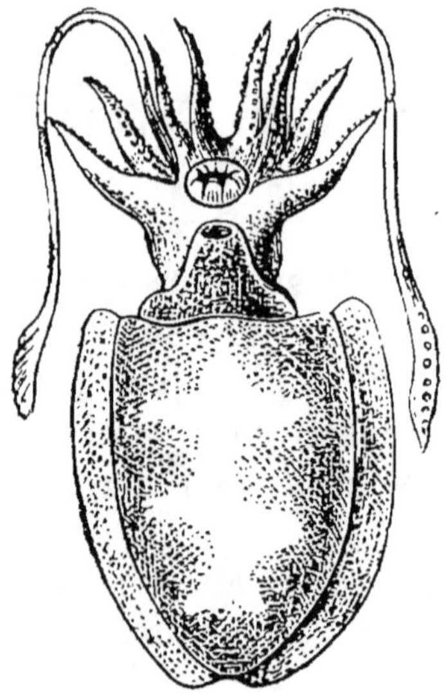

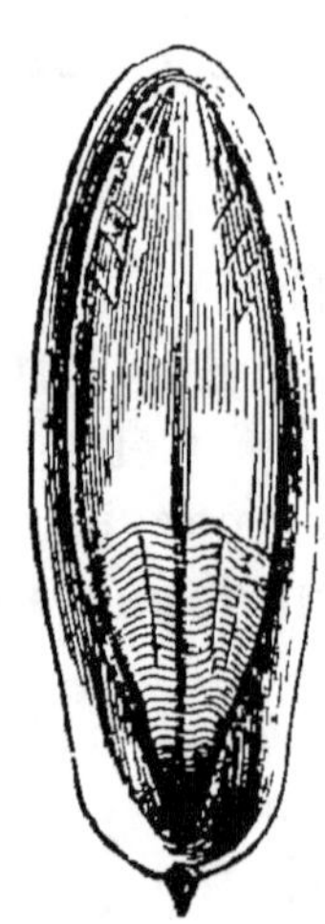

FIG. 106. — *Seiche;* vue en dessous.     FIG. 107. — Os de *Seiche* (la co-
                                          quille); vu en dessous.

La force motrice produite dans ces circonstances est
considérable et comme elle agit contrairement à la marche
même du courant, la seiche et les autres céphalopodes se
meuvent d'avant en arrière et par saccades.

Tous les céphalopodes sont de même que la seiche des
animaux nageurs. On cite parmi eux des espèces dont la
forme est bien mieux appropriée que la sienne à un mouvement rapide. Certains calmars ont été comparés sous ce
rapport à des flèches.

La structure intérieure des seiches n'est pas moins
curieuse à examiner que la superficie de leur corps. On y

reconnaît une complication qui doit les faire placer au-
dessus de tous les animaux que l'on comprend dans le
grand embranchement des mollusques, animaux qui sont
pour la plupart pourvus de coquille. Nous ne parlerons ici
que de leur encre.

Les seiches possèdent auprès du foie une poche dans
laquelle s'amasse une matière noire, la même dont on fait
la sépia et qu'elles lancent au dehors lorsqu'on les inquiète.
Cette substance d'abord à demi liquide s'étend dans l'eau
comme un nuage dont l'animal s'entoure pour se soustraire
à la poursuite des ennemis qui l'inquiètent.

LIMACES et HÉLICES. — Les limaces dont il existe plusieurs espèces, grises, marbrées, rouges, etc., et les hélices (limaçons ou escargots), encore plus variés dans
leurs espèces, appartiennent aussi à la grande division des
mollusques, c'est-à-dire aux animaux à corps inarticulé et
mou qui sont pour la plupart pourvus de coquille.

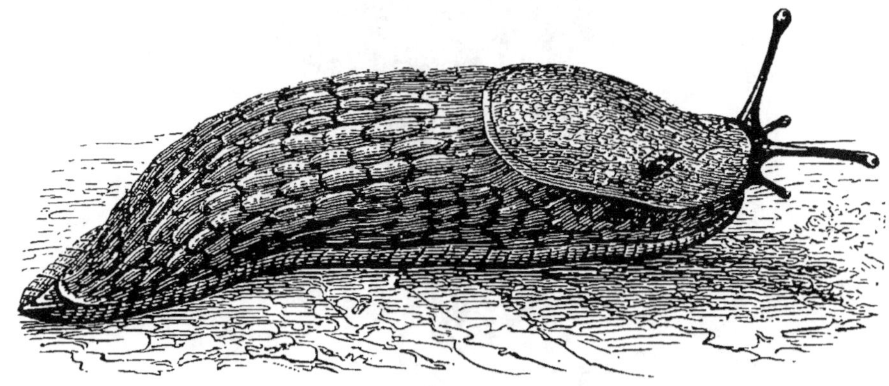

FIG. 108. — *Limace rouge.*

Chez les limaces cette partie protectrice semble ne pas
exister, mais en fendant avec précaution l'espèce de bouclier cutané qui recouvre leur appareil respiratoire, on y
retrouve sous la forme d'une petite pièce calcaire assez
semblable à un ongle un corps dur, lequel n'est autre chose
que la coquille. Dans les limaçons, la coquille prend au
contraire tout son développement et au lieu de rester enfer-

mée dans une loge de la peau de ces animaux, elle est assez grande pour recevoir leur corps tout entier et ils ont la possibilité de l'y cacher complétement. Les limaçons trouvent dans cette coquille un abri aussi sûr que celui que la carapace de la tortue donne à ce reptile.

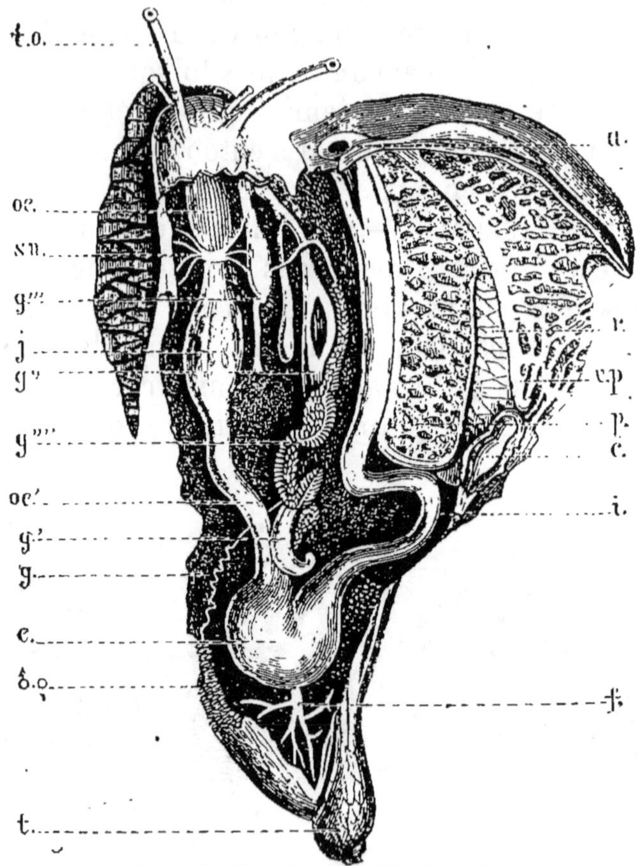

FIG. 109. — *Agathine de Maurice* (famille des Limaçons). Anatomie.

*to*) tantacules oculaires ; — *œœ*) œsophage ; — *sn*) cerveau ou système nerveux sus-œsophagien ; — *j*) jabot ; — *e*) estomac ; — *t*) tortillon formé par le foie ; — *f*) emplacement occupé par le foie dont on n'a laissé que les canaux biliaires et la partie terminale ; — *i*) intestin ; — *a*) anus ; — *r*) rein ; — *p*) poumon ; — *vp*) vaisseaux pulmonaires ; — *c*) les deux cavités du cœur.

Les mollusques de cette famille ont presque tous les sexes mâle et femelle réunis sur le même individu. Les signes ♂ (mâle) et ♀ (femelle), ainsi que les lettres *g g' g'' g''' g''''* indiquent les différentes parties de l'appareil reproducteur.

Les mollusques dont nous parlons ont sous le corps un

plan musculaire contractile qui leur sert de principal moyen de locomotion et que l'on nomme leur pied. La tête à peine séparée de la cavité abdominale porte deux paires de tentacules dont les supérieurs plus grands que les autres servent de support aux yeux; la bouche est garnie d'une petite mâchoire cornée; l'intestin est complet. Tous respirent au moyen d'un sac dans lequel rampent les vaisseaux sanguins, et c'est l'air atmosphérique qu'ils emploient à cet usage; enfin ils ont un appareil de circulation sur le parcours duquel est placé un cœur destiné à chasser dans toutes les parties du corps le sang qui a passé par le poumon pour y subir le bénéfice de la respiration.

FIG.110.— Œuf de *Limace* avec son embryon.
*a)* vésicule vitelline; — *b)* intestin; — *c)* bouclier renfermant le rudiment de la coquille; — *d)* tentacules oculaires; — *e)* bouche et œsophage; — *f)* cerveau et collier œsophagien; — *g)* rame caudale qui disparaîtra à l'époque de la naissance.

Le système nerveux des limaçons et des limaces n'est pas moins facile à observer et ces animaux offrent aussi une disposition assez curieuse du système musculaire. Bien qu'on les croie généralement aveugles ils ont des yeux, et ont été soumis a même l'anatomie délicate à laquelle ils ont montré qu'ils possédaient des organes internes d'audition. Ce sont deux capsules en communication avec des nerfs émanant de leur petit cerveau et qui sont placées dans la tête.

Ces mollusques ont toujours les organes mâles et femelles réunis sur le même individu; ils pondent des œufs, et

dans certains cas la transparence de ces derniers est telle
qu'elle permet d'en observer aisément le développement.

FIG. 111. — *Limaçon des vignes.*

Les limaces et les hélices nuisent aux agriculteurs et
aux horticulteurs. Il n'est qu'un petit nombre de leurs

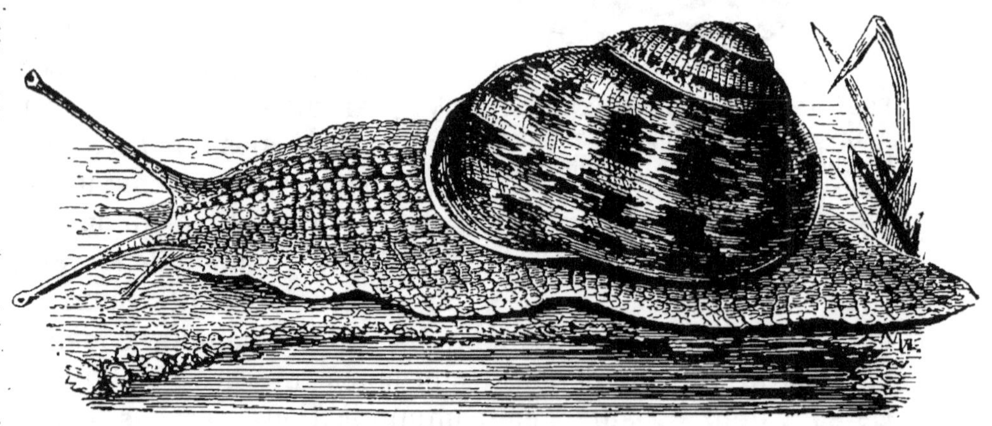

FIG. 112. — *Limaçon chagriné.*

espèces qui puissent être utilisées. On les mange, et dans
certains cas on en prépare] des {médicaments pectoraux.

ZOOLOGIE. Ens. spéc., année prépar.                          9

C'est particulièrement au groupe des hélices qu'appartiennent ces espèces parmi lesquelles nous citerons l'hélice vigneronne (*Helix pomatia*), la chagrinée (*H. aspersa*), la vermiculée (*H. vermiculata*) et la rhodostome (*H. rhodostoma* ou *pisana*). Ces deux dernières se rencontrent surtout dans le Midi ; les autres sont plus répandues dans le centre.

# CHAPITRE XV.



Tout le monde connaît les HUÎTRES, ces animaux à corps mou, vivant enfermés dans une coquille bivalve qui est le produit de leur propre sécrétion. Ils appartiennent à l'embranchement des mollusques et rentrent dans la division des conchifères ou bivalves lamellibranches.

Leur coquille n'a pas la régularité de la plupart des autres; ses deux moitiés sont inégales, l'une étant plate et l'autre bombée, ce qu'on appelle une coquille inéquivalve. Chaque valve prise séparément n'est pas symétrique, c'est-à-dire divisible en deux moitiés égales; cette coquille est donc inéquilatérale. Un ligament élastique retient les deux valves attachées l'une à l'autre, mais il les laisserait entr'ouvertes, c'est-à-dire bâillantes, sans un muscle puissant qui traverse de part en part le corps de l'animal, pour aller se fixer à chacune des valves de la coquille; il retient celle-ci hermétiquement fermée, car il est contractile au gré de l'animal. C'est ce muscle que l'on coupe lorsque l'on veut ouvrir une huître et s'emparer de sa partie charnue : il est unique au lieu d'être double, comme cela a lieu dans certaines autres espèces de bivalves, et l'huître prend rang parmi ceux de ces bivalves qu'on a appelés monomyaires parce qu'ils n'ont qu'un seul muscle. Les animaux de la même classe qui ont deux muscles, sont les dimyaires.

La coquille de l'huître est rude et lamelleuse à sa surface
extérieure; on y voit des stries dues à ses accroissements
successifs. Intérieurement, au contraire, elle est lisse,
blanche et nacrée, sans cependant que sa nacre soit aussi
belle que celle des pintadines, coquilles de la même famille, mais d'un autre genre, que l'on exploite sous ce rapport. L'impression d'un aspect rugueux, dont le milieu de
sa surface est marqué, est l'insertion du muscle dont nous
avons parlé plus haut.

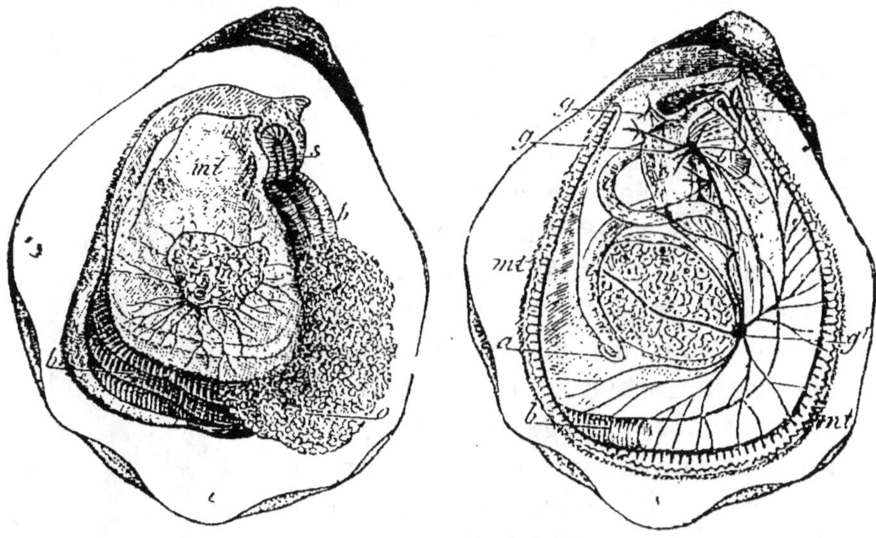

FIG. 113. — Anatomie de l'*Huître*.

s) bouche; — c) estomac; — ii) canal intestinal; — a) anus; — gg et b) cerveau et ganglions œsophagiens; les filets nerveux qui en partent sont représentés par des lignes noires'; — g) ganglion sous-intestinal, appelé aussi pé-
dieux, répondant au ganglion sous-œsophagien des autres mollusques et des
animaux articulés; — mt) bord frangé du manteau auquel se rendent des
filets nerveux issus du ganglion précédent; — i) intestin; — a) anus; —
bb) branchies dont on n'a conservé que les portions terminales.

FIG. 114. — *Huître*, chargée de naissain; = b) branchies; — m) muscle
servant à la fermeture des valves; — mt) manteau; — o) naissain ou amas
d'œufs et d'embryons formant une masse laiteuse; — s) palpes buccaux et
bouche.

Envisagés en eux-mêmes, les mollusques du genre huître
offrent à considérer deux surfaces membraneuses, constituant leur manteau, et dont leur corps est comme enveloppé;
le bord en est frangé. Ce manteau est ouvert, c'est-à-

dire que sa partie droite n'est pas soudée à la gauche, comme cela se voit dans d'autres bivalves. Enfin, l'huître n'a ni pied locomoteur analogue à celui des bucardes ou des vénus, ni tubes anal et respiratoire, comme ces animaux en portent à leur partie postérieure; elle ne produit pas non plus de filaments d'attache analogues à ceux que nous présentent les moules, et que l'on nomme un byssus.

Quand on soulève le manteau d'une huître, on voit d'abord les lamelles branchiales placées de chaque côté de sa masse viscérale; elles servent à sa respiration. La bouche apparaît à une des extrémités de l'arc formé par ces branchies; on voit auprès d'elle deux palpes labiaux qui ressemblent à des branchies accessoires. L'anus est à une petite distance de l'extrémité opposée, en arrière du gros muscle qui sert à fermer les valves. Il y a donc chez ces mollusques un canal intestinal complet, comme il y en a un chez tous les autres animaux du même embranchement et l'on reconnaît que ce canal se partage en un œsophage très-court, un estomac et un intestin; ce dernier décrit plusieurs circonvolutions. Le foie, dont le volume est proportionnellement assez considérable, verse la sécrétion biliaire dans le commencement de cet intestin. Les vaisseaux de l'huître ont été également observés; ils ont pour centre d'impulsion un cœur placé comme à cheval sur l'intin, ce qui a d'abord fait croire qu'il traversait ce dernier.

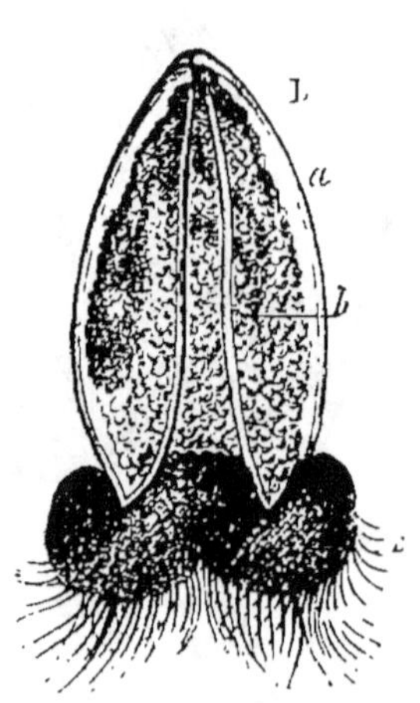

FIG. 115. — Embryon de l'*Huître*.

*a*) la coquille qui est alorséquivalve;— *b*)corps du jeune animal; — *c*)appareil natatoire cilié, destiné à disparaitre lorsque la jeune huître se fixera.

Quant au système nerveux, il se montre avec les différentes parties propres aux animaux du même embranchement. Ses principaux ganglions sont placés en avant de l'estomac, auprès de l'œsophage. Ils répondent au cerveau, et communiquent avec un autre ganglion situé au-dessous du muscle principal. Celui-ci fournit la plus grande parti des nerfs destinés aux autres organes.

Les huîtres font des œufs qui éclosent dans leurs propres branchies et donnent naissance à une sorte de larve mobile qui porte un pied garni de cils vibratiles (fig. 115); elles en produisent en nombre considérable. La masse de ces œufs et de ces larves apparaît comme une sorte de lait quand on ouvre ces mollusques (fig. 113). On a proposé de se servir de ce naissain pour repeupler artificiellement les bancs sur lesquels on pêche ces bivalves, et en créer de nouveaux.

A toutes les époques, les huîtres ont été recherchées comme aliment. Les Grecs et les Romains les appréciaient fort, et l'on sait que ces derniers ayant reconnu la supériorité des huîtres pêchées dans les mers britanniques sur celles de la Méditerranée, s'en faisaient expédier pendant l'hiver en les enveloppant de neige et les comprimant dans les récipients où on les plaçait, afin d'empêcher les coquilles de s'ouvrir. Un spéculateur romain, nommé Sergius Aurata, imagina de creuser dans les anses du littoral, des viviers pour y engraisser les huîtres; c'est l'origine de nos parcs tels qu'on en voit à Dunkerque, à Ostende et ailleurs.

Dans les parages d'une salure moyenne, auxquels se mêle de l'eau douce, les huîtres engraissent mieux qu'ailleurs. Peu de temps suffit à cette opération, si les conditions sont favorables; aussi dans certains parcs a-t-on soin de verser de l'eau douce, lorsque la pluie ou les aménagements de l'exploitation ne répondent pas à ce besoin. Nous avons vu des huîtres de la Méditerranée, qui sont naturellement maigres, et dont la saveur est âcre, s'adoucir et devenir aussi grasses que celles d'Ostende après être restées quelques jours dans les eaux à moitié douces qui s'écoulent des étangs du littoral après les grandes pluies.

On prend des huîtres dans presque toutes les mers : l'Adriatique, la Méditerranée, l'Atlantique, la mer du Nord en possèdent. Il y en a aussi sur les côtes d'Afrique, sur celles d'Amérique, aux Antilles, dans l'Inde, en Chine, et ailleurs ; mais les espèces varient avec les localités. Dans

quelques cas, elles viennent s'établir jusque dans les embouchures, et même à une certaine distance au-dessus.

A Paris on consomme principalement des huîtres de
Marennes et de Cancale. Les huîtres anglaises, parquées
à Ostende et à Dunkerque, ont une grande réputation; il
s'en expédie jusqu'à Saint-Pétersbourg et à Alexandrie.

C'est à la grande famille des huîtres, appelée par les naturalistes famille des Ostréacées, qu'appartiennent les Pintadines ou huîtres à perles, les placunes, qui fournissent
principalement la nacre, les peignes ou pellerines, employées
comme aliments, et d'autres genres encore dont on verra les
coquilles dans toutes les collections conchyliologiques.

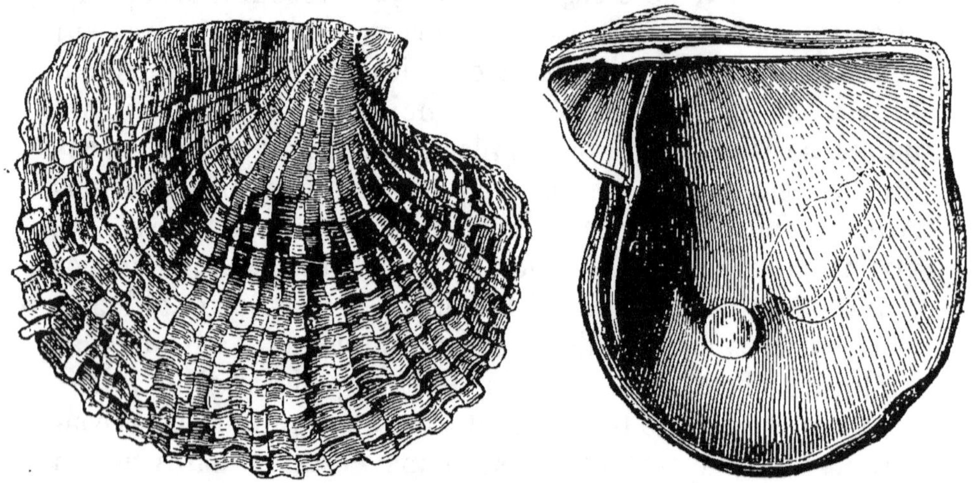

FIG. 116 et 117. — *Pintadine* ou huitre perlière.

La nacre constitue la surface interne des valves des placunes ; les perles sont le résultat d'une maladie fréquente
chez les pintadines, et de laquelle résulte la formation de
ces petites sphères nacrées si recherchées comme objets
d'ornement. Les huîtres comestibles fournissent quelquefois des perles, mais toujours en petit nombre; il s'en
produit aussi dans le manteau des jambonneaux, des vénus, ainsi que dans les mulettes qui sont des animaux
propres aux eaux douces.

# CHAPITRE XVI.

## DES HYDRES OU POLYPES DES EAUX DOUCES ET DU CORAIL.

Hydre ou Polype des eaux douces. — Linné a imposé le nom d'hydres (*Hydra*), donné par les anciens à un animal fabuleux, à un genre fort singulier de polypes, vivant dans les eaux douces, que l'on trouve dans presque toutes les parties de l'Europe. C'est principalement sous le rapport physiologique que ces petits zoophytes sont intéressants à étudier, et les découvertes que Trembley et d'autres observateurs ont faites à leur égard, ont beaucoup contribué à mériter aux hydres la réputation dont elles jouissent auprès des savants.

La première indication en fut donnée en 1700 dans les Transactions philosophiques de Londres, par le savant micrographe hollandais Leuwenhoeck et par un anonyme. Tous deux aperçurent une des propriétés les plus remarquables de ces animaux, celle qui a trait à leur multiplication par bourgeonnement ; mais ils ne virent qu'un très-petit nombre d'exemplaires de ces polypes.

Bernard de Jussieu les chercha aux environs de Paris et il les y retrouva. Il les fit voir à plusieurs savants, particulièrement à Réaumur, qui en parla dans le tome VI de ses Mémoires sur les insectes.

Un petit nombre de naturalistes les avaient également observés, lorsque Trembley eut à son tour l'occasion de les

étudier en Hollande. Ce fut pendant l'été de 1740 qu'il
examina pour la première fois des hydres, et le succès de
ses premières études l'engagea à s'occuper avec plus de
détails de l'histoire de ces singuliers petits êtres, sur la
nature animale ou
végétale desquels
il resta d'abord
indécis.

Pour sortir de
cette incertitude,
il coupa des hy-
dres par mor-
ceaux, pensant
avec tous les ob-
servateurs d'alors
qu'une plante seu-
le pouvait résister
à cette sorte de
taille et reprodui-
re, comme on le
fait par les mar-
cottes ou les bou-
tures, autant d'in-
dividus qu'on avait
pu faire de frag-
ments avec l'exem-
plaire primitif.
Cependant, contre

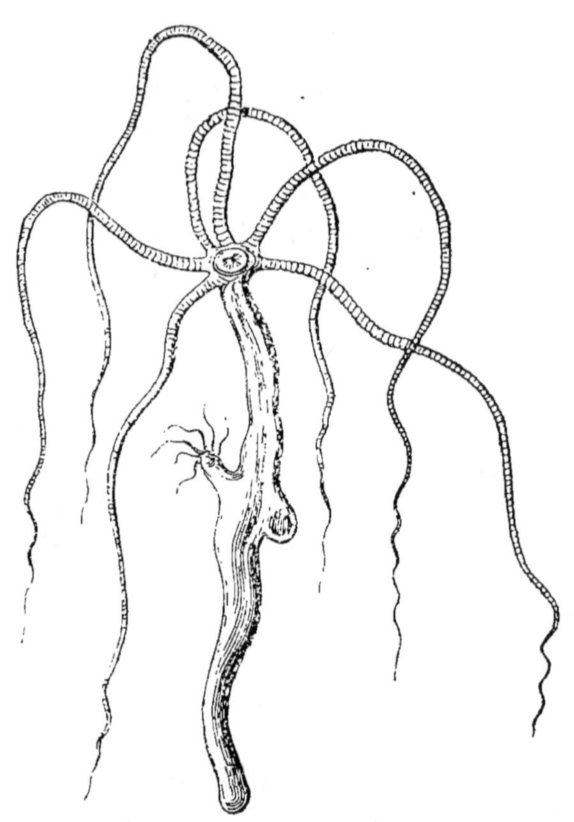

FIG. 118. — *Hydre* ou *Polype à bras.*

toute attente, il remarqua peu de jours après l'opération, que chaque morceau était devenu un sujet parfait,
ayant exactement les mêmes caractères que celui dont il
n'était d'abord qu'un fragment.

Cependant Trembley ne conclut pas de là qu'il avait
affaire à une plante. Les appétits carnassiers, les mouvements et diverses habitudes assez bizarres qu'il avait constatés dans ce singulier être organisé ne lui permettaient
pas d'y voir autre chose qu'un animal. Il préféra admettre

que c'était la physiologie elle-même qui était en défaut, puisqu'elle supposait propre aux plantes seules une propriété, celle de se recompléter après la division, que l'on trouvait aussi dans une espèce que ses principaux actes vitaux ne permettaient pas de classer ailleurs que dans le règne animal.

Les communications des savants les uns avec les autres étaient rares et difficiles à cette époque ; cependant la découverte remarquable de Trembley se répandit bientôt. Elle fut signalée à l'Académie des sciences de Paris, à la Société Royale de Londres, etc., et partout on s'empressa de la répéter, d'abord sur les polypes qu'il envoya lui-même, bientôt après sur des échantillons que des observateurs mieux avisés cherchèrent aux environs de leur propre demeure.

Trembley avait constaté dès 1740 la grande

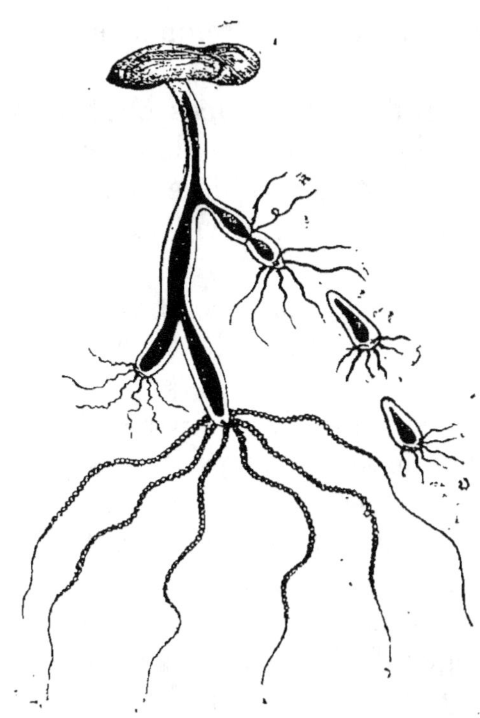

Fig. 119. — *Hydre*, ou polype des eaux douces.

Hydre, grossie. Elle est fixée sous une lentille d'eau et comprend trois individus, dont le plus grand a les bras ou tentacules plus étendus que les deux autres. Le tube noir qui longe intérieurement le corps représente leur tube digestif. L'individu situé à droite a été lié au-dessous de son point d'insertion au reste de la colonie, pour montrer un des moyens par lesquels on peut obtenir la multiplication de cette espèce par division du scissiparité. Au-dessous de lui sont deux individus détachés, supposés obtenus par ce procédé.

force de rédintégration des polypes, c'est-à-dire la propriétéqu'ont les fragments de ces animaux de se compléter ; ce ne fut qu'en 1744 qu'il publia son ouvrage consacré à l'histoire entière des hydres. Les planches dont il l'accompagna furent gravées par Lyonet, naturaliste également célèbre, auquel on doit l'anatomie de la chenille qui ronge le bois des saules.

Les mémoires composant l'ouvrage de Trembley sont au nombre de quatre. Ce sont :

1º La description des polypes des eaux douces, ou, comme il les appelle, des polypes à bras en forme de cornes; la forme de ces polypes, les mouvements qu'ils exécutent, et une partie de ce que l'auteur a pu découvrir au sujet de leur structure ;

2º La nourriture des polypes, la manière dont ils saisissent et avalent leur proie, la cause de leur coloration, etc.;

3º La génération des polypes, qui s'opère par le double mode de la division artificielle ou scissiparité et de la gemmation, c'est-à-dire du bourgeonnement. Le plus souvent en effet une hydre donne naissance à d'autres individus qui se développent sur son propre corps et y restent attachés comme des grains à une grappe; pendant un certain temps l'appareil digestif des jeunes sujets communique avec celui du parent qui leur a donné naissance;

4º Les opérations faites sur les polypes et le succès que ces opérations ont eu pour les multiplier par division, les retourner comme un doigt de gant, etc.

Les auteurs actuels s'accordent pour classer les hydres avec les animaux marins de forme radiaire et pourvus pour la plupart de tentacules, animaux auxquels on donne, depuis les observations de Trembley et de ses comtemporains, le nom de polypes, qu'Aristote appliquait aux poulpes, qui sont des céphalopodes voisins des seiches. Ce groupe répond à la grande division classique nommée par quelques naturalistes les *radiaires célentérés*.

Les hydres sont des polypes sans polypiers, pourvus d'un petit nombre de tentacules et n'ayant qu'un seul orifice intestinal, la bouche, qui est placée au centre de ces tentacules. Ceux-ci sont creux intérieurement, ce qui rappelle

une disposition propre à certaines méduses, et rattache
jusqu'à un certain point les hydres aux acalèphes [1].

Aucun micrographe n'a pu reconnaître de système nerveux chez les hydres. On ne leur voit pas même, à part le
tube stomacal, d'organes spéciaux pour les principales
fonctions qu'elles exécutent. Cependant elles ont des sexes,
et leurs tentacules, ainsi qu'une partie de leur corps, sont
garnis de petits corps très-singuliers, analogues à ceux
que présentent certains autres polypes et qui sont les causes de l'urtication produite par ces derniers. Les hydres
ont aussi des parties spécialement destinées aux contractions et qui sont les rendements du système musculaire.

Il y a plusieurs espèces d'hydres, toutes propres aux
eaux douces et faciles à conserver vivantes dans les moindres vases où l'on a placé un peu d'eau : les principales
sont l'hydre grise et l'hydre verte. Les naturalistes en ont
fait une étude attentive et les expériences qu'ils ont entre-
prises à leur égard sont faciles à répéter, même celles qui
ont trait aux acinètes, sortes d'infusoires, parasites de ces
animaux et auxquelles sont dues certaines maladies dont
les hydres ont à souffrir.

Si on laisse pendant un certain temps dans un repos ab-
solu les vases qui les contiennent, les hydres s'allongent
d'une manière remarquable surtout dans leur partie ten-
taculaire, et chez l'espèce appelée hydre grise les filaments peuvent alors acquérir plus d'un décimètre de longueur.

Quelques espèces de zoophytes marins, que l'on avait
d'abord attribuées au même genre que les hydres, ont dû
en être retirées, leurs caractères principaux n'étant plus les
mêmes que ceux de ces animaux.

CORAIL. — Tout le monde connaît le corail, cette substance d'apparence pierreuse, habituellement d'une belle
couleur rouge, dont on fabrique tant de jolis ornements.

_______

1. Voir *Zoologie*, 2ᵉ année, p. 273.

C'est un produit de la Méditerranée, et depuis un temps immémorial il est l'objet d'une importante industrie; mais quelle est sa véritable nature?

Le corail qu'on emploie en joaillerie est l'axe intérieur et durci d'un animal propre à l'embranchement des rayonnés ou zoophytes, et ce rayonné est voisin, par son organisation, de ceux qu'on appelle des gorgones ou arbres de mer.

Dans l'état frais, il est recouvert d'une sorte d'écorce qu'on n'utilise pas, mais qui en est la partie essentiellement vivante et cette enveloppe est garnie d'animalcules ou plutôt de bouches entourées de tentacules, comme on en voit chez les autres polypes.

FIG. 120. — *Corail* (vu dans l'eau).

Le corail est donc un polypier, résultant d'un encroûtement calcaire, produit par des colonies de polypes d'une espèce particulière, et on lui donne en latin le nom de *Corallium rubrum*.

Les polypiers, ou ces productions pierreuses, au groupe desquelles le corail appartient, étaient encore regardés par Tournefort, savant naturaliste contemporain de Louis XIV, comme des plantes ayant la dureté des minéraux, et c'est à cause de cela qu'on les appelait des lithophytes, c'est-à-dire des pierres végétantes.

L'année 1671 vit paraître un ouvrage de Boccone, naturaliste de Palerme, relatif au corail. Quoiqu'il fût allé en mer observer le corail avec les pêcheurs, Boccone crut reconnaître que ce n'était qu'une sorte de concrétion. Plus tard, en 1706, Marsigli adressa à l'Académie des sciences de Paris un mémoire sur les fleurs du corail. Il y racontait qu'ayant retiré le corail de l'eau pour examiner plus commodément ces prétendues fleurs, il les avait vues disparaître, et qu'elles se montraient de nouveau lorsqu'il replongeait dans l'eau la branche qui les portait. Cependant il ne lui vint pas à l'esprit que ce pouvait être des animaux; il pensa aux fleurs véritables qui se ferment ou s'ouvrent pendant le jour, et n'entrevit pas l'analogie qu'elles avaient avec les actinies ou prétendues anémones de mer, dont on avait depuis longtemps déjà constaté la nature animale.

L'honneur d'avoir reconnu la véritable nature du corail appartient à Peyssonnel, de Marseille.

Ce sagace observateur étudia d'abord le précieux zoophyte sur les côtes de Provence, et plus tard sur celles de Barbarie, du côté de la Calle, où il s'en fait une pêche régulière.

Ce fut lui qui expliqua comment ce qu'on avait pris pour les fleurs de ces prétendues plantes n'était en réalité qu'une association de petits animaux analogues aux anémones ou orties de mer :

« J'avais, dit-il, le plaisir de voir remuer les pattes ou pieds de cette ortie; et ayant mis le vase plein d'eau où le corail était, auprès du feu, tous ces petits insectes s'épanouirent. Je poussai le feu et fis bouillir l'eau, et je les conservai de la même façon que quand on fait cuire tous les testacés tant terrestres que marins. »

Dans un autre passage du travail de Peyssonnel on lit : « Lorsque je pressais l'écorce avec les ongles, je faisais sortir les intestins et tout le corps de l'ortie qui, confus et mêlés ensemble, ressemblaient au suc épaissi qui sort des glandes sébacées de la peau. »

C'est en 1726 que Peyssonnel communiqua ses observations à l'Académie. Elles ne furent pas tout d'abord acceptées comme exactes; mais bientôt Bernard de Jussieu, Guettard et Réaumur les vérifièrent sur d'autres espèces, et la belle monographie de Trembley, relative aux hydres, qui fut publiée en 1744, acheva de convaincre les esprits.

La pêche du corail se fait surtout sur les côtes de l'Algérie, particulièrement dans le cercle de la Calle. On la pratique aussi dans les parages de la Sicile et de l'Espagne; elle donne également de bons résultats du côté de la Corse ainsi que sur les côtes de la Provence et du Roussillon.

Les procédés qu'on y met en pratique se sont notablement perfectionnés dans ces dernières années. A l'ancien engin, consistant en une croix de bois lestée par une grosse pierre, ou en une croix de fer parfois accompagnée de crampons et attachée à une longue corde, à l'aide desquelles on racle les fonds habités par le corail, recueillant au moyen d'un filet traînant ce que le hasard arrache, on a substitué, en différents endroits, l'emploi du scaphandre. Un homme revêtu de cet appareil aujourd'hui bien connu, et dont l'usage tend à se généraliser, descend sous l'eau par les fonds de 25 à 30 brasses, et ramasse le corail comme on ramasserait des fleurs dans un champ ou des lichens sur un rocher; car la mer présente par endroits de semblables aspects.

Terminons ce résumé de l'histoire du corail par quelques mots sur l'organisation de cette espèce de zoophytes et sur son mode de développement.

Chaque colonie réunit un nombre considérable d'individus reliés les uns aux autres par l'écorce constituant la partie vivante du polypier. Ils ont chacun des tentacules, et au milieu de ces tentacules, la bouche qui sert à la fois à l'entrée des aliments et à la sortie des matières fécales.

Au-dessous de l'appareil digestif creusé dans le corps de ces polypes se voient des franges verticales qui leur servent d'organes de reproduction. Il y a des individus mâles et des individus femelles; quelques-uns possèdent à la fois les

deux sexes. Les ovules que ces organes produisent donnent
naissance à des larves ciliées qui sont bientôt expulsées
par l'orifice buccal, et de chaque larve naît un polype

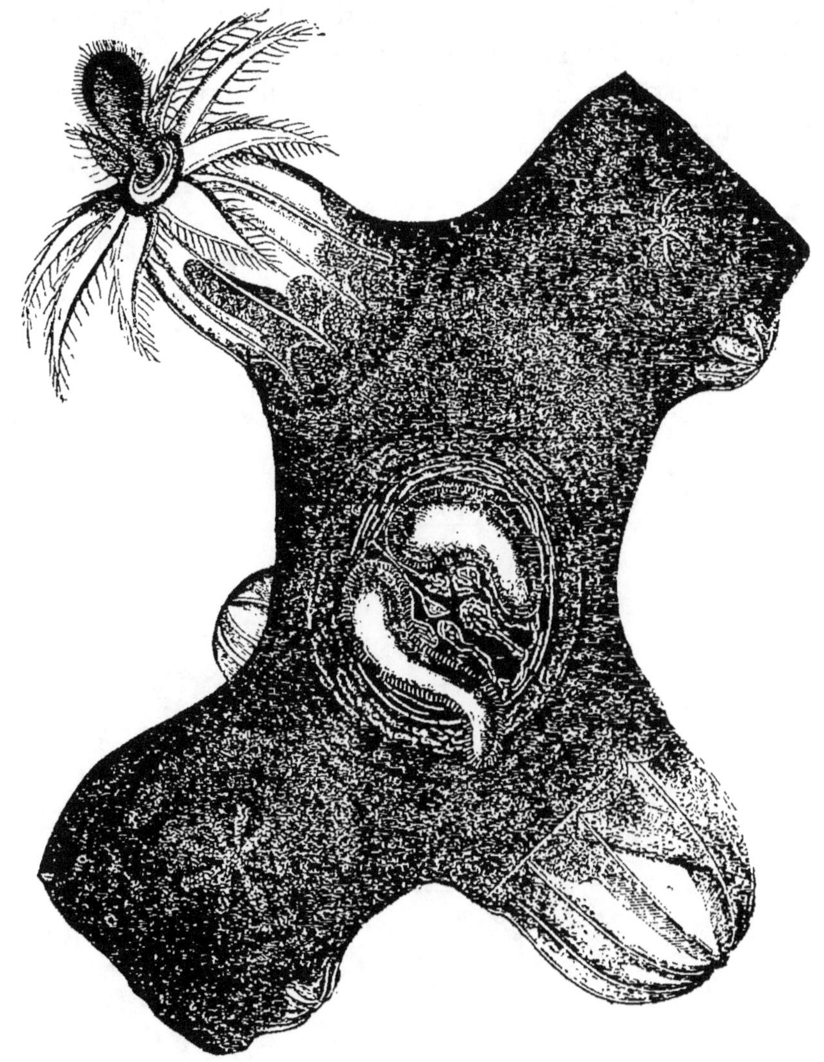

FIG. 121. — Ponte du *Corail.*

chargé de produire à son tour de nouveaux bourgeons qu
sont autant de membres destinés à l'accroissement de la
nouvelle colonie. Les dépôts calcaires que celle-ci accu-

mule et qui lui servent de support sont l'origine du polypier d'un si beau rouge qui fait rechercher ces animaux.

Le corail est surtout exploité dans la Méditerranée. Cependant on en trouve aussi aux îles du cap Vert, et il y en a auprès de Ceylan. Une espèce de ce genre est même signalée aux îles Sandwich ; elle ne donne lieu à aucune exploitation.

# CHAPITRE XVII.

## DES ÉPONGES ET DE PLUSIEURS AUTRES ANIMAUX TRÈS-SIMPLES EN ORGANISATION.

Les hydres et le corail, dont nous avons ajouté la description à celles que comporte le programme qui nous sert de guide dans cet ouvrage, nous conduisent à des êtres plus simples encore par lesquels le règne animal se termine. Tels sont les infusoires, dont les dimensions sont si petites qu'on ne peut les observer qu'avec l'aide du microscope; tels sont aussi les foraminifères, dont les coquilles ayant également de très-faibles dimensions, sont si nombreuses en certains endroits que l'on peut regarder la craie elle-même comme en étant presque entièrement formée. Nous pourrions accroître encore la liste de ces organismes inférieurs à tous les autres dont le rôle n'acquiert d'importance que par la multiplicité extrême des individus qui en composent les différentes espèces. Les ÉPONGES, dont quelques espèces sont employées dans les arts et dans l'économie domestique, nous en fourniront un dernier exemple.

Si l'on prend connaissance de ce que les savants ont écrit au sujet de ces zoophytes, on est tenté de répéter avec le célèbre naturaliste Lamark : « L'éponge est une production naturelle que tout le monde connaît, par l'usage assez habituel qu'on en fait chez soi; et cependant c'est un corps sur la nature duquel les naturalistes, même les modernes, n'ont pu arriver à se former une idée juste et claire. »

Il existe un grand nombre d'espèces dans ce groupe, et à d'autres époques géologiques, les mers en ont également produit. Ces corps organisés tiennent des animaux inférieurs, plus particulièrement des polypes, par plusieurs de leurs caractères, mais ils ont aussi de l'analogie avec les algues et ils relient à plusieurs égards les deux règnes animal et végétal l'un à l'autre.

Indépendamment d'une partie d'apparence muqueuse qui en forme la substance contractile, les éponges ont une charpente solide, formée de corpuscules aciculiformes ou étoilés auxquels on donne le nom de spicules. Dans certains cas, ces corpuscules sont de nature calcaire, dans d'autres cas, ils sont siliceux.

Les éponges produisent aussi des œufs, desquels naissent des larves ciliées et mobiles, et dans certaines espèces on trouve en outre des corps sphériques, à enveloppe résistante, comparables aux sporanges ou agents reproducteurs des plantes cryptogames, qui sont destinés à résister aux chances de destruction inséparable de l'hiver. Ces moyens de propagation sont faciles à observer dans les spongilles, qui sont des sortes d'éponges propres aux eaux douces.

Les spongilles (fig. 122) sont abondantes dans les étangs, les lacs et les rivières. On en trouve aussi dans quelques pièces d'eau. Elles sont au nombre des spongiaires, dont les spicules sont siliceux.

Dans les éponges usuelles, les spicules sont au contraire formés de substance calcaire et c'est en les détruisant par le lavage à l'acide chlorhydrique qu'on les fait disparaître. Il reste alors la partie chitineuse des éponges, qui est d'apparence cornée et que sa facilité d'absorption rend si utiles dans bien des circonstances; c'est cette partie chitineuse que nous employons pour nos usages domestiques.

Suivant que les éponges sont plus ou moins fines, on varie l'emploi auquel on les destine. Il y en a pour la cuisine et les écuries, d'autres pour la toilette. Ces dernières croissent principalement sur les côtes de la Syrie, et il s'en fait dans cette partie de la Méditerranée une pêche importante.

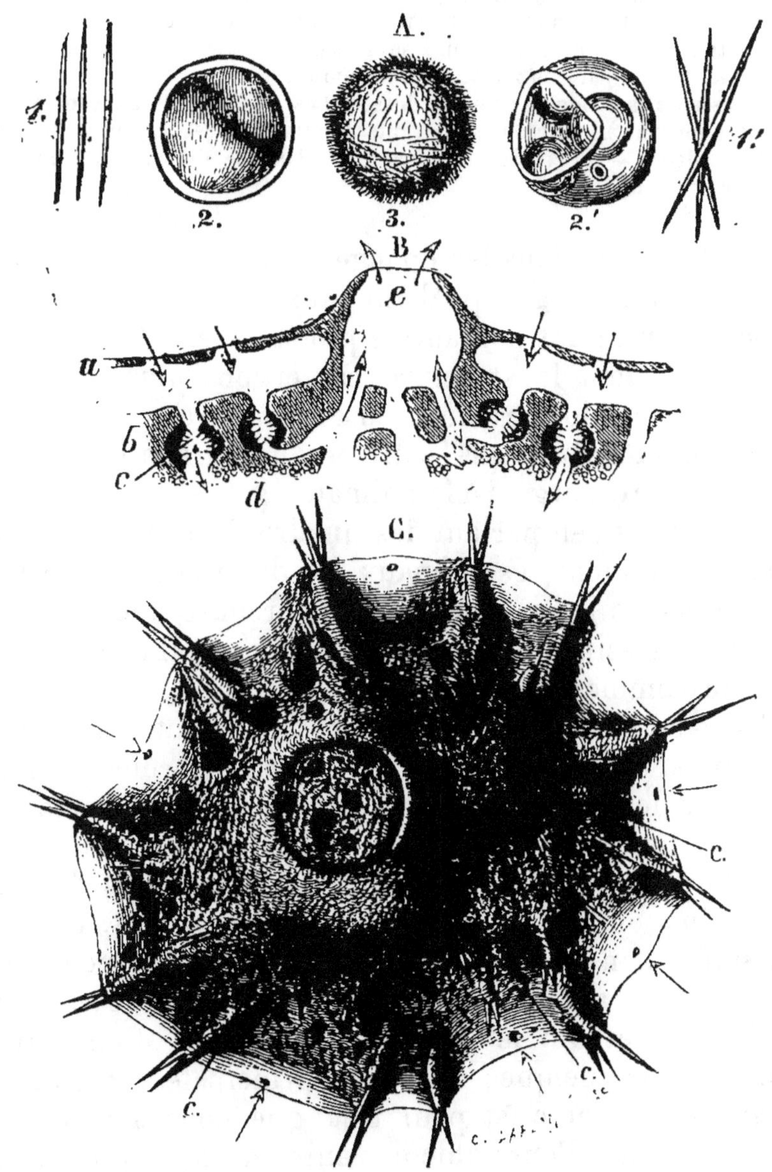



FIG. 122. — *Spongille ou éponge des eaux douces.*

A = 1 et 1) spicules siliceux formant le feutrage de la spongille ; — 2 et 2')
œufs hibernaux en forme de sporanges ; celui de la figure 2' a été ouvert pour
montrer qu'ils peuvent renfermer plusieurs corps reproducteurs ; — 3) ovule
mobile et cilié. On voit déjà des spicules dans son intérieur.

B = coupe d'une spongille en voie de développement. Les flèches indiquent
la direction des courants qui en parcourent l'intérieur pour la nourrir.

*a*) substance extérieure de consistance gélatiniforme dont la spongille est entourée; — *b*) masse formée par le feutrage des spicules; — *c*) chambres ciliées, probablement respiratrices; — *c*) orifice commun pour la sortie des courants; — *d*) couche inférieure formée par les corps reproducteurs.

Tout autour de la masse commune se voit une expansion de la partie gélatiniforme soutenue par des faisceaux de spicules.

C = masse de la spongille; vue de dessus. Les flèches indiquent les oscules ou orifices servant à l'entrée des courants respiratoires; — *cc*) ouvertures des chambres ciliées; — au centre de la masse est l'orifice de sortie des courants marqués *c* sur la figure B.

Nous trouvons dans les éponges, envisagées au point de vue zoologique, un groupe d'animaux moins parfait que les polypes et qui, joint aux autres protozoaires, c'est-à-dire à des espèces dont la structure est encore plus simple et dont les dimensions restent en général très-petites, nous donne une idée du degré extrême de dégradation auquel peut descendre l'organisme animal.

C'est ainsi qu'en partant des quadrupèdes pour envisager successivement les animaux dés différents groupes signalés dans ce livre, nous pouvons prendre une première idée de la classification naturelle, dont le tableau est imprimé au commencement de ce livre[1].

Elle place aux rangs élevés les êtres dont les organes ont le plus de perfection, et réserve les dernières places pour celles dont la structure est de plus en plus simple.

Les volumes consacrés à la première et à la seconde année du cours de Zoologie nous donneront une démonstration plus complète encore de ce fait important. Il devait nous suffire dans cette sorte d'introduction à l'étude générale du règne animal de prendre une première idée des grands groupes qui le composent au moyen d'un examen superficiel de quelques-unes des principales espèces qui s'y rapportent, et c'est pour cela que nous avons choisi pour représenter l'ensemble des animaux ceux qui sont les plus répandus ou qu'il nous importe le plus de connaître.

1. Voir, page VIII.

FIN.

# TABLE DES MATIÈRES.

Pages.

## CHAPITRE VII.



## CHAPITRE VIII.



## CHAPITRE IX.



## CHAPITRE X.



## CHAPITRE XI.



## CHAPITRE XII.



## CHAPITRE XIII.



## CHAPITRE XIV.



## CHAPITRE XV.



## CHAPITRE XVI.

FIN DE LA TABLE.

Imprimerie générale de Ch. Lahure, rue de Fleurus, 9, à Paris.

# ÉLÉMENTS

# DE BOTANIQUE

10758. — IMPRIMERIE GÉNÉRALE DE CH. LAHURE
Rue de Fleurus, 9, à Paris

## P. MAGNOL

Né à Montpellier en 1638, mort dans la même ville en 1715

# AVERTISSEMENT.

L'idée pratique qui a présidé à la création de l'Enseignement secondaire spécial nous a guidé dans la rédaction de ces leçons de Botanique.

Les cinq parties formeront un cours complet dans lequel nous irons du simple au composé, du connu à l'inconnu, mais elles se suivront : de telle façon que, tout en s'appuyant sur les connaissances acquises précédemment, chaque volume, ou année, pourra facilement se détacher et former une étude complète d'une partie quelconque de la Botanique. Nous n'avons pas, en effet, oublié cette indication du Programme officiel : « Les matières de l'Enseignement secondaire spécial ont été réparties entre les différentes années, de sorte que chaque cours formât, pour ainsi dire, un tout complet et qu'à quelque époque du cours normal que les exigences de famille ou de posi-

tion forçassent un élève à quitter l'École spéciale, il en sor-
tît avec des connaissances immédiatement applicables. »
— « Le principe général, qui ne doit jamais être oublié,
c'est qu'il ne s'agit pas, dans l'École spéciale, de faire des
anatomistes consommés, de savants géologues, des botanistes ou des zoologistes au courant de toute la nomenclature et des problèmes de la physiologie, mais des
hommes qui, devant se vouer à la pratique intelligente
des affaires et des arts industriels, ont tout intérêt à apprendre à bien voir et à fixer sérieusement leur attention
sur les procédés de la nature. »

Un mot sur la méthode : pour la Botanique, comme
pour toutes les Sciences naturelles d'ailleurs, les faits se
traduisent souvent par un *mot*. Si c'est là une difficulté
au moment des études premières, on s'en trouve abondamment récompensé par la suite : *un seul mot* rappelant
à l'esprit un fait ou même une série de faits. Que nos jeunes élèves ne se laissent donc point rebuter par les diffi-
cultés de ce langage synthétique ! Qu'ils travaillent avec
intelligence, se rendant un compte exact de tout ce qu'ils
voient ; qu'ils touchent du doigt, pour ainsi dire, chaque
chose et ne laissent rien passer qui ne soit devenu pour
eux d'une évidence parfaite.

Maintenant qu'il nous soit permis de reproduire ici les
conseils pratiques que M. le professeur Baillon, donnait

dans le programme qu'il rédigea pour l'Enseignement secondaire spécial : « Dès le début de ses leçons et dans tout le courant de cette année d'études préparatoires, le professeur exigera que ses élèves prennent l'habitude de ne jamais rien admettre, deviner ou répondre au hasard. Ils devront voir les plantes, observer les faits, ne dire et ne croire que ce qu'on leur aura mis devant les yeux. On doit, avant tout, développer en eux l'esprit d'observation, d'exactitude et de précision. Toutes les plantes précédemment étudiées devront donc, autant que possible, leur être remises en grande quantité ; le professeur tâchera de les faire planter et cultiver dans les jardins ou les cours de l'établissement; il serait précieux que les élèves pussent les y cultiver eux-mêmes. Pendant les récréations et les promenades, les élèves récolteront les fleurs, fruits et autres produits végétaux qu'on rencontre fréquemment partout. Il serait bon que chacun d'eux eût un petit herbier fait de sa main, renfermant au moins celles des plantes dont on a parlé dans le cours, bien nommées, avec leurs différentes parties, feuilles, fleurs, fruits, graines nettement préparées ; et le professeur consacrera une ou plusieurs classes par mois à l'examen et à la détermination de ces petites collections. Les arbres plantés dans les cours de l'école, les fleurs des parterres, les herbes les plus humbles qui forment les gazons, la moindre mousse, moisissure, etc., qui se rencontrent sur les murailles ou les pavés des cours, doivent être attentive-

ment observés par l'élève, auquel on indiquera de quelle
plante étudiée dans le cours il doit rapprocher l'objet
qu'il a recueilli, pourquoi le végétal qu'il apporte est
cryptogame, phanérogame, monocotylé, dicotylé, etc., et
d'où viennent les erreurs qu'il peut commettre, en cher-
chant à établir entre ces différents objets une première
comparaison souvent trompeuse. »

C'est pour nous conformer nous-même à ces sages conseils que nous avons, dans ce premier volume, accumulé
un nombre considérable de figures. Nous donnons ainsi
des indications que les élèves n'auront qu'à suivre.

# ÉLÉMENTS DE BOTANIQUE.

## CHAPITRE I.

### COLZA, GIROFLÉE, MOUTARDE.

Colza. — Alors qu'au mois de mars nos récoltes sortent à peine de terre, on voit, surtout dans nos départements du Nord, des champs d'une étendue considérable couverts de hautes herbes qui déjà étalent au soleil leurs fleurs d'un jaune éclatant. Bientôt la moisson sera coupée et on en retirera de petites graines noirâtres qui, soumises à la meule, donneront d'abord une huile fort employée dans l'industrie pour l'éclairage, ensuite un résidu qui, façonné en pains de tailles diverses, servira à engraisser le bétail. — Cette plante, si utile, est connue partout sous le nom de *Colza* ou *Colsat*.

Le nombre des pieds de Colza qui couvrent ces grands espaces est incalculable ; pourtant il va nous être facile de les étudier tous assez rapidement. En effet, un seul coup d'œil suffit pour s'assurer que chaque pied ressemble parfaitement à son voisin ; étudier un de ces *individus* (nous engageons fortement les élèves à bien faire attention à tous ces mots imprimés en italiques ; ce sont eux qu'ils doivent s'attacher à retenir et surtout à comprendre), c'est les étudier tous, car tous sont de la *même espèce*.

Choisissons donc un bel échantillon et recherchons-en les parties constituantes. Toutes n'ont pas la même forme, la même position, ne sont pas construites de la même façon et l'on prévoit que chacune doit avoir à remplir des rôles (des *fonctions*) différents dans la vie du végétal. Les parties sont appelées des *organes*, et chaque organe a reçu un nom particulier pour faciliter son étude et permettre des généralisations ultérieures.

Outre la portion verte, *herbacée*, qui s'élève vers le ciel, notre Colza présente une partie inférieure qui s'enfonce dans la terre et le fixe au sol. Ces deux parties qui semblent se diriger en sens inverse sont séparées par une ligne fictive qu'on nomme *collet* (fig. 2).

La portion souterraine, bien connue sous le nom de *racine*, présente un pivot central assez développé; de chaque côté partent des divisions de plus en plus ténues; les dernières étant aussi déliées que des cheveux, les horticulteurs ont donné à l'ensemble de ces *radicelles* le nom de *chevelu* de la racine.

La portion aérienne se divise et se subdivise aussi. La *tige* donne des *rameaux* et des *ramules* qui rappellent les divisions des racines, mais en différant parce qu'elles portent çà et là sur toute leur longueur, des lames aplaties et vertes, de formes diverses, appelées *feuilles*.

Chaque feuille en s'attachant sur l'axe forme deux angles d'inégale grandeur; le supérieur qui est aigu porte le nom d'*aisselle* et joue un rôle important. C'est au sommet de cet angle que se montrent des *bourgeons* d'abord et plus tard des *rameaux*. La physionomie de la plante, son *port*, comme l'on dit, dépend de l'agencement de ces feuilles et du mode de ramification des tiges.

Les rameaux après s'être allongés, donnent des fleurs. Ici, les fleurs sont réunies par groupes; on donne à ces bouquets le nom d'*inflorescences*.

Chaque fleur, portée par une petite queue qu'on nomme

Fig. 2. — **Colza** (*Brassica campestris*). — R, Racine et chevelu — C, colle
— T, base de la tige — T′, rameaux — T″, ramules — T‴, ramuscules —
I, inflorescences — F, feuilles.

*pédicelle*, nous semble simplement représentée par quatre lames jaunes disposées en croix ; mais, en examinant d'un peu près, on voit qu'en outre il y a : à l'extérieur, quatre lames vertes dressées ; puis, à l'intérieur, six petites baguettes jaunes ; enfin, au centre, un corps vert, allongé.

Ce corps est bientôt le seul organe qui persiste, les autres se flétrissant ; il grandit, grossit et devient un *fruit*. Cette période, dans la vie de la plante, porte le nom de *maturation*. Plus tard le fruit, devenu sec, s'entr'ouvre et laisse échapper de petits corps bruns, les *graines*. Ce sont elles qui sont utilisées, avons-nous dit, dans l'industrie et dans l'économie domestique.

Giroflée. — Tout le monde connaît la Giroflée, c'est une plante commune, peu difficile sur le choix du terrain. Elle affecte même une préférence marquée pour les décombres et les vieux murs en ruines où elle aime à se pencher, bercée par les vents, ce qui lui a valu le nom de *Giroflée des murailles*. Elle se prête, cependant, avec assez de grâce à nos soins et nous donne en échange, dans nos plates-bandes, des couleurs plus variées et des odeurs plus suaves ; pour nous plaire, elle transforme ses organes, prend des formes plus gracieuses, en un mot varie ses allures au gré de nos désirs. C'est ce que nous exprimons en disant que la Giroflée donne beaucoup de *variétés*.

Ce qui nous frappe d'abord, c'est la ressemblance extrême que sa fleur présente avec celle du Colza. Mêmes lames jaunes disposées en croix, mêmes lames vertes extérieures, mêmes baguettes jaunes, même corps verdâtre occupant le centre de la fleur, plus tard enfin même fruit. Voyons néanmoins si, par un examen plus minutieux, il ne sera pas possible de saisir une différence ; nous disséquerons donc notre *fleur* de Giroflée, en allant de dehors en dedans, de la périphérie au centre.

Nous enlevons très-facilement les quatre lames vertes extérieures qu'on nomme *sépales* et dont l'ensemble forme le *calice*.

Le calice enlevé, on trouve quatre autres lames plus grandes; ce sont elles qui donnent à la fleur sa couleur : on les appelle des *pétales* et leur ensemble forme la *corolle*.

En écartant la corolle on aperçoit les six baguettes et l'on remarque de suite que sur les six il y en a quatre grandes et deux plus petites. Mais toutes sont

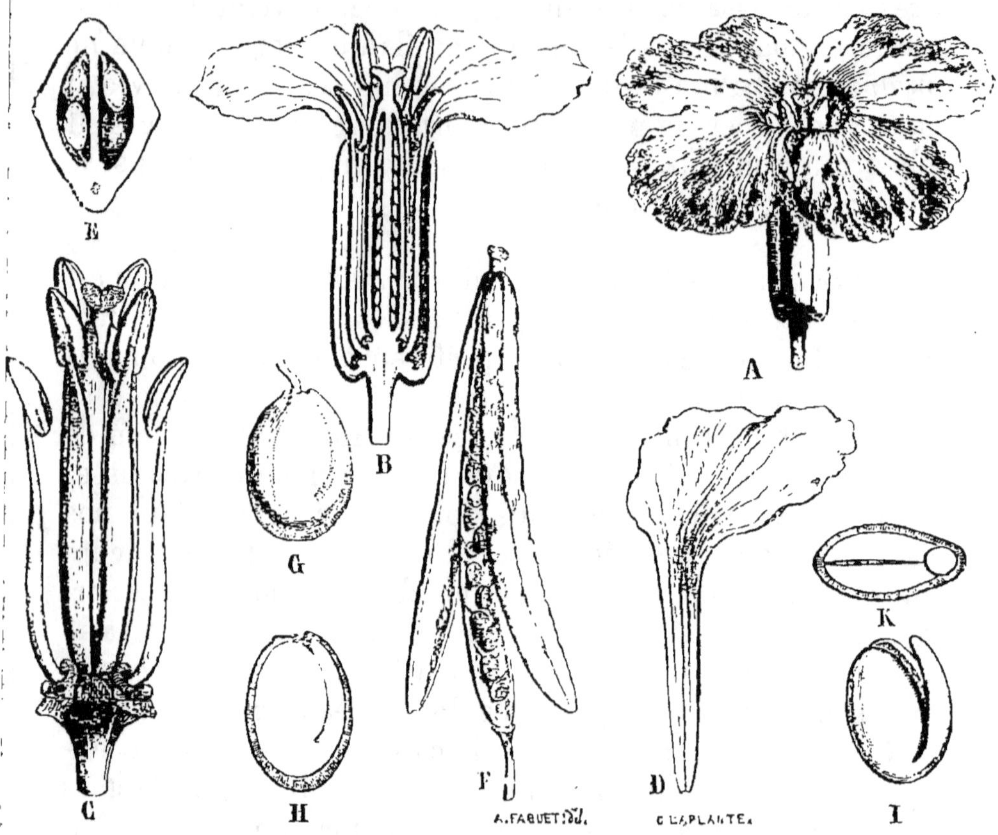

Fig. 3. — **Giroflée des murailles** (*Cheiranthus cheiri*). — A, Fleur — B, la même, fendue dans sa longueur — C, l'androcée, et au centre le gynécée — D, un pétale — E, ovaire coupe transversalement — F, fruit — G, graine — H, I, K, détails de la graine.

composées : d'une partie dressée, cylindrique, appelée *filet* et de deux poches arrondies, allongées, formant l'*anthère*. Chaque baguette est une *étamine;* leur réunion constitue l'*androcée* (fig. 3)

L'organe central est le *gynécée*. Il est représenté ici par une colonne verte, terminée à son extrémité supérieure par deux lèvres épaisses, portées par un col rétréci au-dessous duquel vient une portion renflée. Les deux lèvres sont les *stigmates*, le col rétréci est le *style*, très-court ici, enfin la portion renflée est *l'ovaire* : ces trois portions réunies forment un *pistil*. Donc, tandis que le calice, la corolle et l'androcée se composaient de plusieurs pièces, dans notre cas, le gynécée, par contre, n'est formé que d'un seul pistil.

La portion inférieure est appelée ovaire parce que, dans son intérieur, on trouve de petits corps blanchâtres, des *ovules*, qui sont chez les végétaux, ce que sont les œufs chez les animaux. Ce sont eux qui plus tard deviendront des graines destinées à reproduire la plante quand l'ovaire mûri sera lui-même devenu un fruit. Ici ce fruit s'ouvre par deux panneaux qui, en se séparant, laissent entre eux un cadre le long duquel sont attachées les graines.

Sépales, pétales, étamines et pistil sont supportés par un corps central renflé qu'on nomme *réceptacle* et qui termine, en haut, la queue de la fleur que nous avons appelée pédicelle. Entre les points d'insertion le réceptacle se renfle et donne des glandes verdâtres appelées *nectaires*. L'ensemble de ces glandes forme le *disque*.

Si maintenant nous examinons attentivement notre fleur de Colza, nous retrouvons les mêmes caractères dans toutes les parties, si ce n'est toutefois dans la place des nectaires. Cette différence étant minime, cherchons à en signaler d'autres dans les racines, tiges ou feuilles qu'on nomme *organes de végétation* par opposition à ceux qui forment la fleur et qui, donnant plus tard les fruits, sont les *organes de fructification*.

Les racines sont semblables, si ce n'est que le chevelu est plus développé dans la Giroflée. Les tiges sont plus grêles dans le Colza et plus élancées; mais les feuilles surtout offrent de grandes différences. Ces seuls faits ne permettront pas de confondre une Giroflée avec un Colza.

Moutarde. — On connaît plusieurs espèces de Moutarde, mais deux surtout sont intéressantes pour nous, car on les cultive dans certains départements pour leurs graines.

La Moutarde noire est la plus anciennement connue ; c'est avec elle que l'on fait les sinapismes, qui sont si souvent employés par les médecins pour amener en certains points donnés le sang qui a pu être nuisible en se portant ailleurs. Avec les graines broyées on prépare une poudre appelée *farine* de Moutarde ; cette poudre humectée laisse échapper une huile volatile, âcre, qui, portée dans les yeux, excite le larmoiement. C'est cette même huile qui, développée au contact de la peau, amène une irritation quelquefois si grande qu'elle peut occasionner des ampoules. — La même farine, avec du vinaigre et quelques plantes aromatiques, sert à préparer la Moutarde que l'on voit sur nos tables.

La Moutarde blanche a une réputation beaucoup moins ancienne. On a voulu faire de ses graines une panacée universelle, un remède à tous les maux. Ces graines sont blanches, luisantes, deux fois plus grosses que celles de la Moutarde noire. Broyées et mises au contact de l'eau elles ne développent pas cette huile âcre et excitante si caractéristique. Cependant, au goût, on leur trouve une saveur amère et piquante. Les Anglais les préfèrent pour la fabrication de leur Moutarde de table.

Si l'on compare ces deux plantes entre elles, il sera facile de les distinguer à la couleur et à la forme de leurs graines et à la forme de leurs feuilles.

Involontairement nous rapprochons les Moutardes de la Giroflée et du Colza ; leurs fleurs sont semblables, mais leurs feuilles les séparent de la Giroflée. En effet, dans cette dernière, nous avions des feuilles représentées par des lames allongées, ovales, pointues à leur extrémité, non découpées sur leurs bords. Dans la Moutarde, comme dans le Colza, les lames sont plus larges au sommet mais rétrécies à la base et comme déchiquetées et découpées sur les bords. Les botanistes ont désigné ce fait en disant que les feuilles de la Giroflée sont *entières* et que celles du Colza ne le sont pas. Le nombre de ces feuilles, qui ne sont pas entières, étant considérable, on a été obligé de leur donner des noms divers tirés de la profondeur des découpures et de la forme qu'elles font prendre à la lame de la feuille.

# CHAPITRE II.

## PAVOT, COQUELICOT, FUMETERRE.

Pavot (fig. 4). — L'espèce la plus généralement connue est celle qu'on nomme Pavot somnifère. Elle est originaire de l'Asie, pourtant elle croît spontanément dans l'Europe méridionale. Ses tiges et surtout ses fruits verts, blessés avec une lame de canif, laissent suinter par la plaie un liquide blanc qui se concrète par gouttes : ce suc est l'*Opium*. C'est pour en retirer ce produit qu'on la cultive de toute antiquité en Orient, et aussi depuis quelques années en Auvergne et dans le Midi. Tous les Pavots à Opium peuvent être désignés par le nom de Pavot somnifère-blanc. Il en est une autre variété, le Pavot somnifère-noir, que l'on cultive dans le Nord de la France et en Allemagne pour en extraire une huile, connue dans le commerce sous le nom d'*huile d'œillette*.

Les Pavots ont de grandes fleurs de couleur pourpre-violette ou blanches qui diffèrent notablement de celles que nous avons étudiées dans le premier chapitre.

Le calice n'a plus que deux lames vertes, encore faut-il, pour les voir, choisir le moment où la fleur n'est pas épa-

Fig. 4. — **Pavot somnifère** (*Papaver somniferum*).

nouie, car dès que le bouton s'entr'ouvre, elles tombent. Des organes qui se détachent avec une telle facilité sont dits *caducs*.

La corolle est bien, encore, composée de quatre pétales comme dans la Giroflée, le Colza, etc., mais ils n'ont pas la même forme ; il leur manque, pour ainsi dire, une partie. En effet un pétale de Colza présentait une lame étalée et une portion rétrécie ; la partie étalée s'appelle le *limbe*, la portion rétrécie, l'*onglet*. Ici, nous n'avons plus d'onglet, le pétale s'attache directement sur le réceptacle, on dit alors qu'il est *sessile*.

L'androcée est composé d'un si grand nombre d'étamines qu'il serait difficile de les compter. Quant au gynécée, il est représenté par un seul pistil dont l'ovaire est très-développé et dont le style et les stigmates apparaissent sous la forme d'une table plus ou moins plane marquée de rayons rugueux en nombre variable. A la maturité, le fruit devient sec et renferme de très-petites graines dont le nombre a été évalué à plus de 10 000 : on le connaît sous le nom de *capsule de Pavot* ou *tête de Pavot*.

La racine est *rameuse* comme celle du Colza. Les tiges sont couvertes de poils durs. Les feuilles larges, dentées sur leurs bords, descendent vers la tige qu'elles embrassent par leur base, d'où le nom d'*embrassantes* qu'on leur a donné. De cette base à l'extrémité supérieure, appelée sommet, s'étend une grosse côte que l'on nomme *nervure* principale pour la distinguer des autres côtes plus petites qui parcourent la lame ou *limbe* de la feuille dans tous les sens, s'entre-croisant comme les mailles d'un filet.

COQUELICOT. — C'est notre Pavot indigène. Il émaille de ses fleurs rouges toutes nos moissons et devient quelquefois nuisible par sa trop grande abondance. Ses pétales sont recherchés par le pharmacien pour la préparation d'une tisane calmante, pectorale. Ses fleurs ressemblent à celles du Pavot somnifère, mais elles sont plus petites. Le fruit est plus allongé, moins globuleux. Le fruit sec contient un grand nombre de graines qui s'échappent par de petites ouvertures produites par le redressement des bords de la table stigmatifère. C'est encore une capsule (fig. 5). On peut, sur une coupe longitudinale ou transversale, chercher comment les ovules d'abord, les graines ensuite, sont disposés dans cette sorte de boîte. On voit que la paroi interne de l'ovaire donne un certain nombre de replis

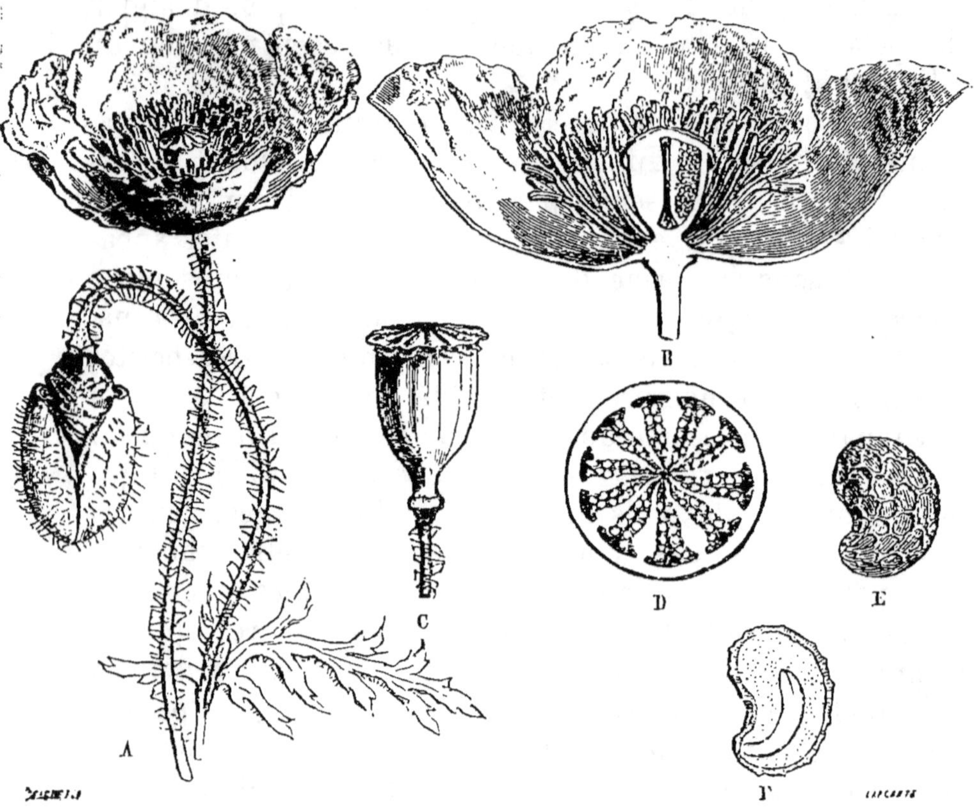

Fig. 5, — **Coquelicot** (*Papaver rhœas*). — A, Fleur et bouton — B, fleur coupée longitudinalement — C, fruit — D, le même coupé transversalement — E, graine — F, la même fendue.

verticaux qui s'avancent plus ou moins vers le centre : ce sont ces replis qui portent les ovules ou les graines ; les replis ont un nom, on les appelle des *placentas*, et comme ils tiennent à la paroi ce sont des *placentas pariétaux*.

Les racines et les tiges du Coquelicot rappellent assez celles du Pavot, mais les feuilles sont fort différentes ; au lieu d'être, en effet, à peine dentées sur les bords, elles sont découpées en lanières plus ou moins profondes. Toute la plante est couverte de poils rudes.

FUMETERRE (fig. 6). — C'est une petite plante à tige grêle, lisse, succulente, rameuse, qui peut atteindre de 30 à 50 cent. de hauteur. Cette tige herbacée est si faible qu'elle se couche à terre et que c'est à peine si elle redresse ses extrémités fleuries ; on la dit, pour cette raison, *tige couchée.*

Ses fleurs sont fort petites, et pour voir ce que nous allons dire il faut armer son œil d'un instrument grossissant. Au reste, nous n'insisterons guère. Cependant il faut savoir que le calice se compose de deux très-petits sépales caducs comme ceux du Pavot et du Coquelicot. La corolle présente quatre pétales qui ne sont pas identiques, l'un d'eux porte à sa base une bosse ou *éperon* qui donne à la corolle une physionomie toute particulière : elle est *irrégulière.* L'androcée est formé de deux faisceaux d'étamines, chacun d'eux ressemble à un trident. On voit que les filets de plusieurs étamines se sont réunis pour donner ces deux faisceaux. Le gynécée est composé d'un seul pistil.

Le fruit est petit, globuleux et charnu ; au centre de la pulpe se trouvent les graines ; on dit que c'est une *baie.* Le fruit est l'ovaire arrivé à maturité : quand le sac ovarien se sèche, le fruit est *sec ;* mais il peut, comme ici, devenir succulent, pulpeux, le fruit est alors *charnu.* Nous avons vu déjà assez d'exemples de fruits secs pour savoir qu'ils ne sont pas tous semblables, il en est de même pour les fruits charnus, comme nous le verrons par la suite.

Les feuilles ne ressemblent en rien à celles que nous avons étudiées jusqu'ici. Elles se composent d'une queue qui se divise et se subdivise deux ou trois fois pour porter, à l'extrémité de chaque division, de petites lames vertes :

la queue de la feuille se nomme *pétiole*, ses divisions sont des *pétiolules* et les petites lames des *folioles*. Toutes les feuilles étudiées précédemment étaient *simples*, celles de

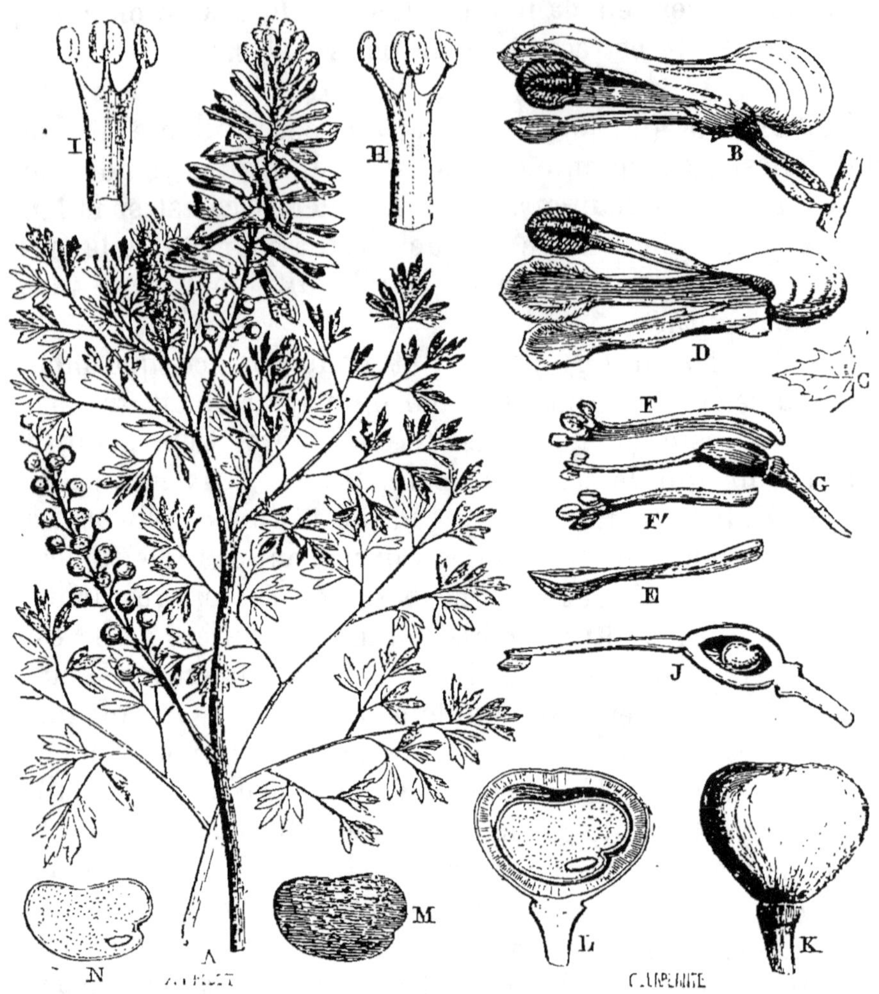


Fig. 6. — **Fumeterre officinale** (*Fumaria officinalis*). — A, Rameau et inflorescence — B, fleur détachée — C, sépale — D, le pétale postérieur et son éperon et les deux pétales latéraux — E, pétale antérieur — F et F', androcée — G, pistil — H et I, les deux faisceaux d'étamines — J, pistil fendu dans sa longueur — K, fruit — L, le même fendu — M, N, graine.

la Fumeterre méritent le nom de *composées* puisqu'elles sont composées de plusieurs petites folioles réunies ensemble sur le même pétiole.

# CHAPITRE III.



ŒILLET. — L'Œillet est encore une de ces plantes qu'on a cultivées pour l'ornementation de nos jardins ; les variétés qu'on a ainsi obtenues sont très-nombreuses et chaque jour leur nombre s'accroît encore. Les couleurs les plus vives et les plus éclatantes viennent, en se combinant de mille façons différentes donner des types nouveaux qui récompensent les horticulteurs de leurs soins et de leurs fatigues. L'espèce qui a servi de point de départ croît spontanément dans les provinces méridionales de l'Europe ; on la rencontre encore chez nous au milieu des ruines de nos vieux châteaux. Probablement qu'autrefois l'Œillet y avait été cultivé pour l'ornement des jardins du maître, mais, abandonné à lui-même, privé de soins, il sera revenu peu à peu à sa forme primitive, il y aura eu, comme on le dit, retour au type normal.

La racine des Œillets est *fibreuse*. Les tiges sont couchées par leur portion inférieure ; la partie redressée et florifère présente, de distance en distance, des renflements, des *nœuds;* c'est en ces points que se montrent les feuilles. On comprend que l'on puisse nommer *entrenœuds* ces portions successives des axes aériens qui s'étendent d'un nœud à l'autre. Ces entrenœuds sont creux, on dit alors que la tige est *fistuleuse.*

Les feuilles sont simples, entières et n'ont point de pétiole. Le limbe s'attache directement sur la tige, on peut donc aussi les appeler *sessiles.* Jusqu'ici elles ressemblent assez à celles de la Giroflée, mais nous avons maintenant à noter une différence marquée. Dans la Giroflée, en effet, les feuilles semblaient éparses sur l'axe,

il y en avait une ici, une autre plus haut, une troisième
plus haut encore, en un mot jamais deux à la même hauteur, au même niveau. Dans l'Œillet, au contraire, on en
trouve toujours deux au même point, elles sont par paires
et comme elles sont situées exactement en face l'une de
l'autre sur la tige, les botanistes les disent *opposées;* par
contre, les feuilles éparses de la Giroflée, du Colza et
de la Moutarde sont dites *alternes*.                    .

En examinant comparativement les feuilles d'un même
rameau, on les voit peu à peu s'amoindrir et passer in-
sensiblement à l'état de lames assez courtes jusqu'au
point où le rameau se divise pour porter les fleurs. Plus
haut elles sont plus courtes encore et l'on arrive ainsi à la
base de la fleur elle-même. Évidemment toutes ces lames
sont de la même nature, ce sont des feuilles dont la forme
a été graduellement modifiée. Cependant on leur a imposé un nom spécial dans le voisinage des organes de
fructification, on les désigne sous le nom de *bractées*. Les
bractées sont donc des feuilles modifiées qui, en général,
accompagnent les fleurs.

Passons à l'étude de la fleur. A première vue on constate l'existence d'un tube vert à cinq divisions et em-
boîté dans une petite couronne de 2 à 4 bractées un peu
élargies. De l'intérieur du tube ou calice sortent cinq lames purpurines, dentées sur leurs bords, nous reconnaissons la corolle; en dedans, dix étamines et un gros
corps verdâtre surmonté de deux filaments blancs plus
ou moins enroulés.

Insistons sur chacune de ces parties. Le tube vert nous
représente bien le calice du Colza ou de la Giroflée, mais
avec cette différence que, dans l'Œillet, au lieu d'être isolés
les uns des autres jusqu'à la base, les cinq sépales sont
réunis ou *connés*, comme on dit, ne présentant de libres
que leurs cinq dents. Un tel calice est appelé *gamosépale*.
La couronne de bractées qui occupe la base a été nommée *calicule*.

La corolle est formée de cinq pétales *libres* et chacun

d'eux est, sauf la couleur, analogue à ceux de la Giroflée, c'est-à-dire qu'il présente un limbe et un onglet incliné à angle droit. Ce sont ces lames qui, par la culture, prennent les couleurs les plus variées (fig. 7).

Fig. 7. — Œillet des jardins.

L'androcée est composé, nous venons de le voir, de dix étamines ; l'Œillet est donc construit sur le type 5 répété, autrement dit sur le *type quinaire*, tandis que les plantes que nous avons étudiées précédemment étaient construites sur le type 4 ou *quaternaire*. Chaque étamine est d'ailleurs composée d'un filet et d'une anthère à deux loges, ainsi que nous l'avons vu plus haut. — Une culture assidue fait *doubler* les fleurs ; on chercherait alors en vain les étamines, elles se sont en effet transformées et sont devenues des pétales. Ce fait nous montre, en passant, la liaison intime qui existe entre les étamines et les pétales.

Le gynécée n'est encore ici représenté que par un seul pistil qui est composé d'un ovaire renflé en massue et terminé ou plutôt surmonté de ces deux branches enroulées et blanches qui sont les stigmates. Dans l'intérieur de l'ovaire nous trouvons les ovules. Mais, tandis que dans le Pavot on ne pouvait enlever le sac ovarien sans emporter les ovules, les placentas étant fixés sur la paroi interne, ici nous pouvons, avec quelque précaution, détacher complétement le sac qui forme l'ovaire sans entraîner les ovules. Tous restent attachés sur un corps central aplati qui coupe transversalement l'ovaire en deux parties, s'appuie fortement sur la paroi, mais n'y adhère point. Ce corps central qui porte des ovules d'abord, des graines ensuite, s'appelle, nous le savons, un placenta. Dans les Pavots nous avions des placentas pariétaux, ici nous avons un placenta qui, occupant l'axe de la fleur, peut s'appeler placenta *axile*.

L'ovaire se sèche, mûrit et devient un fruit sec qui renferme les graines. Celles-ci tendent à s'échapper et c'est pour leur livrer passage que le sommet s'entr'ouvre, se déchire. Le fruit est donc encore ici une capsule.

Nielle des blés. — La Nielle des blés est un fléau redouté des cultivateurs ; c'est une plante très-envahissante, qui non-seulement étouffe une partie de nos récoltes, mais se mêle encore plus tard, dans le battage, aux grains de nos céréales et déprécie beaucoup leur valeur. Il est donc utile de la connaître afin de pouvoir la détruire.

Sans être très-versé dans l'étude de la Botanique, i est facile, avec un peu d'attention, de voir que la Nielle des blés a été, avec grande raison, rapprochée de l'Œillet. En effet, nous avons la même organisation dans ces deux plantes ; il n'y a pour ainsi dire entre elles que des différences de détail qui portent sur la fleur : elle est beaucoup plus grande et sa portion inférieure au lieu d'être cylindrique à peu près régulièrement, est ici conique et renflée.

Les organes importants sont fort peu différents ; les cinq sépales sont encore unis dans leur portion inférieure, ce qui fait que le calice est *gamosépale*. Mais les parties libres sont ici plus apparentes que dans l'Œillet ; ce ne sont plus cinq petites dents à peine marquées, elles sont devenues cinq longues languettes qui divergent en étoile. La corolle est composée de cinq pétales roses, veinés, tout à fait analogues à ceux de l'Œillet, mais moins découpés sur les bords du limbe et plus courts que les languettes du calice. L'androcée est aussi composé de dix étamines. Le pistil présente cinq styles divergents. A la maturité, l'ovaire devient une capsule qui s'entr'ouvre, laissant apercevoir le placenta, devenu libre, chargé de graines noires, rugueuses, chagrinées. Cet écartement des pièces de la capsule se nomme *déhiscence*. Les organes de végétation sont analogues à ceux que nous avons décrits dans l'Œillet ; mais la tige, les feuilles et le calice sont ici couverts de poils roides, ce qui fait dire que la plante est velue. Notons toutefois qu'il n'y a ni bractées ni calicule.

Mouron des oiseaux. — Les oiseaux aiment beaucoup les graines de cette plante, connue encore sous le nom de *Morgeline*, et vendue en si grande quantité sur nos marchés pour le repas du matin de nos pauvres captifs emplumés.

Elle possède, comme les deux précédentes, des feuilles opposées et des tiges couchées, quadrangulaires, creuses, renflées de distance en distance ; les feuilles sont ovale-arrondies. Les fleurs sont construites sur le même type que celles de l'Œillet ou de la Nielle ; mais, ici encore, il y a quelques différences. Les cinq sépales ne sont plus unis par la base, ils sont libres, indépendants ; le

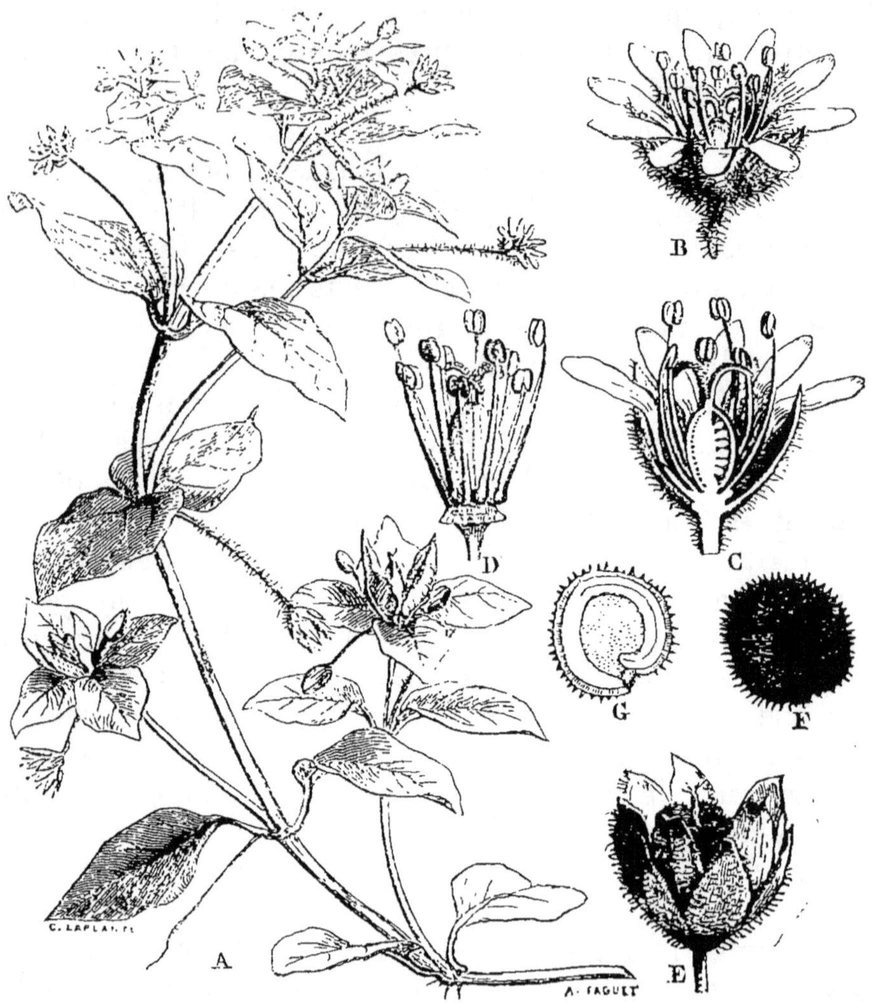



Fig. 8. — **Mouron des oiseaux** (*Alsine media*). — A, Rameau fleuri-B, fleur isolée — C, la même coupée verticalement — D, étamines et pistil — E, fruit entouré du calice — F, G, graine.

calice n'est donc plus gamosépale, mais *dialysépale* comme l'étaient ceux des Pavots, de la Giroflée et du Colza.

La corolle semble au premier abord composée de dix

pétales; cependant, en les arrachant, on voit qu'il n'y en a en réalité que cinq; mais chacun d'eux, formé d'un onglet et d'un limbe, porte sur ce dernier une échancrure si profonde qu'elle le sépare en deux parties de même taille ovale-arrondies à peine unies à la base.

L'androcée est régulièrement composé de dix étamines; leurs filets sont cylindriques, leurs anthères arrondies et rougeâtres. Avec un peu d'attention on voit que ces dix étamines ne sont pas d'égale longueur; les cinq plus grandes, se trouvant en face des pétales, sont dites *oppositipétales*, les cinq plus petites, qui sont au contraire en face des sépales, sont pour cette raison appelées *oppositisépales*. Il arrive souvent que la couronne des cinq petites étamines ne se développe pas complétement, en sorte qu'au lieu de dix étamines on peut n'en avoir que huit, sept, six ou même cinq.

Le pistil présente un ovaire renflé à la partie inférieure et terminé par trois branches stigmatiques. Le fruit est encore une capsule laissant, par sa déhiscence, échapper des graines qui se sèment spontanément en tombant à terre.

---

# CHAPITRE IV.

## FRAISIER, FRAMBOISIER, ROSIER.

Fraisier. — Le Fraisier croît naturellement dans les endroits escarpés, stériles, rudes, de la partie septentrionale de l'Europe. La Fraise est peut-être le seul fruit qui veuille conserver sa nature sauvage; elle a, comme le gibier, un fumet qui demande à n'être pas affaibli; on lui procure de la grosseur en la cultivant, mais toutefois en diminuant sa saveur délicieuse. Dans les pays chauds on fait une boisson avec leur suc.

Si nous étudions les caractères du Fraisier, nous constatons qu'ils ne nous permettent pas de le confondre avec les végétaux que nous avons déjà passés en revue. La portion souterraine est formée d'un faisceau de racines, à peu près de même taille, partant d'un même point pour se ramifier et donner des radicelles assez abondantes. Ces sortes de racines sont dites *fasciculées*; elles diffèrent des précédentes en ce qu'elles partent d'un même

Fig. 9. — **Fraisier** (*Fragaria vesca*).

point, sont de même calibre et ne semblent point dépendre d'une plus considérable occupant le centre (fig. 9).

Au premier abord on peut croire que le Fraisier n'a point de tige, tous ses organes de végétation semblent, en effet, se réduire à une rosette de feuilles qui couvre la terre. Ce n'est donc pas sans quelque apparence de raison qu'on a pu dire que le Fraisier est une plante sans tige, une plante *acaule*. Pourtant la tige existe et elle présente tous les caractères que nous avons donnés jusqu'ici, la forme seule est modifiée, nous allons le prouver.

Dans toutes les plantes que nous avons étudiées,

nous avons toujours rencontré deux sortes d'organes distincts. Les uns comme la tige, les rameaux, les ramules, les pédicelles, les réceptacles, les placentas portent quelque autre organe; les autres comme les feuilles, les bractées, les sépales, les pétales, les étamines, les pistils, les ovules, sont portés; on donne aux premiers le nom d'*axes* et aux seconds le nom d'*appendices*. Or, les feuilles étant des appendices, nous les avons toujours vues portées par des tiges; dans notre Fraisier, nous devons donc trouver un axe pour porter nos feuilles.

C'est ce qui arrive, en effet; mais cet axe est court, ramassé, tordu, rampant à la surface du sol. Cet axe est bien une tige cependant, puisqu'il porte des feuilles et qu'il donne des bourgeons qui s'allongent, les uns en branches chargées de fleurs, les autres en branches chargées de feuilles. Les ramifications sont, en effet, de deux espèces. 1° Celles qui sont fournies par les bourgeons nés à l'aisselle des feuilles inférieures s'allongent considérablement, deviennent de longs filaments qui se courbent à terre, rampent à la surface du sol et se redressent plus tard. Ces rameaux sont appelés des *coulants;* les coulants sont des axes, des branches, ils portent donc des appendices à l'aisselle desquels naissent de nouveaux bourgeons. Lorsque ceux-ci se trouvent dans des conditions favorables ils se développent, étalent leurs feuilles et poussent à leur pied des racines qui sont appelées *adventives,* parce qu'elles se développent après coup. De telle sorte que chaque bourgeon, à une certaine époque, donne un pied de Fraisier semblable à la plante-mère : c'est ce qu'on nomme *marcottage naturel.* On peut, en effet, bientôt couper les coulants, sevrer pour ainsi dire ces enfants de la nourriture maternelle et chacun peut vivre d'une vie propre et indépendante. L'horticulture a imité ce procédé. — 2° Les bourgeons nés à l'aisselle des feuilles supérieures s'allongent et se terminent par des fleurs après avoir donné des bractées qui, nous le savons, sont des feuilles modifiées.

Les feuilles qui forment la rosette au-dessus du sol sont composées et comme elles ont trois folioles, on les appelle *composées trifoliolées*. Au point d'insertion de la feuille sur la tige se trouvent deux petites lames dressées, attachées dans une étendue plus ou moins grande sur le pétiole; ces lames, vertes d'abord, se flétrissent rapidement, on les nomme des *stipules*.

Les fleurs sont curieuses à étudier. Considérée dans son ensemble chacune d'elles nous offre à l'extérieur de dix à quinze lames vertes qu'on ne peut confondre, toutes n'étant pas de même nature. Cinq sont plus grandes, moins vertes, ce sont les sépales qui forment le calice; les au-

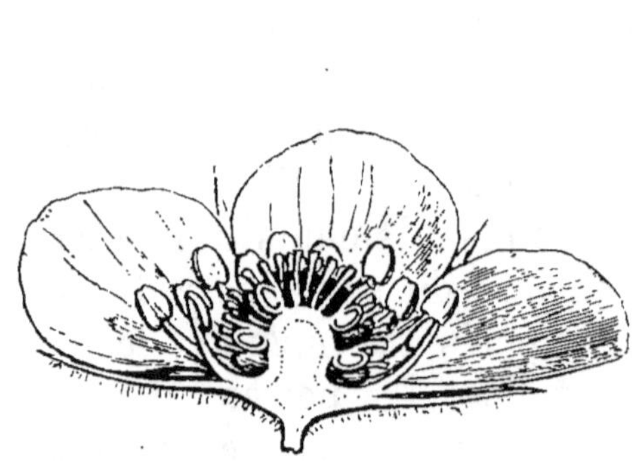

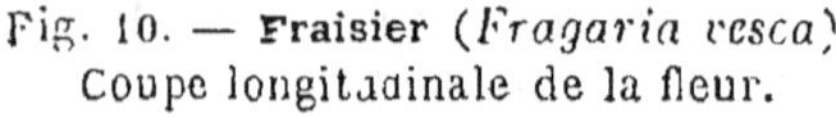

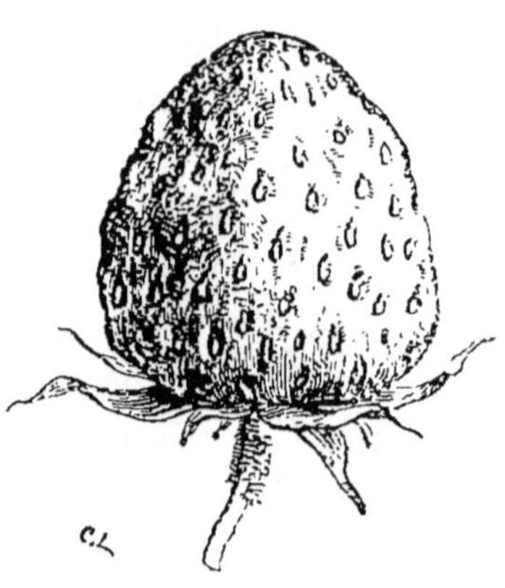

Fig. 10. — **Fraisier** (*Fragaria vesca*). Coupe longitudinale de la fleur.

Fig. 11. — **Fraisier** (*Fragaria vesca*). Fruit multiple.

tres pièces, souvent fendues dans une longueur plus ou moins considérable, forment un calicule. Alternant avec les cinq sépales sont cinq pétales blancs qui ne présentent pas d'onglet; le limbe s'attache directement sur le réceptacle. L'androcée est composé d'un nombre considérable d'étamines; au centre se trouve un corps renflé couvert d'une infinité de petites pointes jaunes. Pour se bien rendre compte de la composition de cette partie, il faut faire une coupe longitudinale de la fleur (fig. 10) et l'examiner à la loupe. On voit alors une masse centrale charnue sur laquelle viennent s'implanter une quantité considérable de petits corps allongés, dressés les uns contre les autres. Chaque petit corps est composé d'une portion inférieure renflée, renfermant un ovule, et surmonté d'une petite colonne renflée en tête : chacun d'eux est donc un pistil. Nous pouvons donc dire que le gynécée est formé d'un grand nombre de pistils. Jusqu'à présent nous n'avions trouvé qu'un seul pistil dans chaque fleur. Mais, nous l'avons vu, chaque pistil donne un fruit, nous aurons donc autant de fruits que de pistils ; chacun de ces petits fruits est sec et contient dans son intérieur une graine *unique et mobile*, les botanistes appellent *Achaines* de tels fruits. Ce sont ces petits corps, que l'on regarde à tort comme des graines, qui croquent sous la dent lorsqu'on mange les fraises (fig. 11). Mais si les fruits sont secs, ce ne sont donc pas eux qui forment la partie si recherchée et si délicate ; en effet, si l'on suit attentivement le développement, on voit que ce qui devient charnu c'est la masse centrale, le réceptacle qui porte ces fruits, et non ces fruits eux-mêmes.

FRAMBOISIER. — Dans le Framboisier au contraire et dans la Ronce des haies ce que l'on mange est bien le véritable fruit (fig. 12). Les pistils, en effet, toujours en grand nombre, sont bien portés par une masse centrale, mais au moment de la maturation ce réceptacle ne devient point charnu, tandis que c'est au contraire l'ovaire qui se gonfle de sucs et devient comestible. D'où il suit que le fruit *multiple* (ainsi nommé de ce qu'il est formé de plusieurs fruits) de la Framboise est composé d'un grand nombre de petits fruits charnus parfaitement séparables les uns des autres. Ces fruits contiennent au centre un *noyau* dur et résistant qui protège la graine : c'est ce que les botanistes nomment une *drupe;* nous l'étudierons bientôt plus en détail.

Les organes de la végétation sont un peu différents : ainsi la racine est ici rameuse et non fasciculée ; la tige est ramifiée et s'élève à un mètre et plus de hauteur au lieu de rester basse et couchée, elle est couverte de saillies

aiguës, acérées, que l'on appelle *aiguillons*. Quant aux
feuilles, qui sont composées comme dans le Fraisier, elles
présentent tantôt trois, tantôt cinq folioles ovales et dentées, portées sur un pétiole qui est muni à la base de
deux petites languettes, ce que nous avons désigné précédemment sous le nom de *stipules*.

Le Framboisier (fig. 13) croît naturellement dans les lieux

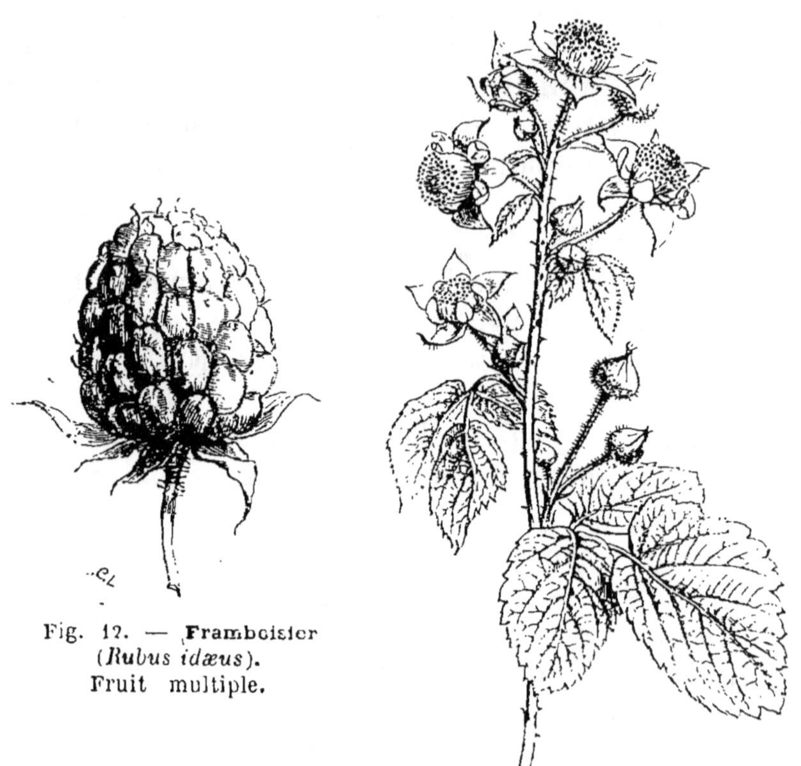

Fig. 12. — Framboisier
(*Rubus idæus*).
Fruit multiple.

Fig. 13. — Framboisier (*Rubus
idæus*).

boisés, aussi sa culture est-elle très-facile. Elle a lieu en
plein champ ou dans les jardins et on lui consacre généralement la portion de terrain la moins utile, soit parce
que c'est un bon moyen d'en tirer parti, soit afin d'éviter
les fâcheux effets que cette plante produit fréquemment
sur ses voisines.

Pour que ses fruits ne dégénèrent pas, il est indispensable de le changer de place tous les trois ans environ.

Rosier. — Le Rosier a été de tout temps l'objet de l'admiration générale. Les poëtes, les botanistes, les horticulteurs ont célébré, à l'envi, dans les termes les plus pompeux, la beauté, l'élégance et le parfum de ses fleurs. Cette plante est originaire de nos pays, on en rencontre plusieurs espèces dans nos haies ; mais la culture s'en étant emparée on a pu obtenir ainsi de nombreuses variétés. L'art de les conserver et d'en augmenter le nombre constitue une des branches les plus importantes de l'horticulture. Ces arbustes sont, en effet, si recherchés et si répandus que leur commerce suffit seul pour entretenir des établissements considérables.

Nous choisirons pour notre étude l'un de ces Rosiers sauvages, qui, après nous avoir donné dans nos bois et nos buissons des fleurs pendant l'été, égaient encore nos campagnes, dépouillées de leurs feuilles, par leurs fruits rouges que l'on recueille dans certaines localités pour en fabriquer des confitures, employées en médecine sous le nom de conserve de *Cynorrhodons*.

Le Rosier (fig. 14) par son aspect, son *port*, se rapproche beaucoup du Framboisier : mêmes racines, mêmes tiges couvertes d'aiguillons, mêmes feuilles si ce n'est que les stipules ici très-apparentes remontent sur le pétiole comme deux oreillettes connées avec lui. Le nombre des folioles qui forment cette feuille composée est de sept ou neuf, portées chacune par un petit pétiole appelé pétiolule. Ces folioles sont : une impaire à l'extrémité et les autres disposées par paires, comme les barbes d'une plume, le long du pétiole commun qui prend le nom de *rachis*. Pour désigner cette disposition avec deux mots on dit que la feuille est *composée imparipennée;* si la foliole impaire et terminale manquait, on dirait que la feuille est *composée paripennée.*

La fleur ressemble beaucoup à celle du Framboisier :

Le calice est le même, ainsi que la corolle. Les étamines sont en grand nombre et il y a au centre un faisceau de petits corps jaunes formant saillie. Mais avec un peu d'attention on remarquera bientôt une différence notable : dans le Framboisier il n'y avait rien au-dessous de la

Fig. 14. — **Rosier** (*Rosa pimpinellifolia*).

fleur, ici on voit un corps ovoïde, allongé, très-apparent. Sur une coupe longitudinale (fig. 15) de la fleur la différence est bien plus marquée encore. On ne trouve plus au centre une masse réceptaculaire portant les pistils ; au contraire, on a une sorte de bourse, concave, à l'intérieur de laquelle sont implantés ces mêmes pistils qui ne montrent en dehors de la fleur que leur extrémité supérieure ou stigmate. Quoique la forme ne soit pas la même, on comprend néanmoins que l'organe qui supporte les pistils est bien analogue dans les deux cas ; seulement dans le Fraisier et le Framboisier c'est un cône central, tandis que dans le Rosier c'est une sorte d'écuelle : dans le premier cas les pistils étaient situés extérieurement, dans le second cas ils sont plantés intérieurement ; le cône réceptaculaire

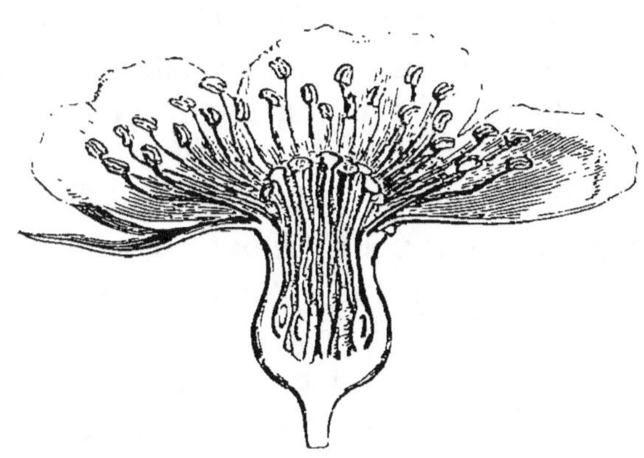

Fig. 15. — **Rosier** (Coupe de la fleur).

est devenu une coupe : on peut se faire une idée de cette transformation en retournant un doigt de gant. Au reste, à la maturité, les pistils deviennent de petits fruits secs, des achaines, comme dans le Fraisier ; tandis que le réceptacle se gonflant de même devient succulent et passe à l'état charnu ; c'est lui qu'on emploie ainsi que nous l'avons dit en commençant.

# CHAPITRE V.



Nous voyons ainsi réunis dans un même chapitre tous les fruits que nous appelons *fruits à noyau*. Tous ont, en effet, pour caractère commun, d'avoir au centre d'une masse charnue, comestible, un noyau résistant qui protége la graine. De tels fruits, charnus à l'extérieur, durs à l'intérieur, se nomment des *drupes*. La Pêche est une drupe, la Cerise est une drupe, de même pour l'Abricot, etc. Le fait paraît moins évident pour l'Amande; cela tient à ce que la portion extérieure charnue est moins recherchée que la portion sèche. Pourtant la ressemblance est parfaite si on examine l'Amande lorsqu'elle est encore verte; on reconnaît alors que les Amandes sèches qu'on nous sert en hiver, ne sont autre chose que les noyaux du fruit de l'Amandier renfermant les graines que nous mangeons. Les Amandes seront donc désormais, pour nous, des drupes.

Nous avons parlé plus haut d'un autre fruit charnu et nous l'avons appelé *baie*. Avec un peu d'attention il sera impossible de confondre les baies avec les drupes. Dans les baies, en effet, la graine ou les graines nagent au milieu de la pulpe charnue; dans les drupes, au contraire, elles sont toujours entourées d'un noyau plus ou moins résistant. Les grains de Raisin ou de Groseille sont des baies; les grains qui forment le fruit de la Ronce ou de la Framboise sont de petites drupes, par la raison qui fait que les fruits du Pêcher, de l'Amandier, du Cerisier, de l'Abricotier et du Prunier sont des drupes.

On comprend comment on peut avoir l'espèce Abricotier, l'espèce Pêcher, l'espèce Amandier, etc., de même que nous avons eu l'espèce Œillet. Mais en comparant ensemble les points les plus saillants de l'organisation, les *caractères*, comme disent les savants, des cinq espèces Pêcher, Cerisier, Abricotier, Amandier, Prunier, on sent entre ces plantes une liaison telle qu'on est obligé de les rapprocher. De même qu'on a pu réunir toutes les Pêches pour en faire une *espèce*, toutes les Amandes pour en faire une autre espèce, de même il est possible de réunir deux, trois, cinq espèces pour en former un groupe d'un ordre supérieur : ce groupe est appelé *genre. Le genre est donc un ensemble d'espèces réunies par des caractères communs.* Cette méthode facilite l'étude ; car, puisqu'il y a des caractères communs, il suffira de les étudier sur un individu pour les connaître dans tous les individus de la même *espèce*, du même *genre*. Chaque plante appartient donc à une *espèce* d'abord, à un *genre* ensuite : il lui faut deux noms pour la désigner ; on est convenu d'écrire d'abord le nom du genre puis celui de l'espèce. Ici nous connaissons le nom de l'espèce : Abricotier, Pêcher, Prunier, Cerisier, Amandier, quel sera le nom du genre ? On choisit d'habitude le plus anciennement connu ; pour notre cas, c'est le Prunier ; nous aurons donc : le Prunier-Abricotier, le Prunier-Pêcher, etc. Afin que les savants puissent s'entendre entre eux, on désigne les plantes par des noms latins, la langue latine étant universellement répandue. C'est ainsi que l'on a :

| | |
|---|---|
| Prunier-commun. . . . . . . . | *Prunus domestica.* |
| Prunier-Pêcher. . . . . . . . | *Prunus persica.* |
| Prunier-Cerisier . . . . . . . | *Prunus Cerasus.* |
| Prunier-Amandier . . . . . . | *Prunus Amygdalus* |
| Prunier-Abricotier. . . . . . . | *Prunus armeniaca.* |

Ils se distinguent les uns des autres par la forme de leur fruit et de leur noyau : inutile d'insister sur ce fait que chacun connaît.

PRUNIER COMMUN (*Prunus domestica*). — Cette espèce importante a la taille d'un arbre de proportions moyennes. Ses fleurs sont blanches et donnent un fruit de grosseur, de forme et de couleurs diverses, selon les variétés, porté sur un pédicelle plus court que lui. Le nombre des variétés est très-considérable. La Prune est un des fruits les plus agréables et les plus sains. Sa saveur douce et sucrée est relevée par un arome très-délicat. Sa chair est peu nutritive, mais elle est facile à digérer; cependant prise en trop grande abondance elle peut occasionner des diarrhées opiniâtres ; il faut donc en éviter l'usage immodéré. On prépare les *pruneaux* en faisant sécher les Prunes alternativement au four et au soleil. Les meilleurs viennent de la Touraine et de l'Agénois. Les variétés de Prunes les plus estimées paraissent être originaires de l'Orient et particulièrement des environs de Damas. Pline fait remonter l'époque de leur introduction en Italie au temps de Caton.

ABRICOTIER (*Prunus armeniaca*). — Cette espèce intéressante est regardée comme originaire d'Arménie, et de là lui est venu son nom (fig. 16).

L'Abricot est un fruit très-estimé, mais dont la saveur ne se développe parfaitement que dans les pays déjà un peu chauds. Il est facile de s'en assurer en comparant celui des environs de Paris avec celui de nos départements méditerranéens. Il est généralement plus aqueux et moins savoureux sur les espaliers que sur les arbres de plein vent. Au reste, c'est un fruit très-agréable et sain, dont on consomme annuellement des quantités considérables, en le mangeant cru ou préparé de diverses manières : compotes, confitures, etc.... Son amande tantôt douce, tantôt amère, selon les variétés, et même le noyau qui l'enveloppe, servent à la préparation de certaines liqueurs de table, dont la plus connue et la plus recherchée est l'*Eau de noyau*.

CERISIER (*Prunus Cerasus*). — On attribue généralement l'introduction en Europe des Cerisiers cultivés à Lucullus

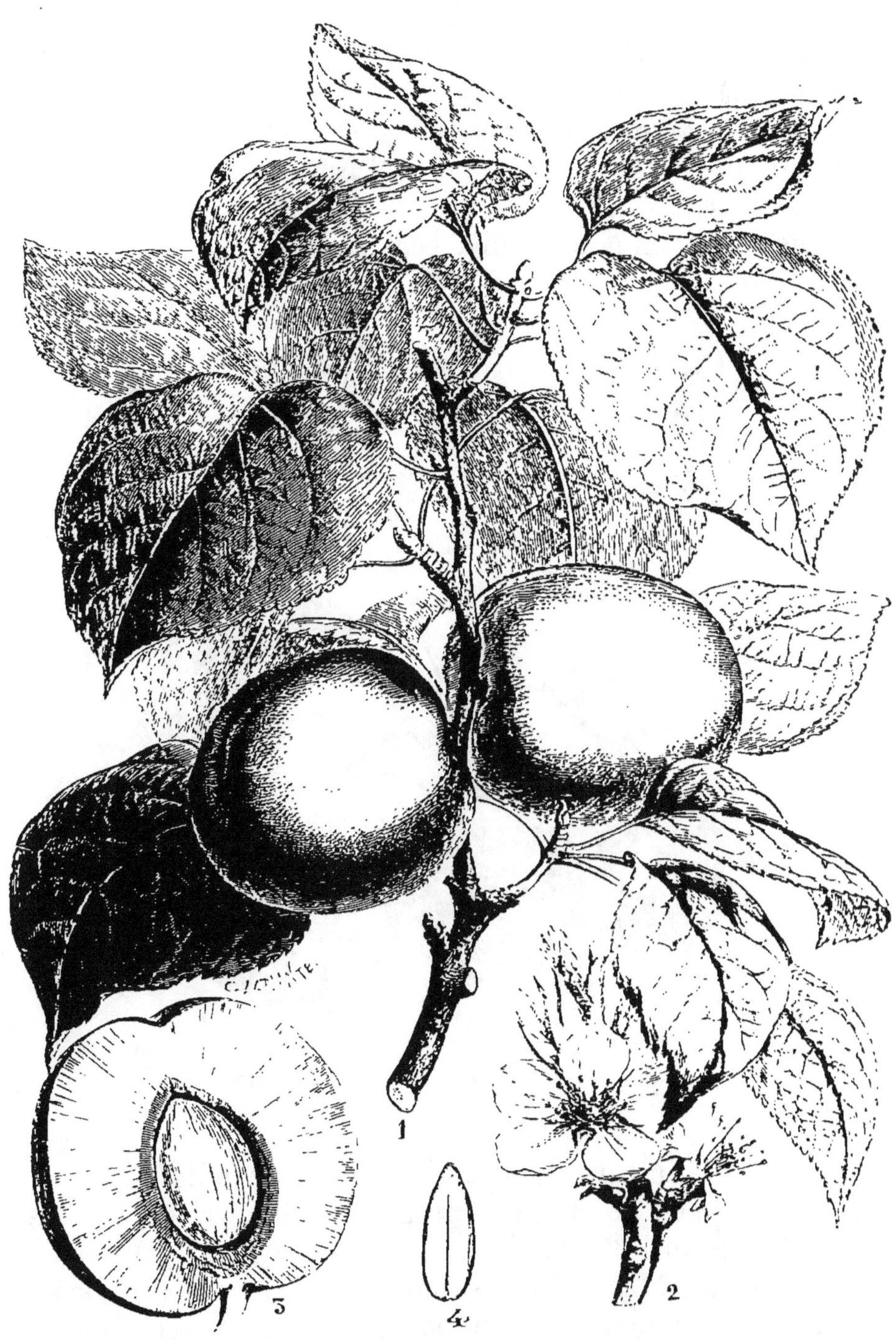

Fig. 16. — **Abricotier** (*Prunus armeniaca*). — 1, Rameau chargé de fruits — 2, rameau chargé de fleurs — 3, drupe fendue verticalement ; le noyau renferme l'amande, c'est-à-dire la graine — 4, embryon.

(68 ans av. J. C.) qui les aurait apportés de Cérasonte ; c'est de là que viennent même les noms de *Cerasus* et Cerisier. Quoique le fait ait été contesté, on pense que c'est au vainqueur de Mithridate que l'Europe doit réellement ses Cerises (fig. 17).

Une fois connus en Italie, ces fruits furent très-appré-

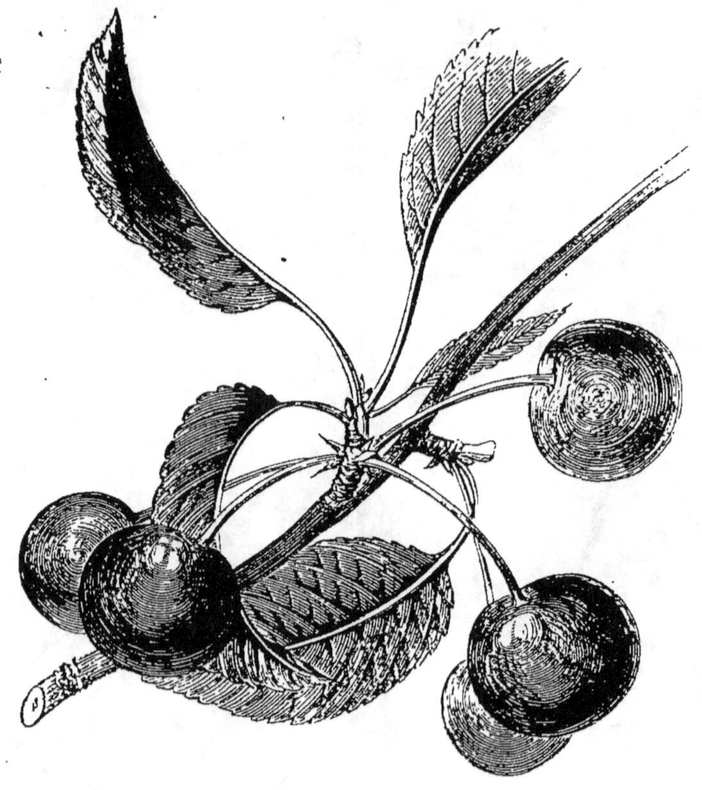

Fig. 17. — Cerisier (*Prunus Cerasus*).

ciés et leur culture se répandit avec une telle rapidité, qu'en un quart de siècle environ elle était arrivée jusque dans la Grande-Bretagne.

Quant aux Merisiers, ils ont été de tout temps sauvages et communs dans nos bois ; même au moyen âge et jusqu'au dix-septième siècle, il existait en France des règlements qui prescrivaient de les respecter dans les forêts, afin de ménager pour les pauvres des campagnes un aliment dont l'abondance leur rendait annuellement de grands services. Mais, à l'abri de cette protection, leur multiplication était devenue telle qu'en 1669 une ordonnance royale amena leur destruction presque complète. Il en reste en grand nombre toutefois dans la forêt des Ardennes et dans le grand-duché de Bade. C'est de la Merise et de son noyau que l'on retire, par la distillation, le *Kirchen-wasser*.

PÊCHER (*Prunus persica*) (fig. 18). — On prétend que le Pêcher est originaire de l'Éthiopie, d'où il a été transféré en Perse, de Perse en Égypte, d'Égypte à Micènes, etc.; il est actuellement si parfaitement naturalisé en France

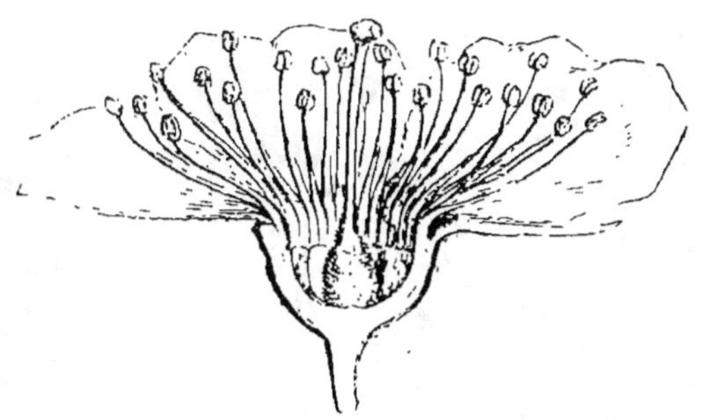

Fig. 18. — **Pêcher** (*Prunus persica*). — Coupe de la fleur.

qu'il ne conserve d'exotique que le nom *persica*. D'autres auteurs le font venir de la Chine.

On cultive le Pêcher dans presque tous les jardins de la France et dans la plupart des vignes. Il se plaît surtout en espalier auprès des murs, qu'il tapisse agréablement. Sa culture demande beaucoup de soins et d'intelligence. Il ne se multiplie que par la greffe. Les jardiniers de Paris, d'Orléans, de Metz, fournissent les plus beaux et les meilleurs; il faut les acheter vers la mi-octobre.

Les limaces et les limaçons font beaucoup de tort aux pêchers, mais il est facile d'en faire la recherche à la rosée ou après une pluie douce. Il est plus difficile de se défaire de la mouche-guêpe qui est très-friande de ce fruit. Pour en garantir les plus belles pêches, il faut disposer çà et là, sur le treillage, quelques autres Pêches endommagées, auxquelles les guêpes s'attachent de préférence.

Les Pêches sont fort agréables au goût, elles sont rafraîchissantes et conviennent très-bien, pendant les grandes chaleurs de l'été, aux jeunes gens, mais beaucoup moins aux vieillards. Les Pêches ne sont jamais nuisibles qu'autant qu'elles ne sont pas mûres ou qu'on en mange avec excès. Les feuilles et les fleurs du Pêcher sont apéritives, purgatives et vermifuges.

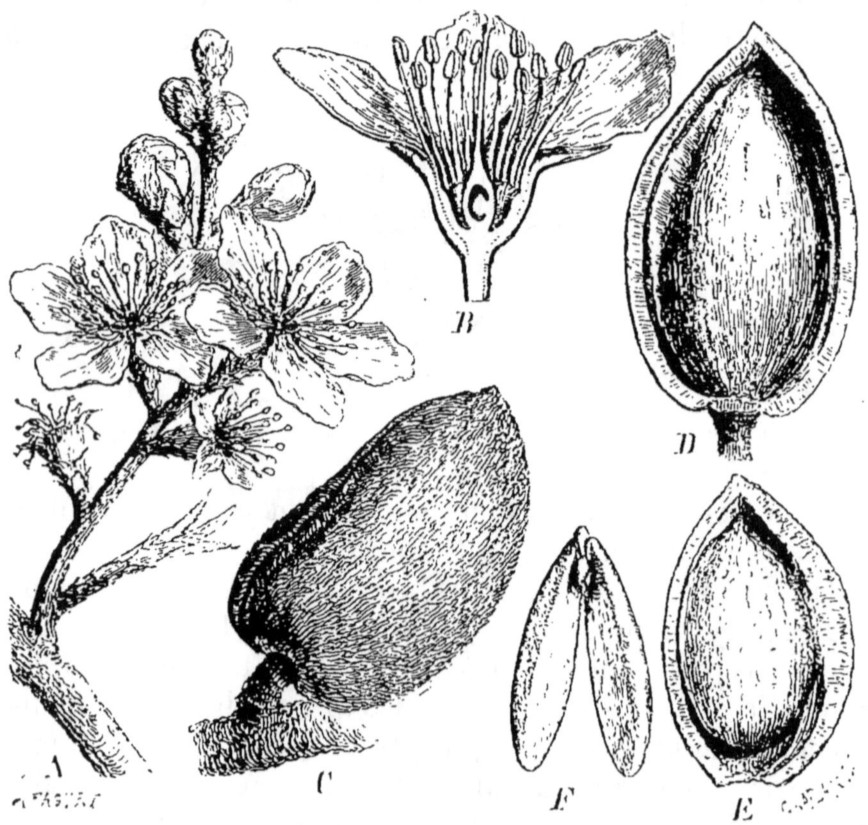

Fig. 19. — **Amandier** (*Prunus Amygdalus*). — A, Rameau chargé de fleurs — B, coupe verticale d'une de ces fleurs — C, fruit — D, le même quand on lui a enlevé la partie verte et charnue — E, noyau ouvert pour montrer la graine — F, embryon.

AMANDIER (*Prunus Amygdalus*) (fig. 19).—Il n'y a guère
d'arbres fruitiers qui s'élèvent aussi haut et aussi droit
que l'Amandier. Il pousse naturellement dans les haies
de la Mauritanie. On le cultive dans plusieurs jardins de
Paris et des différentes provinces de la France. On l'élève
en plein champ dans le Languedoc, le Comtat d'Avignon,
la Provence et la Touraine. Les fruits augmentent de
beauté et de qualité à mesure qu'on avance vers le midi,
en Barbarie. Ces fruits sont très-utiles, on en fait une
consommation considérable partout où on les recueille.
Vertes, les Amandes sont un aliment agréable et sain,
mais il faut les broyer longtemps et en manger peu à la
fois. On mange beaucoup d'Amandes sèches en hiver.
Pour qu'elles soient bonnes il faut qu'elles viennent des
contrées méridionales de l'Europe ; celles des pays sep-
tentrionaux sont petites, moins savoureuses, moins douces
et peu huileuses. Les meilleures viennent d'Avignon.

Les Amandes amères ont, dit-on, la vertu d'empêcher
l'ivresse. Plutarque rapporte, à ce sujet, l'histoire d'un
certain médecin qui demeurait chez Drusus, fils de l'em-
pereur Tibère, et qui par l'usage des Amandes amères
était devenu si excellent buveur qu'il ne s'enivrait jamais
et surpassait tous les buveurs de son temps.

---

# CHAPITRE VI.

### POIRIER, POMMIER, AUBÉPINE.

POIRIER (*Pyrus communis*) (fig. 20). — Analysons une
fleur de Poirier. Le calice est à cinq sépales libres ; la corolle est formée de cinq pétales qui rappellent par leur or-

ganisation ceux du Fraisier, du Framboisier et du Rosier.
Les étamines sont encore très-nombreuses; mais au centre
on ne voit plus que cinq têtes stigmatiques, ce qui indique
qu'il n'y a plus que cinq pistils. Au-dessous de la fleur
on trouve toujours un renflement oblong, ovale, analogue
à ce que nous avons vu dans la Rose. Faisons une coupe
de ce corps renflé afin de voir la disposition des ovaires.

Fig. 20. — **Poirier commun** (*Pyrus communis*). — Inflorescence.

On n'a plus, comme dans les Rosiers, une bourse au milieu de laquelle les pistils sont libres, mais une masse
compacte creusée de cinq cavités correspondant aux cinq
styles qui surmontent la fleur. Les cinq ovaires, ainsi
englobés dans une pulpe charnue, semblent n'en former
qu'un seul à cinq cavités ou *loges*, et comme il est au-
dessous de la fleur on le dit *infère*.

Dans le Colza, l'Œillet, le Fraisier, l'ovaire, se trouvant au contraire au-dessus de la portion étalée de la fleur, est dit *supère*.

En rapprochant les deux fruits du Rosier et du Poirier on arrive forcément à cette conclusion : dans ces deux cas c'est le réceptacle qui fournit la partie comestible; mais dans le Rosier cette portion est limitée à une enveloppe plus ou moins épaisse tandis que dans le Poirier elle prend un développement plus considérable et englobe dans sa masse les ovaires qui, au moyen de cette gangue, se trouvent réunis les uns aux autres.

Le Poirier croît naturellement dans les forêts d'une grande partie de l'Europe, et la culture, en améliorant ses produits, lui a donné une grande importance; sa hauteur ne dépasse guère dix à douze mètres.

Les Poires précoces mûrissent dès le commencement de l'été; les Poires d'été leur succèdent pendant les mois d'août, de septembre et le commencement d'octobre; elles sont remplacées par les Poires d'automne; enfin, une dernière catégorie est celle des Poires d'hiver qui ne mûrissent pas sur l'arbre et qui, cueillies en novembre, atteignent leur maturité aux mois de décembre, janvier, février, mars et quelquefois avril. Au nombre des Poires à couteau, il en est qui ne peuvent être mangées qu'après que la cuisson les a ramollies et adoucies. On fait avec les Poires âpres et tout à fait impropres à servir d'aliment une boisson limpide et très-peu colorée, d'une saveur agréable, qu'on appelle *Poiré*. Le Poiré, quoique très-délicat à boire, est généralement moins recherché que le *Cidre;* il est plus capiteux et se conserve moins longtemps.

POMMIER (*Pyrus Malus*) (fig. 21).—Les Pommiers varient de taille depuis un mètre jusqu'à la hauteur d'arbres assez forts. Ils appartiennent tous à l'hémisphère boréal, surtout à l'ancien continent. Cet arbre croît spontanément dans les forêts d'Europe et reste toujours limité à une grandeur moyenne. A l'état cultivé, le Pommier devient plus haut et plus fort. Sa culture est d'une haute importance, surtout dans les pays où celle de la vigne, en raison du climat, devient peu avantageuse ou impossible. Les Pommes peuvent être divisées en *acides*, *douces* et *amères*. Ce

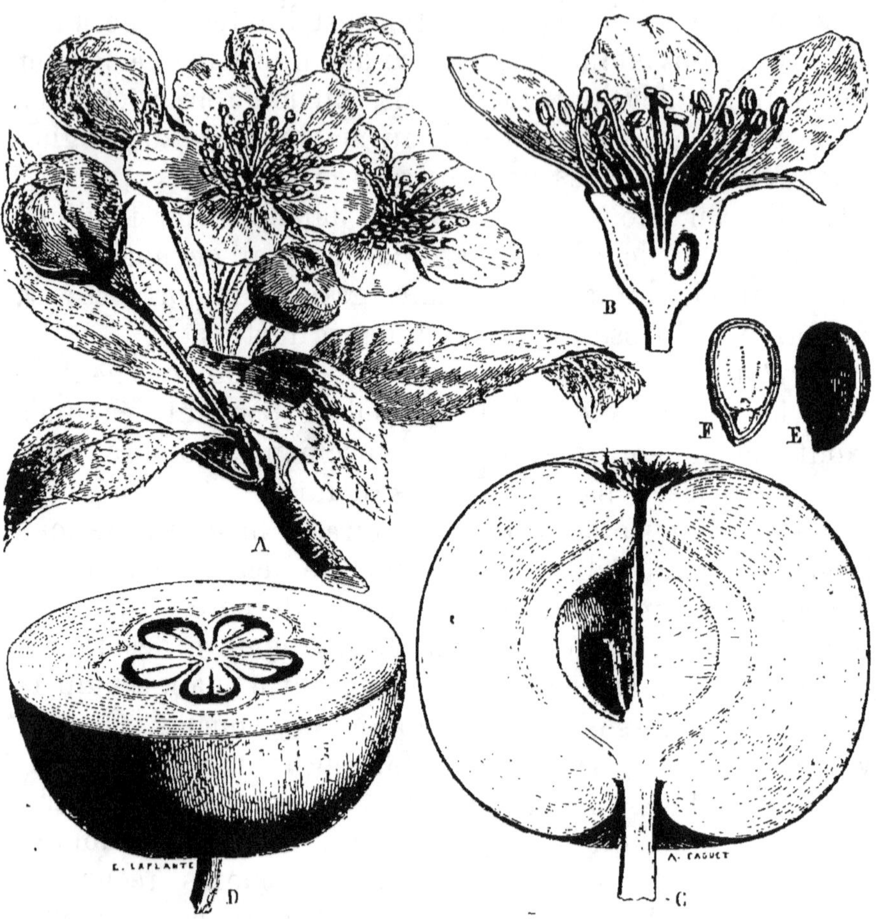

Fig. 21. — **Pommier** (*Pyrus Malus*). — A, Rameau en fleurs — B, coupe verticale d'une fleur — C, fruit — D, coupe transversale montrant les cinq loges et les pepins ou graines — E, F, pepins.

sont ces dernières qu'on emploie essentiellement pour la fabrication du *Cidre*, en les mélangeant d'une certaine quantité des premières. On consomme une grande quantité de Pommes en nature ; quoique moins estimées que les Poires, elles figurent néanmoins avec avantage sur nos

tables, et de plus, leur facile conservation les rend extrêmement utiles. Celles qui ne peuvent être mangées à
la main fournissent d'excellentes compotes; la cuisson en
fait un aliment très-sain. On fabrique avec les Pommes
des gelées, les plus estimées viennent de Rouen; et du
*raisiné* qui consiste en moût de raisin cuit, auquel on a
incorporé des Pommes par la cuisson et par une agitation longtemps prolongée. Le *sucre de pomme* s'obtient
en concentrant fortement par l'évaporation et la cuisson
une gelée de Pomme très-sucrée.

La fleur du Pommier (fig. 21) est en tout semblable à
celle du Poirier, toutefois les cinq styles au lieu d'être libres
dans le centre de la fleur se réunissent pour former une colonne plus ou moins élevée, ne laissant séparée que la
portion supérieure que nous avons appelée stigmate. La
forme des fruits serait peut-être encore un caractère distinctif si l'on ne connaissait des Poires qui ont la forme
arrondie des Pommes.

Ces fruits, soutenus par une queue plus ou moins tra-
pue qui n'est autre chose que le pédoncule floral, portent,
sur leur extrémité opposée, une dépression, un *œil*, qui
représente les restes des sépales, pétales, étamines, styles
flétris et, la plupart du temps, détachés.

Les caractères de végétation des Poiriers et des Pommiers séparent bien nettement ces plantes de celles que
nous avons étudiées précédemment. Ce sont de grands arbres à racine dure, résistante, pivotante-rameuse. De
plus, les feuilles sont simples, à peine dentées sur leurs
bords et accompagnées de stipules. Le fruit est charnu;
c'est une drupe, analogue à ces petites drupes que nous
avons vues dans le Framboisier. Mais ici les cinq ovaires
réunis donnent une drupe à cinq noyaux, tandis que dans
les Pruniers, Abricotiers, etc., chaque drupe n'en avait
qu'un seul. Les noyaux sont assez difficiles à voir dans la
Pomme et surtout la Poire, n'étant, en général, représentés que par une petite lame parcheminée que la culture a
même fait disparaître dans certaines variétés. En revan-

che, ils sont très-apparents dans le Néflier que tous ses caractères rapprochent de ces plantes et dans l'Aubépine que nous allons étudier.

Aubépine (*Cratægus oxyacantha*). — L'Aubépine, qu'on appelle encore Aubépin, Senellier, Épine blanche, Noble Épine, croît naturellement dans les haies, les bois, les champs de la France, de l'Allemagne, de la Suède, du Danemarck, de l'Angleterre. Comme elle porte de grandes épines ou *piquants* et souffre les cisailles, les haies que l'on en fait ont le double avantage d'être fortes et jolies quand on a soin de les tondre; cet arbrisseau ne craint d'ailleurs ni le froid, ni le chaud, il ne trace point et dure longtemps. On multiplie l'Aubépine par graine; on en replante aussi des rejetons dont les racines sont chevelues. Les Aubépines sont très-agréables dans le mois de mai, alors qu'elles sont en fleurs; plusieurs variétés répandent une odeur suave. Les jeunes bourgeons et les feuilles forment une excellente nourriture pour les chèvres; les abeilles sont friandes des fleurs; les drupes servent de nourriture aux oiseaux, principalement aux grives. On prétend que les fleurs sont nuisibles au poisson.

Nous avons étudié dans trois chapitres différents :
1° La Fraise, la Framboise, la Rose;
2° Le Prunier, le Pêcher, l'Abricotier, l'Amandier, le Cerisier;
3° La Poire, la Pomme et l'Aubépine.
Toutefois nous avons été souvent obligé de signaler de nombreuses ressemblances entre toutes ces plantes de différents genres. Nous devons en conclure que, de même que les *espèces* peuvent se réunir pour former des *genres*, de même il est possible de réunir des *genres* pour en faire des groupes d'un ordre plus élevé. Ces groupes de *genres* ont été nommés des *Familles*. C'est à Magnol (fig. 1), de Montpellier, qu'on doit cette idée de rapprochement naturel qui simplifie encore l'étude, puisque, con-

naissant les caractères généraux de la *famille*, il sera permis d'affirmer qu'ils s'appliquent non-seulement à chaque *genre* mais encore à chacune des *espèces* que contiennent ces genres. La famille formée par l'ensemble des genres que nous venons d'énumérer est appelée famille des ROSACÉES.

Désormais, quand on saura qu'une plante appartient à cette famille on pourra affirmer que, par plusieurs de ses caractères, elle se rapproche de la Rose. Le point difficile est de poser nettement les caractères généraux, et d'établir les limites de ces grands groupes, en se conformant autant que possible à la marche de la nature. Aussi rien n'est plus difficile que l'établissement d'une *Classification* d'après la *méthode naturelle*.

# CHAPITRE VII.

### POIS, HARICOT, FÈVE, ROBINIER, LUZERNE, TRÈFLE, SAINFOIN.

Ce que nous avons établi il y a un instant trouve ici son application. En comparant, en effet, les fleurs de toutes ces plantes, on voit que, malgré quelques différences, elles ont des caractères communs si marqués qu'on peut admettre qu'elles forment une famille naturelle.

POIS (*Pisum sativum*) fig. 22 .. — Il a un calice gamosépale à cinq dents plus ou moins apparentes. La corolle est composée de cinq pétales de formes diverses et de taille différente, elle mérite donc le nom d'*irrégulière* qu'on lui a donné. Son aspect particulier lui a valu le nom de *papilionacée* (fig. 23), on a voulu lui voir une vague ressemblance avec un papillon dont les ailes seraient à moitié repliées. Ces pétales sont : l'un, supérieur, étalé,

Fig. 22. — **Pois cultivé** (*Pisum sativum*). — Portion de rameau portant une fleur, un fruit et des feuilles se terminant en vrilles.

relevé, c'est l'*étendard;* les autres sont symétriques deux à deux, les latéraux sont les *ailes,* les deux inférieurs sont soudés de façon à former une espèce de coque de navire, ce qui lui a valu le nom de *carène*. L'androcée a dix étamines constituées comme toutes celles que nous connaissons. Notons toutefois qu'elles sont plus ou moins réu-

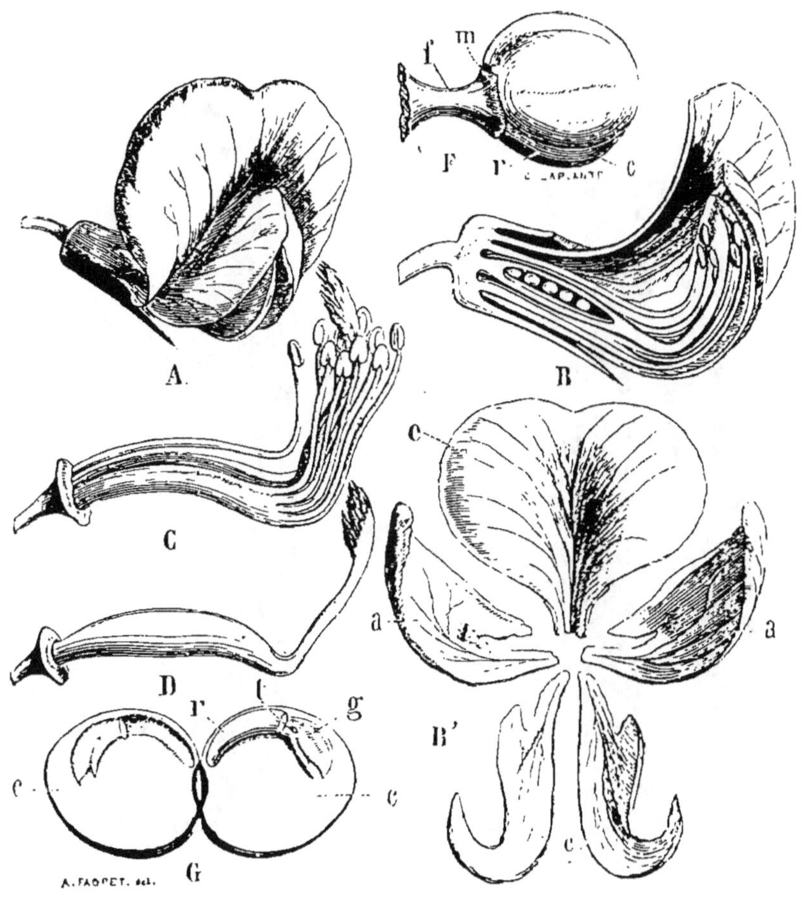



Fig. 23. — **Pois cultivé** (*Pisum sativum*). — A, Fleur papilionacée — B, sa coupe verticale — B', corolle étalée pour montrer la forme différente des cinq pétales — *a*, les ailes — *c*, carène formée de deux pétales — *e*, étendard — C, androcée et gynécée — D, gynécée solé — F et G, graine.

nies par leurs filets. Au centre, le gynécée n'est représenté que par un seul pistil qui devient un fruit sec contenant beaucoup de graines et s'ouvrant par deux valves ou panneaux (fig. 24). Cette disposition nous rappelle un peu ce que nous avons vu dans le Colza, mais ici nous n'avons plus au centre un cadre auquel sont attachées les graines. Le fruit s'appelle *gousse* ou *légumen*, d'où le nom de *Légumineuses* donné à la famille.

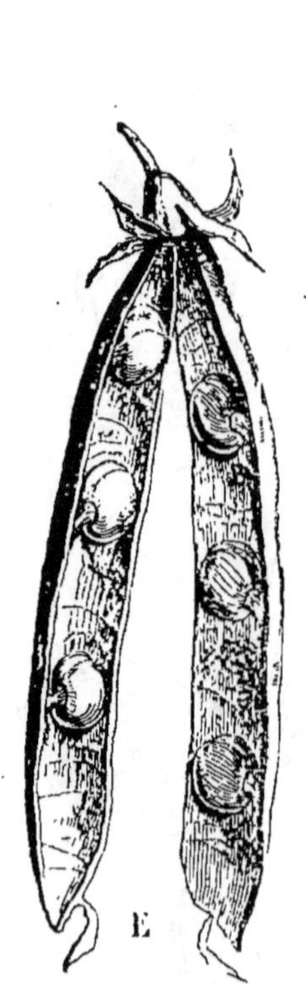

Fig. 24. — **Pois cultivé.** — Fruit.

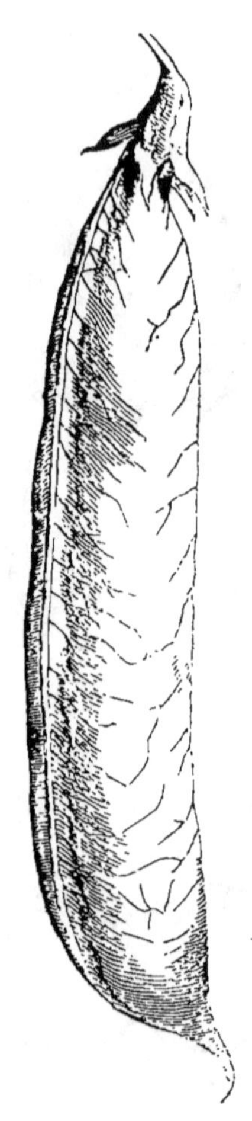

Fig. 25. — **Fruit de Haricot**
(*Phaseolus vulgaris*).

Le genre Pois nous fournit les *petits Pois verts*, espèce connue sous le nom de *Pisum sativum*. L'origine première en est entièrement inconnue. Les cosses ne sont pas dépourvues d'utilité; elles constituent un bon fourrage que les bestiaux mangent avec avidité.

La forme des fruits et des graines, la couleur des
fleurs, nous suffiront pour reconnaître les autres genres.

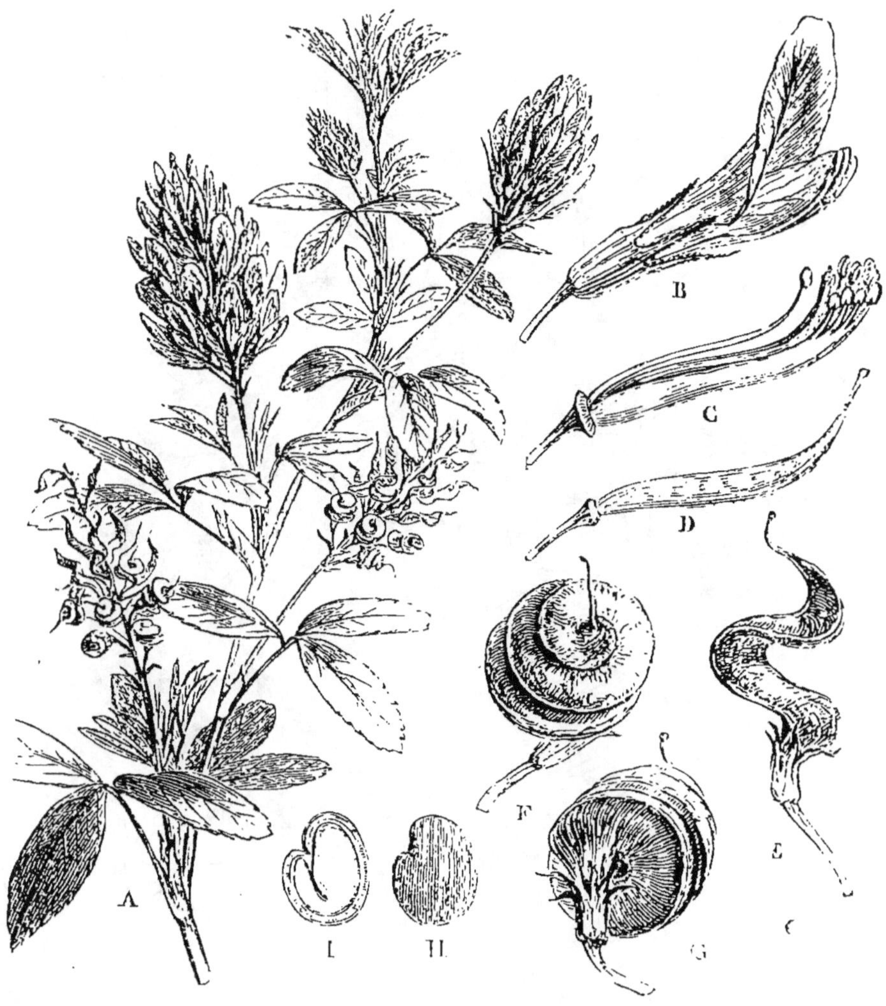


Fig. 26. — **Luzerne cultivée** (*Medicago sativa*). — A, Rameau portant des
fleurs et des fruits — B, fleur isolée — C, androcée et gynécée — D, pistil
— E, le même commençant à s'enrouler — F, G, fruit à maturité — II et
graine.

HARICOT (*Phaseolus*). — L'espèce cultivée est le *Phaseolus vulgaris* (fig. 25).

Fève (*Faba*). — La Fève qu'on mange verte et qui est cultivée en certains pays pour engraisser le bétail est la Fève des marais (*Faba vulgaris*).

Fig. 27. — **Robinier faux acacia** (*Robinia pseudoacacia*).

Luzerne (*Medicago sativa*) (fig. 26), Sainfoin (*Onobrychis sativa*), Tréfle (*Trifolium pratense*, etc....) : ces trois dernières plantes sont les plus estimées de nos herbes fourragères ; on les cultive beaucoup aujourd'hui sous le nom de *prairies artificielles*.

ROBINIER. — Plus connu sous le nom impropre d'Acacia, le Robinier est un arbre épineux, cultivé

Fig. 28. — **Graine de Haricot en germination.** (Premier état)

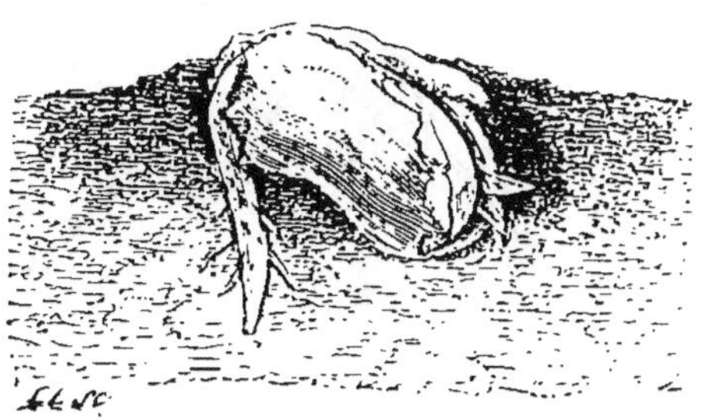

Fig. 29. — **Graine de Haricot en germination.** (Deuxième état).

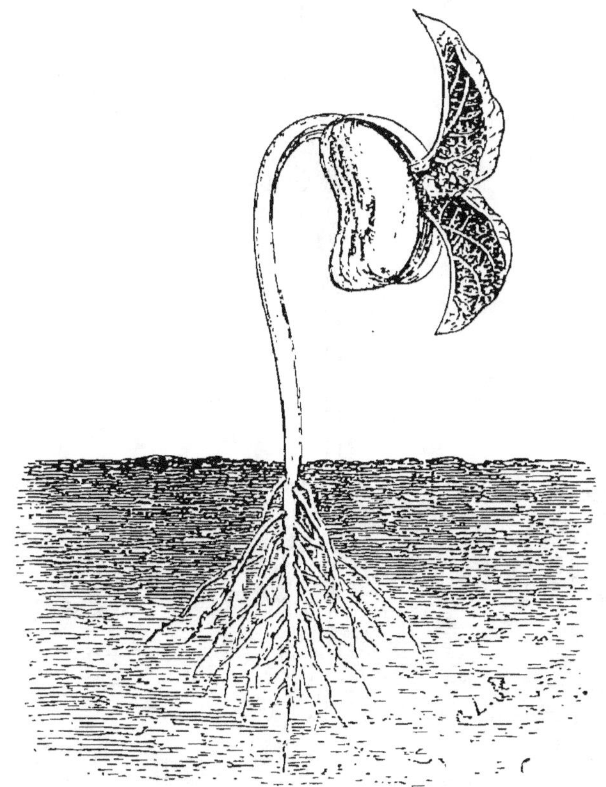

Fig. 30. — **Graine de Haricot.** (Apparition des premières feuilles.)

pour son bois; il est originaire de l'Amérique du Nord (fig. 27).

Les graines des Légumineuses se prêtent aisément à
l'étude de la germination. On peut facilement avec l'une

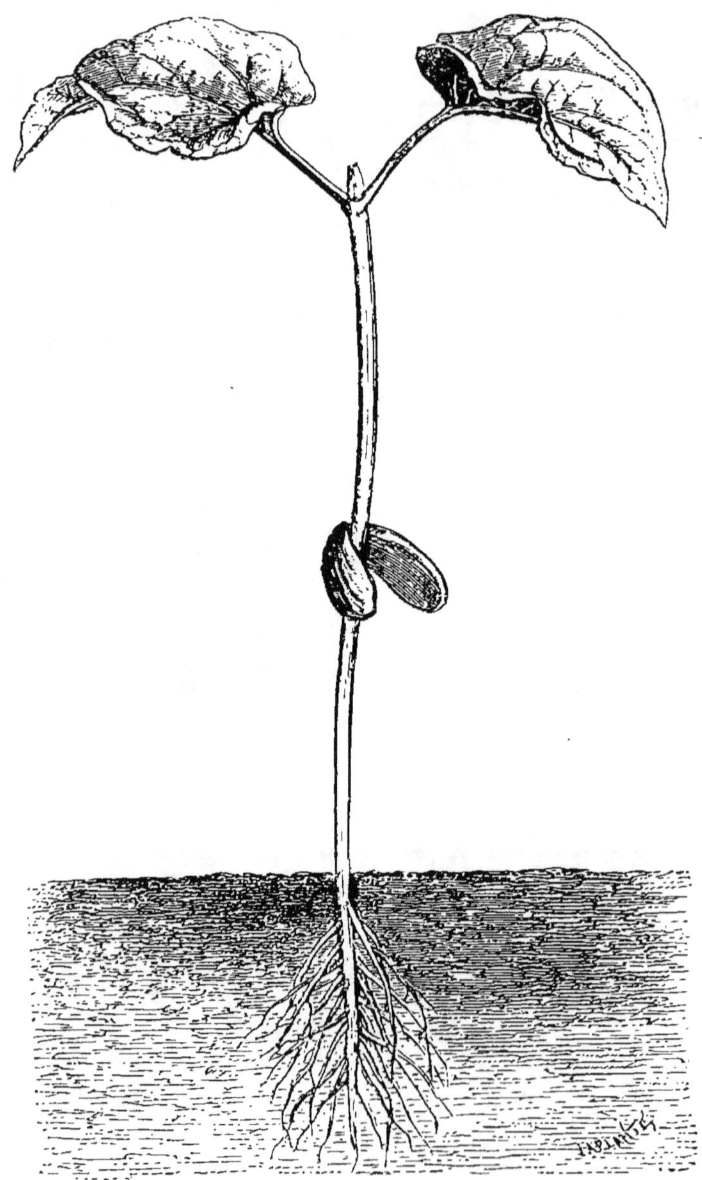

Fig. 31. — **La graine du Haricot a donné un jeune pied.**

d'elles suivre pas à pas le développement de la jeune
plante. Si l'on sème dans un pot rempli de bonne terre

des Haricots d'Espagne, par exemple, on voit bientôt, si l'on a soin d'arroser souvent, la graine se gonfler (fig. 28), se déchirer (fig. 29), se débarrasser d'enveloppes dures et coriaces, enfoncer dans la terre une petite racine, écarter deux corps épais et charnus et donner deux feuilles qui s'étalent (fig. 30). Entre les deux corps dont nous venons de parler apparaît un bourgeon qui grandit (fig. 31), se développe et donne des feuilles, des fleurs, d'abord, des fruits plus tard. La petite racine se nomme *radicule*, les deux corps charnus sont les *cotylédons*, l'axe qui les porte est la *tigelle* et le petit bourgeon terminal la *gemmule*, leur ensemble forme l'*embryon*. L'embryon est donc contenu dans la graine, sous les enveloppes; on peut donc le définir : *une plante en miniature*. Quand il y a ainsi deux cotylédons, on dit qu'il est dicotylédoné.

Si l'on eût fait germer de même les graines de toutes les plantes que nous avons étudiées, on eût pu constater que toutes ont un embryon à deux cotylédons; toutes sont donc des plantes dicotylédonées ou dicotylédones.

# CHAPITRE VIII.

### PIVOINE, RENONCULE, ANÉMONE.

Pivoine. — La Pivoine, cultivée dans nos jardins, rappelle par ses caractères extérieurs ce que nous avons dit des Roses. Les Renoncules sont de même souvent confondues avec certaines plantes très-voisines des Fraisiers, les Potentilles. En effet, les organes de fructification, ceux de floraison, sont très-analogues, et il faut une cer-

Fig. 32. — **Pivoine** *Pæonia officinalis)*. —1, Rameau en fleurs — 2, fleur développée — 3, racine — 4, fruit — 5, graine isolée — 6, la même coupée pour montrer sous les téguments un petit embryon entouré d'albumen.

taine attention pour apprécier les différences qui séparent ces végétaux.

La Pivoine possède un réceptacle concave, comme la Rose, mais moins profond ; sur ses bords on trouve le calice souvent formé de cinq sépales libres, la corolle avec cinq pétales également libres ; l'androcée compte beaucoup d'étamines. Notons maintenant des différences tranchées ; au fond de la coupe il y a de deux à cinq pistils dont l'ovaire renferme un assez grand nombre d'ovules. Chaque pistil devient un fruit sec qui s'ouvre par une seule fente pour le passage des graines. C'est une feuille repliée en cornet et qui, au moment de la maturation, s'étale comme font les autres feuilles. De pareils exemples viennent confirmer l'opinion de ceux qui regardent chaque pistil comme une feuille qu'ils nomment *feuille carpellaire*, ou *carpelle*. De chaque côté les graines sont portées sur un cordon, qui, nous le savons, est le placenta. Le petit pied qui les supporte s'élargit à leur base pour former une collerette, désignée sous le nom d'*arille*. En examinant de près chacune de ces graines on peut constater la présence : de membranes enveloppantes, d'un embryon dicotylédoné, et d'une masse épaisse et charnue qui l'entoure et qu'on nomme *albumen*.

Les racines de la Pivoine officinale, qu'on a pendant longtemps considérées comme douées de propriétés surnaturelles, sont renflées de distance en distance. Il se fait dans ces réservoirs des amas de matières nutritives pour les générations successives qui naîtront du même pied.

RENONCULES. — Les Renoncules, dont la plus commune est connue sous le nom de Bouton-d'Or, ressemblent beaucoup, avons-nous dit, au Fraisier, ou plutôt à une plante voisine, la Potentille. Cependant il est facile de les distinguer avec un peu d'attention. Si, dans les deux cas, le calice, la corolle, le gynécée sont analogues, l'androcée, au contraire, diffère notablement.

Fig. 33. — **Renoncule âcre** (*Ranunculus acris*). — 1, Rameau en fleur — 2, Rhizôme et racines adventives — 3, coupe de la fleur — 4, un pétale — 5, une étamine — 6, fruit multiple — 7, un achaine — 8, le même coupé pour montrer la graine munie de son albumen.

Dans les Potentilles, les Fraisiers, les Rosacées en général, on remarque de suite que les étamines sont disposées par cercles successifs, par *verticilles*, comme on dit, de façon qu'elles sont opposées tantôt aux sépales, tantôt aux pétales. Ici les étamines sont disposées sur une ligne spirale continue. Au reste, il est un autre caractère différentiel plus facile encore à constater. Dans les Rosacées, les fentes par lesquelles s'ouvrent les anthères regardent le centre de la fleur, elles sont *introrses*, dans les Renoncules elles regardent en dehors, on les dit *extrorses*. Les fruits sont des achaines, comme dans le Fraisier, mais les graines ont de plus un albumen qui n'existe point dans celles du Fraisier.

ANÉMONE. — Les Anémones, surtout celles qui sont cultivées, offrent beaucoup d'analogie avec les Renoncules si l'on considère seulement l'androcée, le gynécée et le fruit ; mais elles en diffèrent essentiellement par leurs enveloppes florales qui sont réduites à une seule et que représente un calice de cinq sépales colorés. L'Anémone des bois ou Sylvie (fig. 34) présente six pièces disposées sur deux rangs et alternant entre elles, de sorte que, pour certains botanistes, le rang ou verticille extérieur représente le calice, tandis que le verticille intérieur représente la corolle. Le fait seul est important à constater, l'interprétation ne nous importe guère en ce moment.

Les Anémones ont, comme les Fraisiers, des tiges souterraines, mais ici elles ont une apparence particulière qui leur a valu le nom de *pattes* ou de *griffes*. Arrachons une Anémone de nos jardins, nous trouvons à son pied une série de renflements séparés par des portions plus étroites. Il nous est facile de savoir ce qui s'est passé. La tige est souterraine, elle porte des bourgeons qui, au lieu de ramper sur le sol comme les *coulants* du Fraisier, se sont allongés sous terre. Les bourgeons terminaux sont apparus ; mais, ne s'étalant pas tout de suite en feuilles, ils ont amassé dans leur base des provisions pour vivre

et se développer plus tard, et ce sont tous ces bourgeons
*prévoyants*, groupés autour de la plante-mère, que nous

Fig. 34. — **Anémone des bois** (*Anemone nemorosa*).

avons arrachés. Les horticulteurs, connaissant ce fait, savent en tirer parti ; ils détachent chaque bourgeon de la

plante-mère et le plantent en un lieu où il utilise la provision qu'il avait amassée.

Il ne faut pas confondre les Renoncules avec les plantes analogues des Rosacées; car, tandis que ces dernières sont douées de propriétés salutaires, les premières contiennent toutes un principe âcre qui, dans certaines plantes de la famille des Renonculacées à laquelle elles donnent leur nom, peut arriver à un degré de force capable de produire des accidents chez l'homme et les animaux.

# CHAPITRE IX.

## VIOLETTE, PENSÉE.

Ces deux plantes sont fort connues de tout le monde; il n'est personne qui n'ait admiré la variété de couleurs des fleurs de la Pensée ou recherché l'odeur suave de celles de la Violette.

A l'examen on reconnaît de suite que leur corolle est irrégulière · dans la Violette, à cause de l'expansion, de l'*éperon* que présente un des pétales; dans la Pensée, à cause de la coloration inégale de chacun d'eux. De loin, une telle corolle rappelle celle des Légumineuses; mais de près on constate que la partie relevée est formée de deux pétales et non plus d'un seul, et que la partie inférieure n'en présente, au contraire, qu'un. Une telle corolle est dite *anomale*. L'androcée est, lui aussi, irrégulier; le gynécée porte une bosse sur l'un de ses côtés. L'ovaire renferme beaucoup d'ovules qui sont disposés sur des placentas appliqués sur les parois. A la maturité le fruit est une capsule qui s'ouvre en trois valves ressemblant assez à de petites nacelles chargées d'ovules sur un placenta qui persiste au milieu de chacune d'elles.

La Violette, comme la Pensée, a des tiges fort courtes ; leurs feuilles, qui sont simples et entières, forment une rosette à la surface du sol. Si l'on suit son développe-

Fig. 35. — Violette (*Viola odorata*).

ment, on verra que, ainsi que le Fraisier, cette plante continuera à se développer en restant constamment, en apparence, à la même place. On peut se rendre compte de ce phénomène en arrachant la plante ; on constate, en effet, que la vraie tige est souterraine, qu'elle rampe près du sol et que la rosette dont nous avons parlé n'est autre chose que l'épanouissement d'un bourgeon. A l'aisselle de chaque feuille est un bourgeon semblable qui s'allonge ainsi pour fleurir et fructifier. La tige se développe de tous côtés ; elle deviendrait fort longue si elle ne se détruisait au fur et à mesure du côté opposé. Une telle tige, plongée en terre, prend la couleur des racines sans en être une, puisqu'elle porte des bourgeons à l'aisselle de chaque feuille ; on la nomme *rhizôme*. C'est donc à tort qu'on la désigne souvent dans les livres sous le nom de racine. On ne doit donc pas dire que la racine de Violette et de Pensée sauvage est employée en médecine, mais bien la tige souterraine ou le rhizôme.

# CHAPITRE X.

## PRIMEVÈRE.

La Primevère, appelée encore Coucou, Herbe à la paralysie, a donné, par la culture, de nombreuses variétés connues sous le nom d'Auricules ou Oreilles-d'Ours. On la rencontre partout à l'état sauvage dans les prairies ; elle fleurit au commencement du printemps.

Ses fleurs forment des bouquets parfois assez gros et sont portées sur un long pédoncule. Ce pédoncule se renfle légèrement à sa partie supérieure pour donner des pédicelles d'égale longueur terminés chacun par une fleur, et divergeant autour du point d'attache.

Chaque fleur se compose d'un calice tubuleux comme celui de l'Œillet, à cinq côtes, et terminé par cinq dents : le calice est donc gamosépale. La corolle est composée sur le même plan : elle est *gamopétale*. La partie inférieure forme un long tube étroit, à la partie supérieure le tube est évasé et s'appelle *gorge* ; là, le limbe s'étale, se divise ses bords en cinq dents arrondies. Si l'on essaye d'arracher un pétale, la corolle vient tout entière. Jusqu'ici nous n'avons rencontré que des corolles qui, ayant leurs

Fig. 36. — **Primevère** (*Primula officinalis*).

pétales libres, étaient *dialypétales*. L'androcée est composé de cinq étamines qui sont superposées aux divi-

sions de la corolle; cette disposition est rare; en général, quand il n'y a que cinq pièces à l'androcée, elles
sont superposées, non aux pétales, mais aux sépales. Ces
étamines ont chacune un filet très-court attaché au tube
de la corolle (fig. 37); il en est presque toujours ainsi

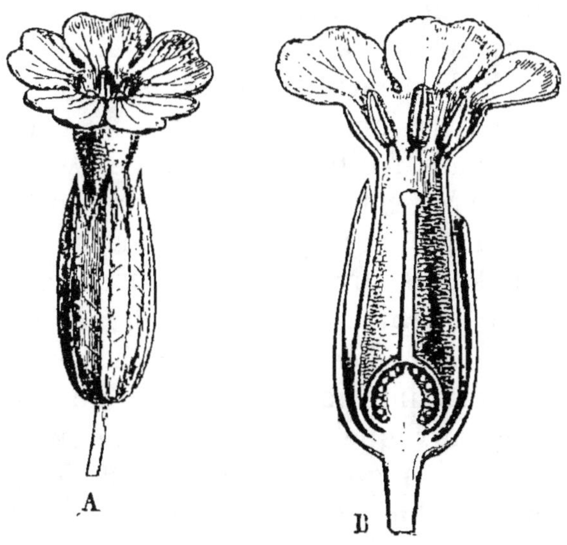



Fig. 37. — **Fleur de primevère.** — A, Fleur complète — B, fleur coupée
dans la longueur, montrant le placenta central libre.

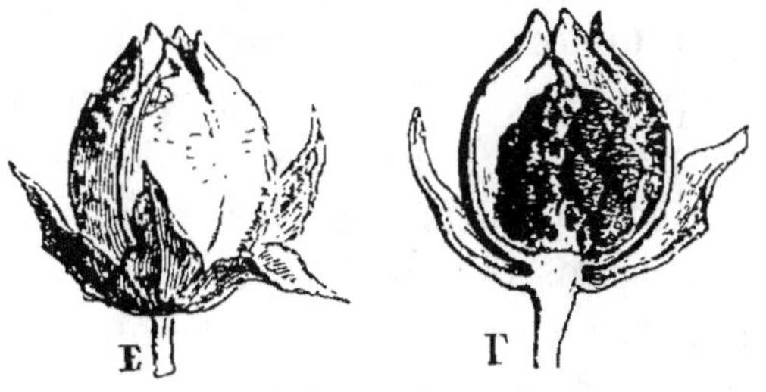



Fig. 38. — **Fruit de Primevère.**

quand il y a gamopétalie; aussi en arrachant la corolle
entraîne-t-on l'androcée qui est fixé à sa gorge. Le gynécée ne présente qu'un seul pistil, comme dans la
Nielle des blés, mais ici il n'y a qu'un style terminé
par un seul stigmate. Quand l'ovaire est devenu un fruit
(fig. 38), la capsule s'ouvre par cinq divisions, ce qui

indique que cinq feuilles carpellaires se sont unies en un seul *tube* pour former le *sac ovarien* ou *ovaire*.

Les caractères de végétation rappellent ceux de la Violette. C'est encore une tige courte, donnant une rosette de feuilles à la surface du sol ; comme la Violette, la Primevère se reproduit indéfiniment, sans qu'on ait besoin de la semer ; tout le monde sait, au contraire, que les Haricots, etc., se développent et meurent sans laisser, pour continuer leur génération, autre chose que les graines contenues dans leurs fruits. Un pied de Violette ou de Primevère peut vivre, comme nous l'avons dit, pendant un temps indéterminé. Un pied de Haricot ne donnant qu'une seule fois des fruits est dit *monocarpique* (de μονος, seul, καρπος, fruit . La Violette, par contre, est *polycarpique* (de πολυς, beaucoup, καρπος, fruit), car elle donne plusieurs fructifications au moyen du même pied.

Parmi les végétaux que nous avons décrits jusqu'ici, les uns sont monocarpiques : le Colza, la Moutarde, la Nielle des blés, les Pois, les Haricots, les Trèfles, etc.; les autres sont polycarpiques : les Giroflées, le Fraisier, le Framboisier, le Pêcher, le Poirier, l'Œillet, etc. Mais il ne faut pas beaucoup d'attention pour voir que parmi ces plantes il y a encore de grandes différences. Ainsi, parmi les polycarpiques, le Pêcher ou le Prunier, ne sont pas comparables, par leur végétation, avec le Fraisier, la Violette, la Giroflée. Tandis que les premiers prennent un développement considérable et atteignent une taille assez élevée à mesure que les générations s'accumulent, les autres, au contraire, conservent toujours une tige courte et rampante, se détruisant par une extrémité à mesure qu'elle s'allonge par l'autre. On donne aux premiers le nom de *Plantes ligneuses* et aux seconds celui de *Plantes vivaces*.

Les plantes monocarpiques se divisent aussi en deux groupes ; nous reviendrons sur cette distinction quand, dans nos études, il se présentera une plante qui nous en offre l'occasion.

# CHAPITRE XI.



## POMME DE TERRE, TABAC, DATURA, BELLADONE, JUSQUIAME.

Ces plantes et quelques autres forment la famille très-importante des Solanées. Cette famille contient côte à côte des plantes très-utiles et des végétaux vénéneux. Elle est pourtant *naturelle*, c'est-à-dire que tous les genres qu'elle renferme sont unis entre eux par les liens de la plus étroite parenté.

Pomme de terre. — La Pomme de terre, ou mieux Parmentière, appartient au genre *Solanum* et s'appelle *Solanum tuberosum* à cause des tubercules qu'elle porte. Elle est cultivée très-abondamment et depuis une haute antiquité dans les parties un peu élevées de la Colombie, au Pérou, où elle porte le nom de Papas ; elle forme l'aliment principal des habitants de ces contrées. Son introduction en Europe remonte à moins de trois siècles. L'amiral Walter Raleigh, au commencement du dix-septième siècle, rapporta des Pommes de terre de la Virginie en Irlande. En 1616 des Pommes de terre furent servies sur la table du roi de France. Enfin vers la fin du dix-huitième siècle, Parmentier propagea parmi nous cette plante si précieuse. Cependant ses efforts et ses écrits n'auraient peut-être que partiellement amené les résultats qu'il désirait, mais la disette de vivres qui suivit les premières guerres de la Révolution, fit sentir toute l'étendue des ressources qu'offrait la plante préconisée par Parmentier ; lorsque son usage fut devenu général, la reconnaissance publique la nomma Parmentière, et on réserva plutôt le nom de Pomme de terre pour désigner le tubercule.

La fleur de la Parmentière (fig. 39) est construite su

le type quinaire, assez fréquent, comme nous l'avons vu.

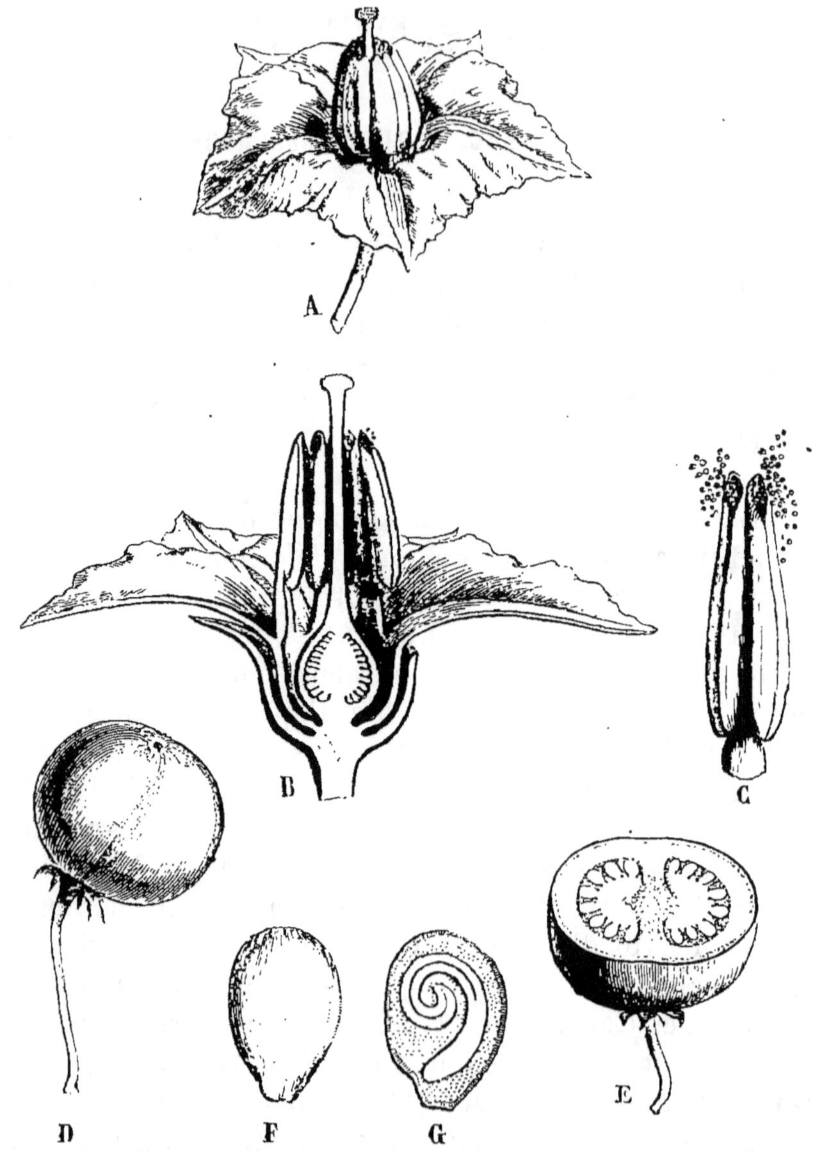

Fig. 39. — **Parmentière vulg. Pomme de terre** (*Solanum tuberosum*). — A fleur entière — B même fleur coupée verticalement — C étamines dont les anthères s'ouvrent par deux pores — D baie — E coupe transversale de ce fruit — F graine — G coupe verticale montrant l'embryon entouré d'un albumen.

Le calice est gamosépale à cinq divisions, la corolle gamopétale à cinq dents, son tube est fort court, le limbe est large, étalé en forme d'étoile ou de roue, de là le nom

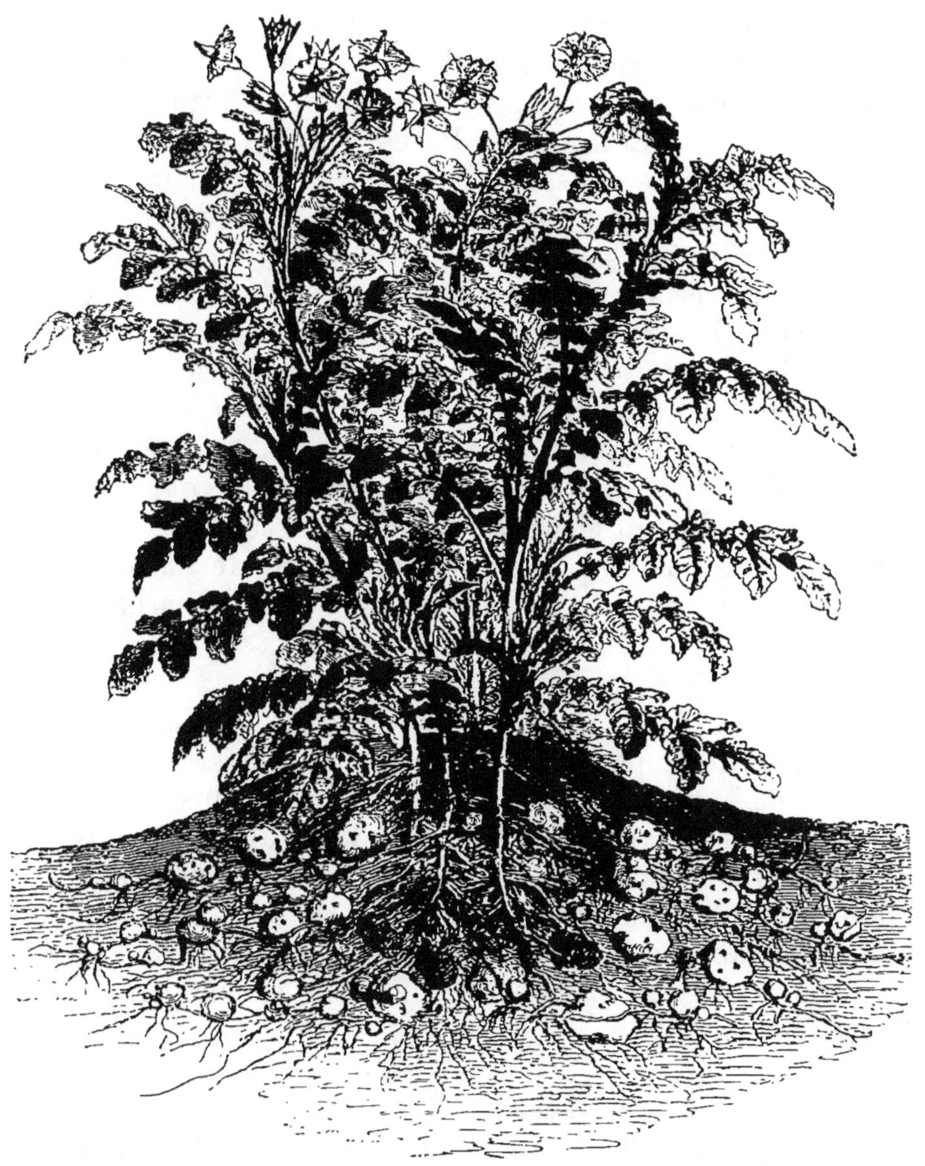

Fig. 40 --- **Parmentière** (*Solanum tuberosum*). — Plante entière pour montrer les inflorescences et surtout la partie souterraine garnie de tubercules ou pommes de terre.

de *corolle rotacée*. Les cinq étamines, alternant avec les

cinq dents de la corolle, sont portées par elle et s'enlèvent avec elle. L'anthère s'ouvre par deux fentes peu allongées, plutôt des pores, situées à son extrémité. Au centre est
le pistil, dont l'ovaire est divisé en deux cavités ou loges
par un gros placenta central chargé d'ovules. A la maturité cet ovaire est un fruit charnu, qui, n'ayant pas de
noyau comme la Cerise ou la Pêche, est une *baie*.

La Parmentière conserve sous terre une partie de sa
tige. Là, naissent des bourgeons qui s'allongent comme
les *coulants* du Fraisier, comme les ramifications de l'Anémone. A un certain moment le bourgeon terminal de ces
divisions de la tige souterraine se gonfle de sucs, grossit et
devient le tubercule que nous mangeons. Il est facile de
comprendre maintenant pourquoi l'on *butte la pomme de
terre*. En amoncelant la terre autour de la tige aérienne
on fait développer de nouveaux bourgeons qui, dans l'air,
ne se seraient point chargés de sucs et ne seraient jamais
devenus des Pommes de terre. On augmente encore la
récolte en enlevant de bonne heure les parties herbacées
ou *fanes*.

Belladone (*Atropa Belladona*) (fig. 41). — La Belladone présente à peu près les mêmes caractères que la
Pomme de terre. Toutefois, sa corolle n'est plus rotacée,
mais *tubuleuse*, car elle a la forme d'un tube assez large
non terminé en étoile ou roue. Ses tiges souterraines ne
donnent pas de tubercules. Ses fruits ou baies sont à peu
près semblables à ceux de la Parmentière. Il ne faut pas
les confondre avec les Cerises, une telle erreur peut entraîner la mort.

Tabac (*Nicotiana tabacum*) (fig. 42). — L'introduction
du Tabac en Europe date de la découverte de l'Amérique.
Christophe Colomb en envoya la graine en 1518. Elle fut
cultivée d'abord en qualité de plante médicinale. Son nom
vient de *Tabacos*, nom donné par les Indiens à une plante
dont ils roulent les feuilles pour les fumer. On dit donc à

tort que ce nom vient de ce que les Espagnols observèrent d'abord la plante elle-même dans l'île de Tabago, l'une des Antilles. En 1560, l'ambassadeur de France en Portugal, Jean Nicot, qui avait fait semer la graine de cette plante dans son jardin et avait pu ainsi vérifier ses propriétés thérapeutiques, en envoya à la reine Catherine de Médicis qui le mit en grand honneur en France ;

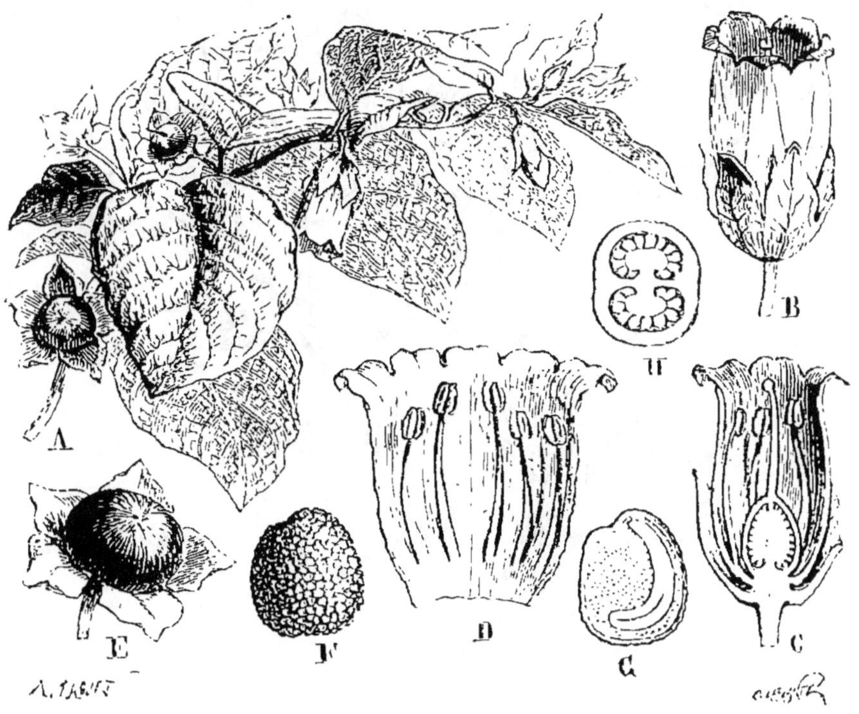

Fig. 41. — **Belladone** (*Atropa Belladona*). — A Rameau fleuri — B fleur isolée — C coupe verticale — D corolle fendue étalée — E fruit — F une des graines — G la même, coupe verticale — H fruit, coupe transversale.

de là sont venus les noms d'*Herbe à l'Ambassadeur*, *Herbe à la Reine*, *Herbe médicée*, sous lesquels on l'a désigné. D'abord les Européens suivirent l'exemple des Indiens et fumèrent le Tabac, mais peu à peu ils en vinrent à le mâcher et à le *priser*. Ce nouvel usage conduisit à une telle exagération que non-seulement, au dire de Molière, les grands seigneurs de la cour ne se contentaient pas d'introduire la poudre de Tabac dans leur nez, mais qu'ils s'en montraient constamment barbouillés.

Fig. 42. — **Tabac** (*Nicotiana tabacum*). — 1 Rameau portant des fleurs et des fruits en voie de maturation — 2 coupe verticale de la fleur — 3 fruit ou capsule.

Quoique originaire des contrées chaudes du Nouveau Monde le Tabac réussit très-bien dans nos climats tempérés. Il est cultivé en France surtout dans le Bas-Rhin et dans le Lot-et-Garonne.

On a trouvé qu'un Français consomme autant de Tabac qu'un Russe, deux fois plus qu'un Italien, et d'un autre côté trois fois moins qu'un Allemand ou un Hollandais et quatre fois moins qu'un Belge. La consommation individuelle est en France de 511 grammes par an; en 1853 il rapporta au gouvernement 105 millions de francs.

Le Tabac possède tous les caractères de la Pomme de terre, si ce n'est que sa corolle est *infundibuliforme*, en forme d'entonnoir, et que son fruit est une capsule sèche contenant beaucoup de graines.

JUSQUIAME (*Hyoscyamus niger*), plante de la même famille, se distingue des précédentes par la forme de son fruit. C'est une capsule qui s'ouvre comme une *boîte à*

Fig. 43. — **Fruit de Jusquiame** (*Hyoscyamus niger*).

*savonnette*, et qu'on appelle *pyxide* (fig. 43). La Jusquiame est encore une plante vénéneuse.

DATURA. — Ce genre, dont une espèce arborescente embaume nos jardins en été, fournit une herbe malfaisante, nommée encore *pomme épineuse*, à cause des pointes qui hérissent son fruit, et *endormie*, à cause des accidents mortels qu'occasionnent ses graines, qui sont parfois mangées par les enfants.

# CHAPITRE XII.



## DIGITALE, MUFLE-DE-VEAU, LINAIRE, BOUILLON-BLANC.

Bouillon-Blanc (*Verbascum Thapsus*). — Le Bouillon-Blanc, qu'on appelle encore Molène, rappelle tellement par ses caractères les Solanées que nous venons d'étudier que beaucoup d'auteurs le placent à côté du Tabac. La seule différence qui existe, en effet, c'est que la fleur est régulière dans le Tabac tandis qu'elle est légèrement irrégulière dans le Bouillon-Blanc. La corolle étalée et un peu rotacée nous offre deux pétales qui diffèrent sensiblement des trois autres. De même, sur cinq étamines il y en a trois qui sont plus courtes et de couleur différente. Le gynécée et le fruit sont ceux du Tabac.

Le Bouillon-Blanc a une tige longue de 1 à 2 mètres se terminant par de longues grappes de fleurs d'un jaune doré; on s'en sert pour faire des tisanes contre le rhume. Les feuilles blanches, veloutées, servent à faire des cataplasmes adoucissants.

Digitale (*Digitalis purpurea*). — La Digitale se reconnaît facilement dans nos bois à ses longues grappes de fleurs irrégulières et ponctuées; elle ne diffère que fort peu du Bouillon-Blanc. Sa corolle est en *cloche*, irrégulière, ou mieux en *capuchon*. Avant l'épanouissement on y voit deux lèvres. L'androcée est irrégulier et incomplet: il n'y a plus que quatre étamines, deux grandes et deux plus petites; on les appelle *étamines didynames*. Les autres caractères sont ceux du Bouillon-Blanc.

Muflier (*Antirrhinum majus*). — On fait ainsi allusion à la forme particulière de la corolle qui est ici aussi

irrégulière que possible (fig. 44 et 45). C'est un type difficile à décrire mais qui ne s'oublie pas quand on l'a vu.
Les anciens avaient cru reconnaître une vague ressemblance avec une tête d'animal, d'où les noms : Mufle-de-
Veau, Gueule-de-Lion, ou avec un masque de théâtre, en
latin *persona*, d'où la dénomination de *personnée* qu'on
impose à toutes les corolles qui présentent cette forme
singulière.

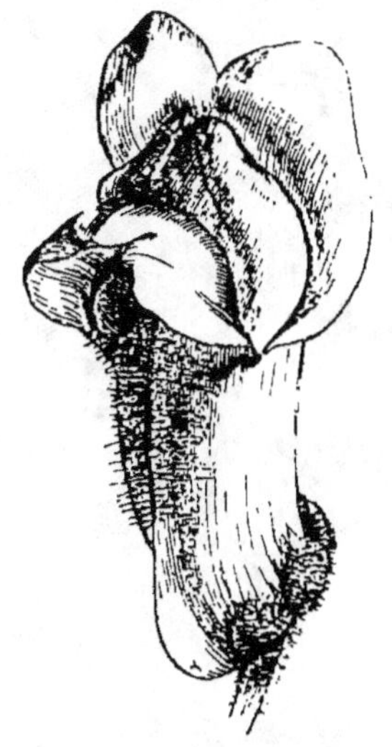

Fig. 44. — **Muflier** (*Antirrhinum majus*). — Fleur entière.

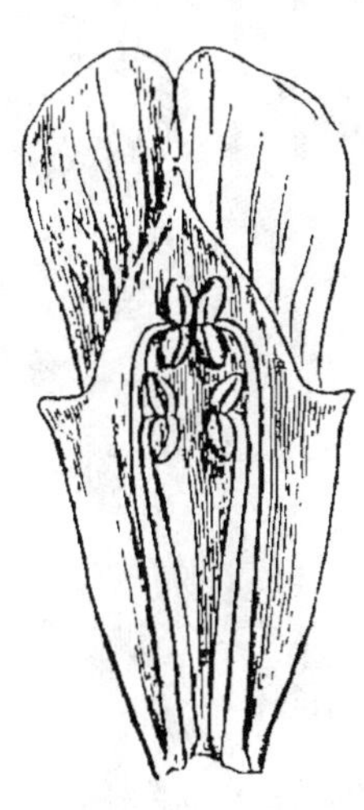

Fig. 45. — **Muflier** (*Antirrhinum majus*). — Fleur coupée verticalement.

LINAIRES. — La plupart des Linaires sont fort communes ; on les rencontre dans les champs, sur le bord des
chemins, parfois sur les vieux murs et les décombres.
Elles ont tous les caractères des Mufliers ; aussi quelques
botanistes les ont rangées dans le même genre. Pourtant il faut savoir que la corolle personnée porte sur l'un
de ses côtés un prolongement en forme de long éperon
souvent enroulé.

La corolle est la partie la plus apparente des fleurs,
c'est elle qui attire le plus vivement l'attention ; aussi,

J. P. DE TOURNEFORT.

Né à Aix, en Provence, le 5 juin 1656 (mort en 1708).

dans les descriptions, est-ce plutôt à elle qu'on s'est attaché pendant longtemps. Sa forme, sa constitution, l'agencement de ses parties ont été tour à tour étudiés, et l'on
comprend que l'on ait essayé de généraliser les conclu-
sions tirées de cette étude. Déjà, nous savons qu'il y a des
corolles gamopétales et des corolles dialypétales, et nous
avons vu que les unes et les autres sont tantôt régulières
et tantôt irrégulières. Pourquoi ne pas se servir de ces
caractères pour former une série de casiers où viendraient
successivement se placer toutes nos plantes? Cette idée a
été mise à exécution et il en est résulté un classement célèbre, celui de J. P. de Tournefort (*V.* p. 75). Ce mode de
rangement est très-commode, mais il n'est pas naturel,
c'est-à-dire qu'il rompt certaines liaisons, certains rapports ; ainsi, dans nos Solanées, la Parmentière, qui a la
corolle *rotacée*, sera séparée du Tabac qui a la corolle *infundibuliforme*. Cette méthode est donc tout artificielle
et le rangement qu'elle donne est un *Système* et non une
*Classification*. Les deux méthodes, naturelle et artificielle,
ont d'ailleurs leurs avantages et leurs inconvénients,
comme nous le verrons plus tard.

# CHAPITRE XIII.

### SAUGE, THYM, MENTHE, LAMIER.

Ces quatre plantes présentent certains caractères de végétation communs. Les tiges sont quadrangulaires, les
feuilles opposées : de plus, en froissant ces parties vertes
on perçoit une odeur particulière agréable. Ces plantes appartiennent, en effet, à une même famille natu-

Fig. 46. — **Lamier blanc** (*Lamium album*). — Extrémité d'un rameau fleuri.

relle, comme on en peut juger quand les fleurs s'épanouissent. Cette famille est celle des Labiées.

Lamier (*Lamium*). — Cette plante croît assez volontiers dans les lieux incultes et pêle-mêle avec les Orties.
Ses caractères extérieurs avant la floraison, ses tiges qua-

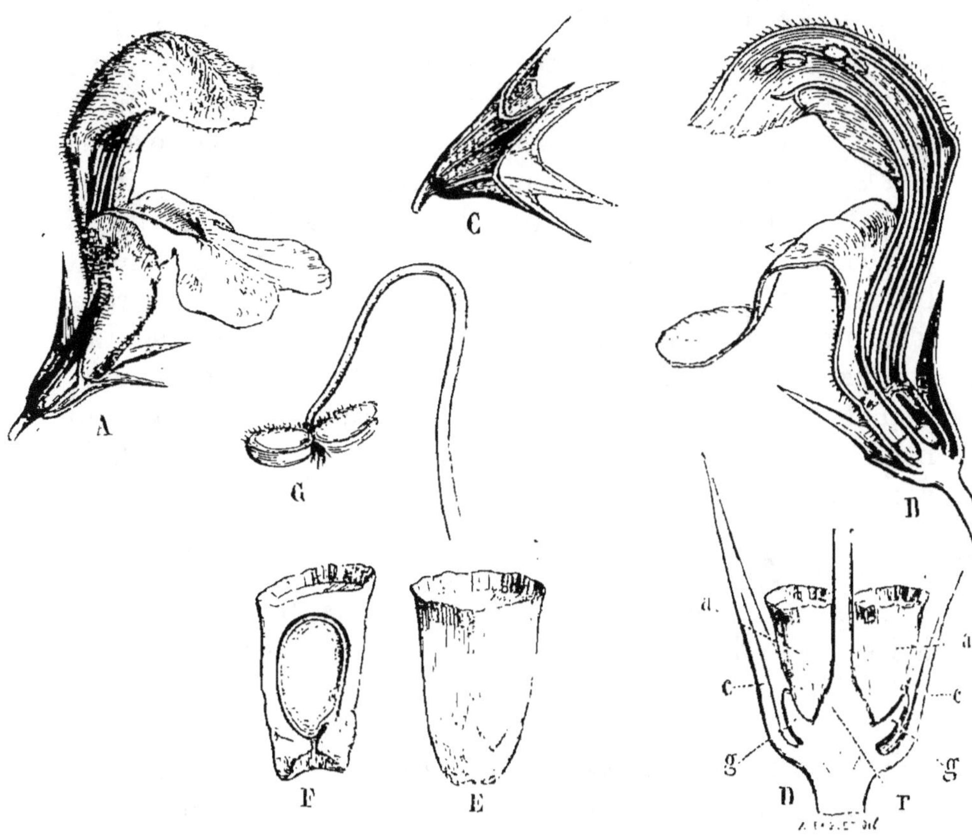

Fig. 47.— **Lamier blanc** (*Lamium album*). — A Fleur — B la même coupée
verticalement — C calice — D coupe verticale du fruit, a deux achaines,
ccalice persistant, g disque, r base du style — E achaine isolé — F le même
coupé verticalement pour montrer la graine — G une des étamines.

drangulaires, ses feuilles opposées, découpées en dents,
la font prendre pour une Ortie. Mais la confusion n'est
plus possible dès qu'elle a donné ses fleurs, d'un blanc
jaunâtre; cependant on la désigne souvent sous le nom

d'Ortie blanche. Le Lamier blanc (*Lamium album*) (fig. 46) ne présente jamais de ces poils si désagréables qui couvrent les feuilles de l'Ortie ordinaire.

La fleur du Lamier blanc (fig. 47) est gamopétale et très-irrégulière, mais non à la manière des Mufliers. Il y a ici deux lèvres bien marquées : l'une, supérieure, plus longue, à deux dents ; l'autre, inférieure, plus étalée, en présente trois, dont la médiane, plus allongée, est divisée en deux parties. L'androcée est didyname. Quant au pistil, il se compose de quatre corps distincts réunis seulement par le style, à la base ; ce style se divise en deux lèvres stigmatiques au sommet ; il est dit *gynobasique,* sa base réunissant les parties du pistil. A la maturité, il tombe, les quatre portions deviennent alors complétement libres. Chacune d'elles est un petit fruit sec qui, ne renfermant qu'une seule graine mobile, est un achaine. Les étamines sont fixées à la corolle et tombent avec elle. Sous le gynécée se développe un bourrelet glanduleux qui n'est autre chose que ce que nous avons déjà appelé le disque.

Thym (*Thymus*). — Son organisation générale est la même, sauf que le lobe médian de la lèvre inférieure n'est point divisé. C'est à ce genre qu'appartient le Serpolet (fig. 48).

Menthe. — La fleur semble être construite sur le type quaternaire, ce qui tient à ce que la lèvre supérieure, formée de la réunion de deux pétales, ne garde point de trace de cette soudure. C'est à ce genre qu'appartiennent presque toutes les herbes odorantes, connues sous le nom de Baumes.

Sauge (*Salvia*). — La Sauge officinale est employée en médecine pour son huile essentielle. Sa fleur ressemble à celle du Lamier blanc par sa corolle, mais en diffère par l'androcée. Nous n'avons plus ici que deux étamines et encore elles sont incomplètes. Voici comment : si l'on examine une étamine de Giroflée ou de Thym, on voit,

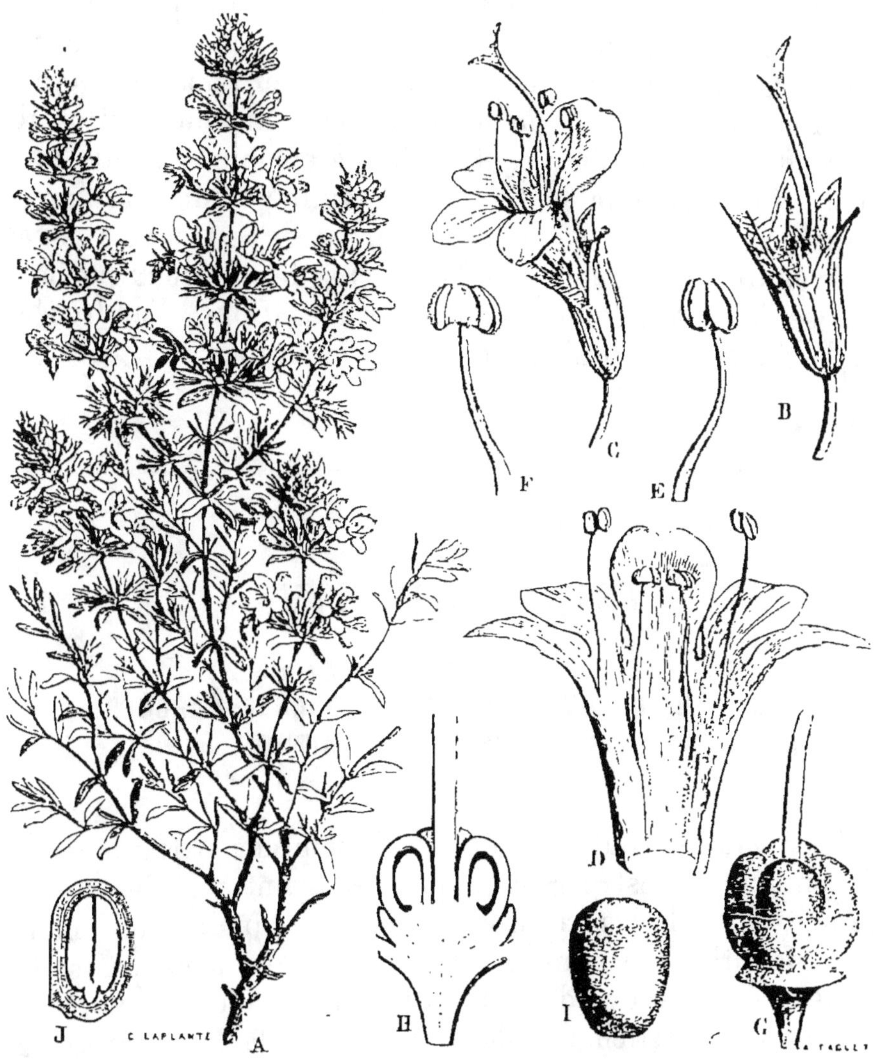

Fig. 48. — **Thym** (*Thymus vulgaris*) — A Rameau en fleur — B calice au milieu duquel s'élève le pistil — C fleur entière — D corolle étalée portant les quatre étamines — E petite étamine — F grande étamine — G ovaires — H coupe verticale — I un des achaines — J section verticale au même.

comme nous l'avons dit, qu'elle est formée d'un filet qui supporte une anthère. Chaque anthère est composée de deux bourses remplies d'une poussière jaune, et qu'on appelle des loges. Or, le filet, pour supporter ces loges, passe entre elles, de telle sorte que chacune paraît collée sur un côté de la baguette ou du filet. La portion du filet, ainsi comprise entre les deux loges, se nomme *connectif*. Ordinairement ce connectif est peu apparent ; tantôt il est aussi large que le filet qu'il continue, tantôt il se renfle ; dans la Sauge, il s'allonge en une baguette arquée, qui surmonte le filet de l'étamine comme la barre transversale d'un *T*. Chacune des anthères se trouve ainsi à l'extrémité des branches de ce *T*. Or, de ces deux poches une seule se développe, l'autre avorte. Donc, l'androcée de la Sauge est réduit à deux demi-étamines.

# CHAPITRE XIV.

## CHARDON, ARTICHAUT, PAQUERETTE, GRANDE-MARGUERITE, SALSIFIS, CHICORÉE, LAITUE.

Ces plantes sont loin de se ressembler parfaitement. Cependant il n'est personne qui, les ayant sous les yeux, ne soit tenté de les rapprocher ; on sent qu'on a une nouvelle famille bien limitée. On peut faire trois parts de toutes ces plantes ; dans le premier groupe on place le Chardon et l'Artichaut ; dans le second, la Pâquerette, la Marguerite ; dans le dernier, la Chicorée, le Salsifis et la Laitue. En agissant ainsi, nous avons fait dans la famille des sous-divisions qu'on pourrait appeler sous-familles et qu'on préfère nommer des *sections*.

Les caractères généraux qui nous ont fait rapprocher le Chardon, l'Artichaut, la Pâquerette, etc., en une seule famille, sont l'aspect et l'organisation de ces têtes, regardées comme des fleurs simples, et qui sont des groupes

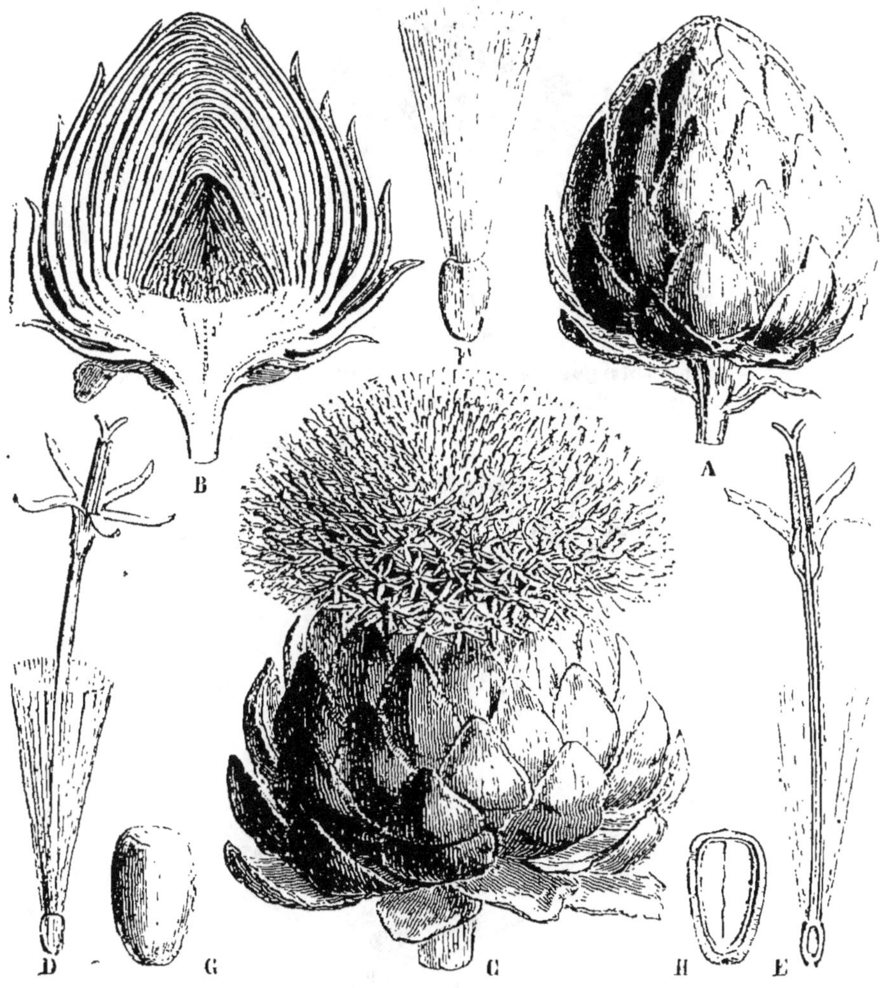

Fig. 49. — **Artichaut** (*Cynara Scolymus*). — A Tête d'artichaut alors que les fleurs ne sont pas épanouies — B coupe verticale laissant voir la disposition des bractées qui forment l'involucre; le réceptacle charnu sur lequel elles s'insèrent ainsi que les fleurs encore en bouton — C le même fleuri — D l'un des fleurons — E sa coupe verticale — F fruit — G le même ayant perdu son aigrette — H coupe de ce fruit.

de fleurs, des inflorescences. Toutes ces fleurs *sessiles* rassemblées sur une sorte de plateau forment une fleur *com-*

*posée* ou une inflorescence en *tête* ou *capitule*, comme l'on

Fig. 50. — **Grande-Marguerite** (*Chrysanthemum Leucanthemum*). — A Capitule entier.

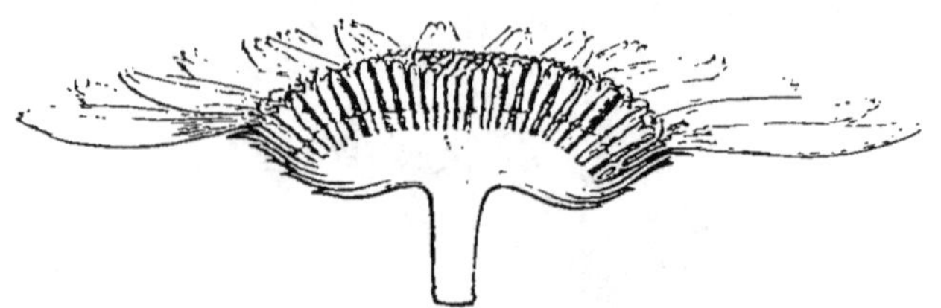

Fig. 50 *bis*. — B Capitule coupé verticalement.

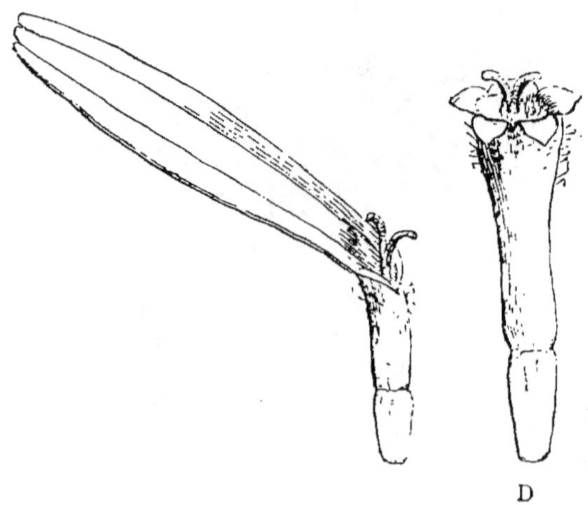



Fig. 50 *ter*. — C Fleuron — D demi-fleuron.

dit. L'ensemble est enveloppé par des bractées formant

une couronne à plusieurs rangs que l'on nomme *invo-lucre*. Elles appartiennent toutes à la famille des COM-POSÉES.

Mais ces capitules ne sont pas tous *composés* de la même manière, voilà pourquoi nous avons établi des sections. Dans les uns, comme l'Artichaut ou le Chardon, toutes les fleurs sont semblables et possèdent des corolles

Fig. 51. — **Chicorée** (*Cichorium intybus*)
Extrémité d'un rameau fleuri.

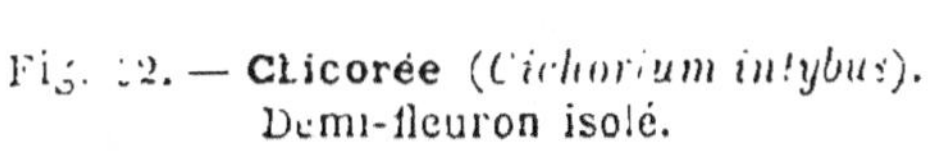

Fig. 52. — **Chicorée** (*Cichorium intybus*).
Demi-fleuron isolé.

tubuleuses à cinq dents égales. Ces fleurs régulières sont appelées *fleurons* (*flosculi*), la section est dite : section des *Flosculeuses*. Dans l'état sauvage, l'Artichaut a le port de nos Chardons ; c'est par la culture que les différentes parties de cette plante acquièrent un développement considérable. Les capitules des fleurs de l'Artichaut commun

(*Cynara Scolymus*) (fig. 49), coupés avant leur épanouissement, donnent un aliment agréable ; on en mange le
réceptacle charnu et la base des folioles de l'involucre.
On attribuait à sa racine des propriétés médicinales.

Dans les autres, les fleurs centrales de l'inflorescence
sont bien encore des fleurons, mais celles de la circonférence se présentent sous la forme de languettes qu'on
nomme demi-fleurons. Ces demi-fleurons forment comme
des rayons, ce qui explique le nom de *Radiées* donné aux
plantes de cette section à laquelle appartiennent la Pâquerette, la Grande-Marguerite (fig. 50).

Enfin dans d'autres, comme la Chicorée (fig. 51), la Laitue et les Salsifis, il n'y a que des fleurs irrégulières,
(fig. 52), que nous avons appelées demi-fleurons : ces
plantes forment la section des *semi-flosculeuses*.

Les genres sont faciles à séparer d'après leurs caractères de végétation. Nous reviendrons, du reste, plus tard,
sur ce sujet.

# CHAPITRE XV.

## BETTERAVE, ÉPINARD, OSEILLE, SARRAZIN.

BETTERAVE. — La Betterave ou mieux Bette-rave (*Beta
vulgaris*) est devenue une des plantes les plus utiles de
notre pays. Autrefois, en effet, elle était simplement ré-
servée aux usages culinaires, mais aujourd'hui on la cultive en grand pour la fabrication du sucre. Elle donne
aussi de l'alcool et du vinaigre. Pour obtenir ces produits,
on soumet la Betterave à l'action de presses puissantes
qui lui enlèvent tout le jus et laissent un tourteau.

Dans certains départements on n'exploite la Betterave que pour l'alimentation du bétail et en particulier des vaches qui s'en montrent très-friandes : elle rend leur lait plus abondant et plus crémeux. Le tourteau, résidu de la fabrication du sucre, sert aux mêmes usages, avec moins d'efficacité, on le comprend facilement.

La Betterave a une racine *pivotante*, épaisse, une tige droite, des feuilles pétiolées presque en cœur, plissées et ondulées sur les bords. Les fleurs sont à peine apparentes, elles sont, en effet, verdâtres et réunies par groupes de trois à quatre à l'aisselle des feuilles qui occupent le sommet des tiges. La fleur ne présente pas deux enveloppes florales, il n'y en a qu'une, le périanthe est simple ; comme sa coloration rappelle celle des sépales on admet que l'enveloppe qui a manqué est la corolle et l'on dit que la fleur est *apétale*. Au reste ce périanthe est à cinq parties. En face de chacune de ces parties est une étamine ; du centre s'élève un style assez court terminé par deux ou trois lobes stigmatiques. L'ovaire est plongé dans la cavité réceptaculaire : il est *infère*. Il ne contient qu'un seul ovule. A la maturité, chaque fleur donne un fruit sec autour duquel persistent les cinq lames du périanthe qui deviennent charnues.

La Betterave est une de ces plantes que nous avons appelées *monocarpiques* (voy. p. 65), mais elle ne l'est pas au même titre que les Haricots et la Nielle des blés. Pour ces dernières plantes, la graine semée parcourt en une seule saison et sans s'arrêter toutes les phases de sa végétation : elle germe, s'accroît, se couvre de feuilles, fleurit, fructifie et meurt ; une telle plante mérite bien le nom d'*annuelle*. Dans la Betterave il n'en est pas ainsi, il faut deux saisons, deux années. La plante germe, grandit, pousse des feuilles et amasse des sucs dans sa racine (fig. 53) qui se trouve transformée en réservoir, en grenier d'abondance, puis s'arrête subitement dans sa végétation ; les organes extérieurs qui ont servi, devenant inutiles, tombent et disparaissent, il ne reste plus qu'un bour-

geon. C'est ce bourgeon qui, plus tard, empruntant
sa nourriture à la provision déposée dans la racine, va
monter en fleurs, comme on dit, donner des fruits et
mourir à son tour avec la plante entière. Il y a donc ici
deux étapes, deux périodes dans la vie de la plante, qui
est dite *bisannuelle*. On comprend que, pour retirer les

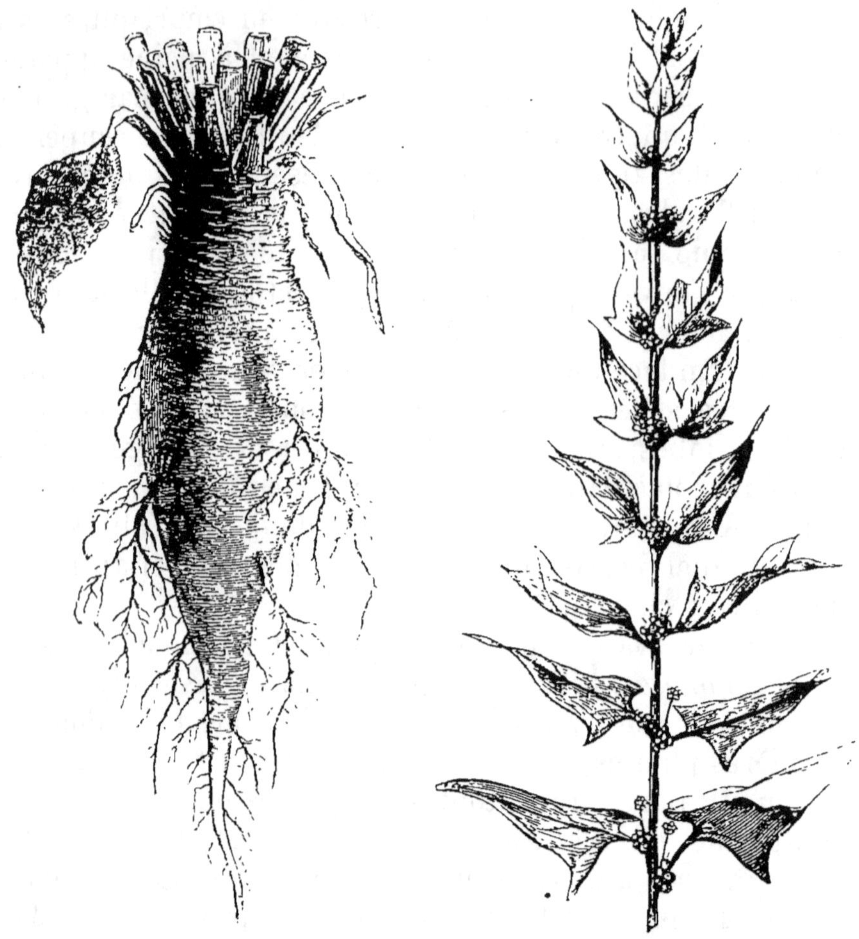

Fig. 53. — **Betterave**
(*Beta vulgaris*).

Fig. 54. — **Épinard** (*Spinacia oleracea*
Extrémité d'un rameau fleuri.

sucs, il faille choisir la fin de la première période, car dès
que la seconde a commencé, la racine a déjà perdu de sa
provision au profit du bourgeon qui se développe.

Il est beaucoup de plantes qui se trouvent dans ce cas;

mais pour toutes il ne faudrait pas prendre à la lettre le mot *bisannuelles*, car il en est qui exigent bien plus de deux ans pour accomplir leur évolution : l'*Agave americana*, improprement connu dans les jardins sous le nom d'*Aloë*, met 30, 40, 60 ans et plus pour accomplir sa période de préparation : ce n'est qu'à ce moment qu'il pousse, en quinze jours, des fleurs et des fruits.

Fig. 55. — **Oseille** (*Rumex acetosa*).

ÉPINARD (fig. 54). — Les Épinards se rapprochent beaucoup, comme organisation florale, de la Betterave. Toutefois, il est une différence capitale : tandis que les fleurs de la Betterave sont *hermaphrodites*, c'est-à-dire que les étamines et le pistil sont réunis dans la même plante, les fleurs des Épinards ne contiennent ou que des étamines ou que des pistils qui se trouvent ainsi complétement séparés. Or, comme les étamines sont regardés comme des organes mâles et les pistils comme des organes femelles, les fleurs sont *unisexuées* dans les Épinards, tandis que dans toutes les plantes que nous avons étudiées jusqu'à présent on pouvait les dire *hermaphrodites*.

OSEILLE. — Cette plante n'est guère utilisée chez nous que pour les usages culinaires, mais dans certains pays comme la Suisse et la Souabe on la cultive pour en extraire l'oxalate de potasse ou sel d'oseille. Les fleurs de l'Oseille sont aussi peu brillantes que celles de la Betterave et des Épinards. Cependant il n'est pas possible de confondre la famille des POLYGONÉES à laquelle appartient l'Oseille avec celle des CHÉNOPODÉES qui contient la Betterave et les Épinards. En effet, dans les Polygonées on trouve à la base de chaque feuille une collerette plus ou moins longue qui entoure la tige et semble faire partie de la feuille correspondante. Ce manchon, qui protége le bourgeon situé à l'aisselle des feuilles, se nomme *Ochrea*, il suffit pour toujours faire reconnaître une plante de la famille des Polygonées.

SARRAZIN. — Cette plante, importée d'Asie, est cultivée dans quelques-uns de nos départements pour ses fruits, dont l'albumen fournit une farine qui sert à faire du pain, ce qui explique le nom de Blé noir, Blé sarrazin, sous lequel on la désigne parfois.

Ses tiges arrondies sont noueuses, articulées, munies d'ochrea à chaque articulation. Les feuilles sont pétiolées et ont la forme d'un cœur ou d'un fer de lance. Les fleurs, d'un blanc rougeâtre, sont disposées en grappes. Le périanthe unique, est donc ici pétaloïde par sa couleur, cependant on considère ces pièces, comme des sépales, ce qui fait dire que le Sarrazin est apétale. Le nombre des pièces de l'androcée ne répond pas à celui des pièces du périanthe, il varie de 6 à 9. La gynécée est représenté par un seul pistil dont l'ovaire ne contient qu'un ovule. Le fruit

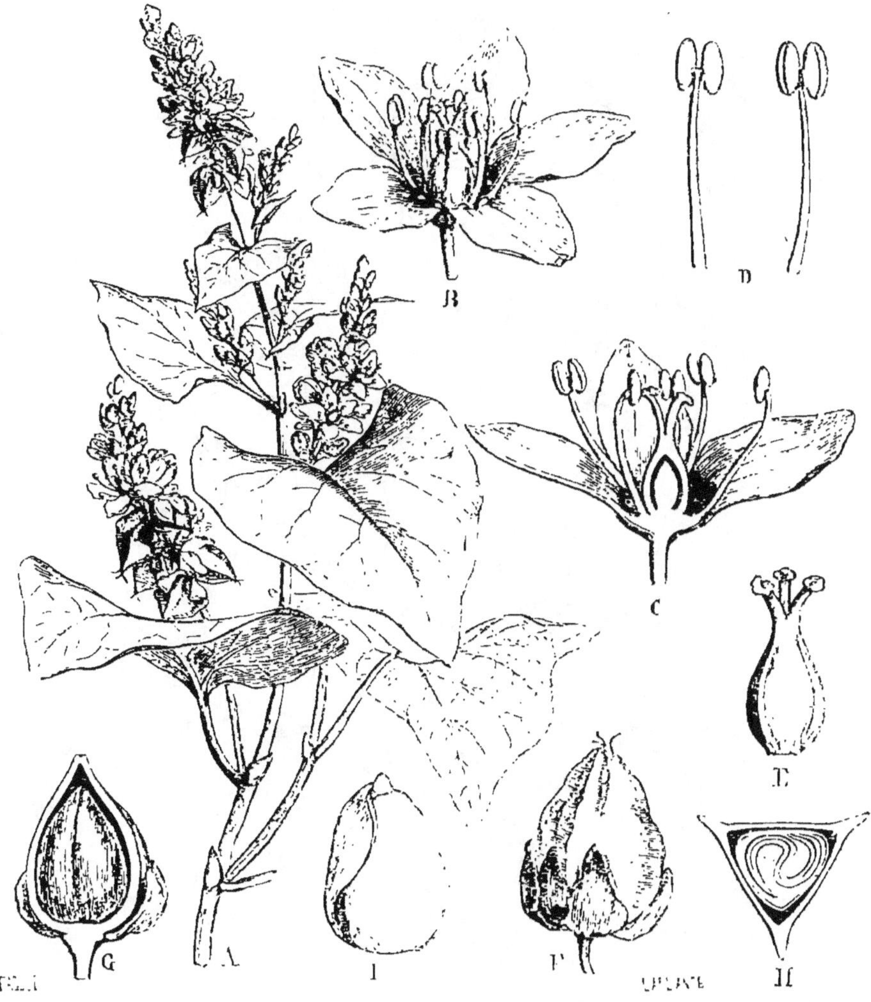

Fig. 56. — **Sarrazin** (*Polygonum Fagopyrum*). — A Rameau chargé de fleurs et de fruits — B fleur isolée, grossie — C la même, coupe verticale — D étamine vue par ses deux faces — E ovaire et ses trois styles — F fruit grossi — G sa coupe verticale — H coupe transversale montrant l'enroulement de l'embryon et sa position au milieu de l'albumen — I embryon grossi.

est un achaine ovale, triangulaire : sous les enveloppes on trouve un embryon accompagné d'un albumen assez abondant.

Fig. 57. — **Sarrazin** (*Polygonum Fagopyrum*). — Port de la plante.

# CHAPITRE XVI.



Ces végétaux forment un grand groupe fort distinct des précédents par leurs organes de fructification. Les fleurs n'ont qu'un périanthe unique, elles sont apétales et, de plus, souvent *diclines*, c'est-à-dire que les unes n'ont que des étamines, les autres n'ont que des pistils. Elles ne se trouvent pas toujours dans la même inflorescence, elles sont parfois sur des pieds différents. Ces inflorescences ont un aspect particulier, les bractées plus ou moins rapprochées portent à leur aisselle soit dés fleurs à étamines, soit des fleurs à pistils, mais toujours sessiles. De telles inflorescences, qui ne portent que des fleurs unisexuées, sont appelées des *chatons* qui sont tantôt mâles et tantôt femelles. Parfois à côté d'un chaton mâle se trouvent des fleurs hermaphrodites : on dit dans ce cas qu'il y a *polygamie*.

CHATAIGNIER (fig. 58). — C'est un exemple de polygamie. Les chatons mâles sont très-longs, cylindriques, interrompus. Chaque fleur a un périanthe à six divisions contenant de 5 à 20 étamines. Les inflorescences femelles portent trois fleurs entourées de bractées formant involucre. A la maturité les bractées se couvrent de piquants et deviennent une *indusie* protégeant les trois ovaires qui sont trois châtaignes.

CHÊNE. — Les chatons mâles (fig. 59) et femelles (fig. 60) sont séparés. Les fleurs femelles entourées d'un involucre écailleux donnent des fruits secs, des achaines qu'on appelle *glands* et dont la cupule n'est autre chose que l'*indusie* (fig. 61).

Le chêne est un des arbres les plus recherchés, il est fort utilisé dans l'industrie à cause de sa résistance. Ses fruits

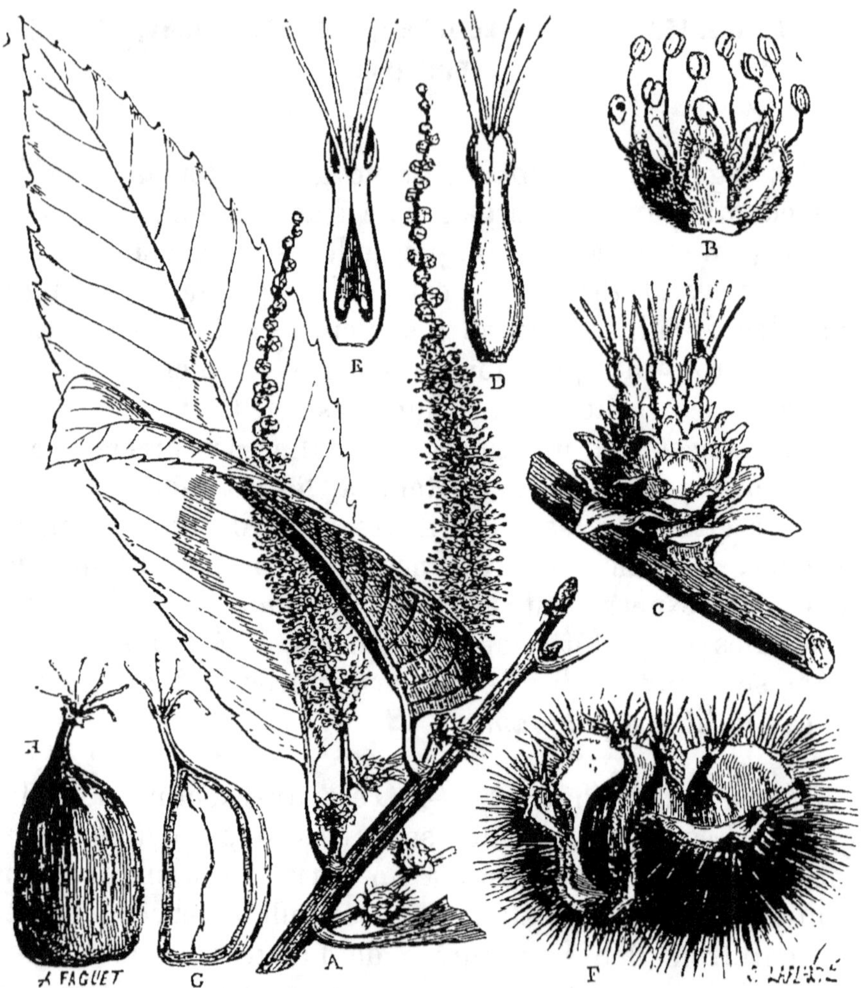

Fig. 58. — **Châtaignier** (*Castanea vesca*). — A Rameau fleuri — B fleur mâle isolée du chaton — C groupe de fleurs femelles — D fleur femelle isolée — E la même coupée verticalement — F indusie s'entr'ouvrant et montrant trois fruits — G le même coupé verticalement — H un de ces fruits isolés.

fournissent un très-bon aliment pour engraisser le bétail. Enfin l'écorce sert à faire du tan pour tanner les cuirs.

Fig. 59. — **Chêne (*Quercus robur*).** — Rameau portant des chatons de fleurs mâles.

Fig. 60. — **Chêne (*Quercus robur*).** — Rameau portant des chatons de fleurs femelles.

Fig. 61. — **Chêne (*Quercus robur*).** — Deux fruits dans leur cupule ou indusie.

Fig. 62. — **Aulne** (*Alnus glauca*).

HÊTRE. — Les fleurs du Hêtre, appelé encore Fayard ou Fouteau, ressemblent beaucoup à celles du Châtaignier, mais au lieu de trois pistils on n'en trouve que deux. Les quatre valves de l'involucre forment aussi indusie autour des fruits nommés *faînes* et fort recherchés pour l'huile qu'on en retire.

BOULEAU, AULNE (fig. 62). — Ces arbres sont cultivés pour leur bois.

LE PEUPLIER ET LE SAULE (fig. 65) ont des fleurs

Fig. 63. — **Saule.** — Fleur mâle.          Fig. 64. — **Saule.** Fleur femelle.

mâles (fig. 63) et femelles (fig. 64) sur des individus différents, on les dit *dioïques*.

Ces plantes sont *polycarpiques*, mais elles se rangent dans la section des *polycarpiques ligneuses*. Ce sont, en effet, de grands arbres qui chaque année s'accroissent en hauteur et en largeur. Par un mécanisme que nous étudierons plus tard il se forme tous les ans un étui de bois

Fig. 65. — **Saule blanc** (*Salix alba*).

ÉLÉMENTS DE BOTANIQUE. Ann. prépar.

qui s'ajoute en dehors des précédents. En sorte qu'il est possible, sur une coupe faite près de la base, de compter ces cercles concentriques et d'en connaître le nombre (fig. 66). On est arrivé, par ce moyen, à calculer l'âge

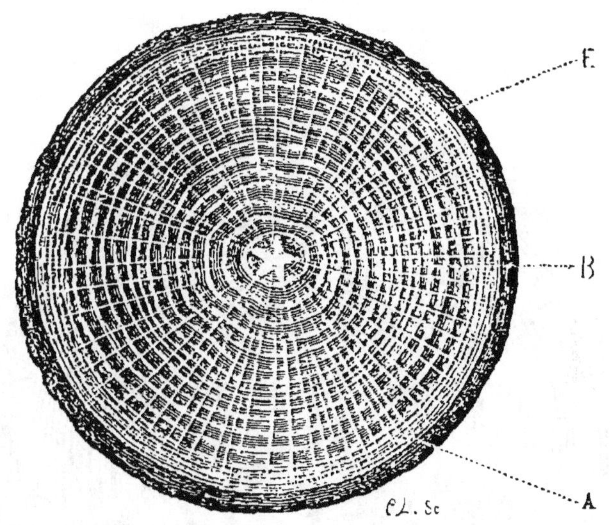


**F g. 66. — Coupe d'un tronc de chêne** montrant les couches concentriques.

présumé de certains arbres. On parle ainsi d'un Noyer qui donna une table sur laquelle on pouvait compter neuf cents cercles concentriques.

# CHAPITRE XVII.

### PIN, SAPIN, IF.

Ces végétaux, rapprochés des précédents par les anciens auteurs, en diffèrent par leur feuillage qui est toujours verdoyant ; ils forment donc, avec quelques autres, le groupe des *arbres verts*. Quoique leur végétation soit plutôt continue que périodique, on peut néanmoins compter encore les couches successives qui forment la tige, parce qu'ils subissent, pendant l'hiver, un ralentissement dans la nutrition, qui se traduit par des inégalités de couleur dans les couches, (fig. 67).

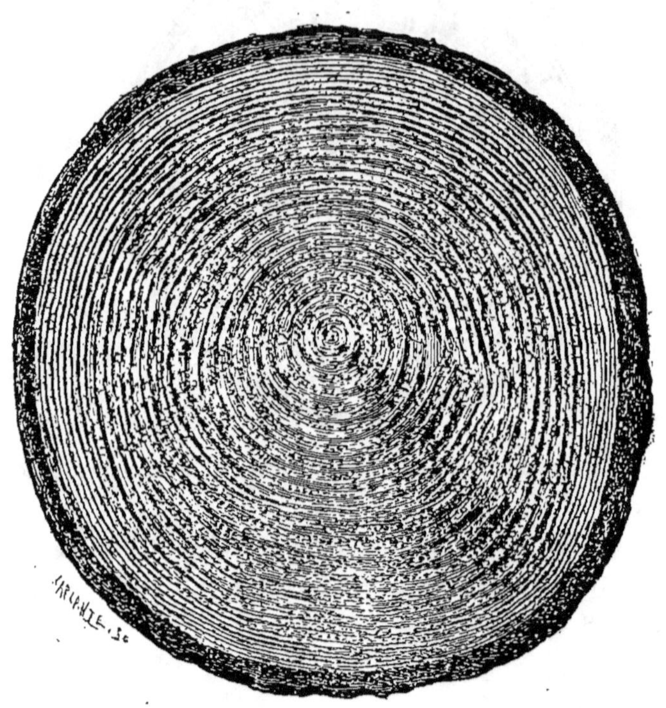

Fig. 67.— **Coupe transversale du tronc de sapin** montran les couches concentriques du bois des Conifères qui sont |comparables à celles des dicotylédones.

Les fleurs sont unisexuées et comme dans les AMENTACÉES, disposées en chaton ; il y a des chatons mâles et des chatons femelles (fig. 68). Les fleurs femelles sont réduites, très-réduites, puisque, d'après certains botanistes, ce serait l'ovaire ou même l'ovule, sans aucune trace d'enveloppes, protégé seulement par des écailles fournies par les organes de végétation.

Ces écailles épaisses plus ou moins serrées les unes con-

tre les autres s'écartent au moment de la maturité des ruits
qui se se séparent, et se sèment d'autant mieux, qu'ils
sont souvent accompagnés de larges ailes qui permettent
au vent de les emporter au loin. L'ensemble des fruits
conserve la forme du chaton conique plus ou moins allongé
de la fleur femelle, ce qui lui a valu le nom de *cône* (fig. 69).
Toutes les plantes de la famille présentant ce caractère
ont été nommées Conifères.

Ces végétaux sont gorgés d'un suc particulier, odorant,
aromatique, inflammable que l'on exploite dans l'indus-

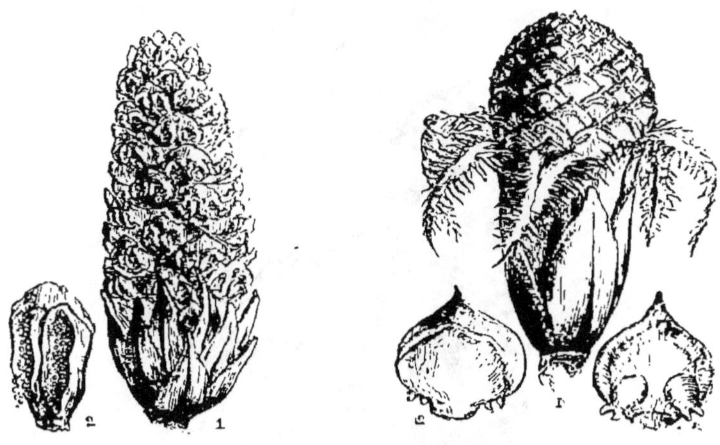



Fig. 68. — **Pin sylvestre** (*Pinus sylvestris*).

trie. Leur bois est utilisé comme bois léger de construction; grâce à ce suc, qui le remplit, il résiste assez bien
aux intempéries des saisons.

Pin (*Pinus*). — Ce genre contient plusieurs espèces,
entre autres : le Pin pignon (*Pinus Pinca*), le Pin sylvestre (*Pinus sylvestris*), le Pin maritime (*Pinus mari-
tima*), le Pin Mélèze (*Pinus Larix*).

Le Pin sylvestre et le Pin maritime, par l'importance
de leurs produits, nous intéressent particulièrement. En
faisant sur leur tronc de larges incisions on voit s'écouler

un suc que l'on recueille dans des vases attachés au-
dessous de l'incision. Ce liquide est la *résine brute*.

En soumettant cette résine à la distillation on retire
l'essence de térébenthine; le résidu se nomme *brai* ou *co-
lophane*, etc. Quand on a épuisé les arbres par des sai-
gnées successives on obtient encore le *goudron*, sorte de
poix liquide qui contient l'acide phénique et tous ses dé-

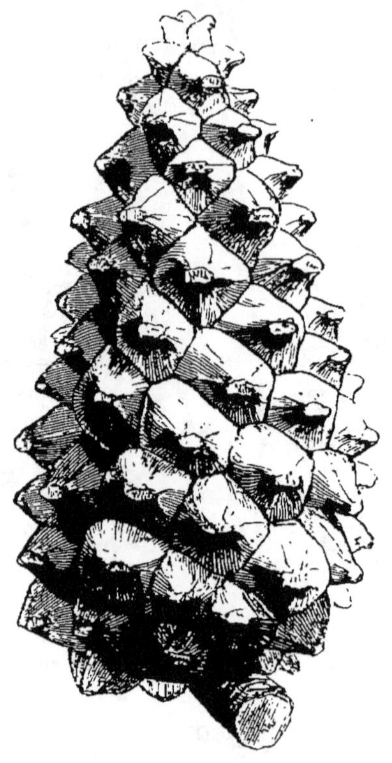

Fig. 69. — **Cône de Pin.**

rivés, tels que la créosote, etc.... Les feuilles de Pin
bouillies servent à préparer, en Silésie, des bains aromatiques. Par l'ébullition ces feuilles abandonnent leurs fibres qui, lavées et cardées, constituent la laine des forêts
et servent à fabriquer des étoffes très-souples qu'on vend
comme flanelles de santé.

Le Pin d'Italie (*Pinus Pinea*) est le Pin à pignons;

il est d'un port très-élégant ; il croît spontanément en Barbarie, en Espagne, en Italie, dans les départements méridionaux. Il fournit les Pignons doux, fort estimés en Italie et en Provence. Son bois donne une résine balsamique.

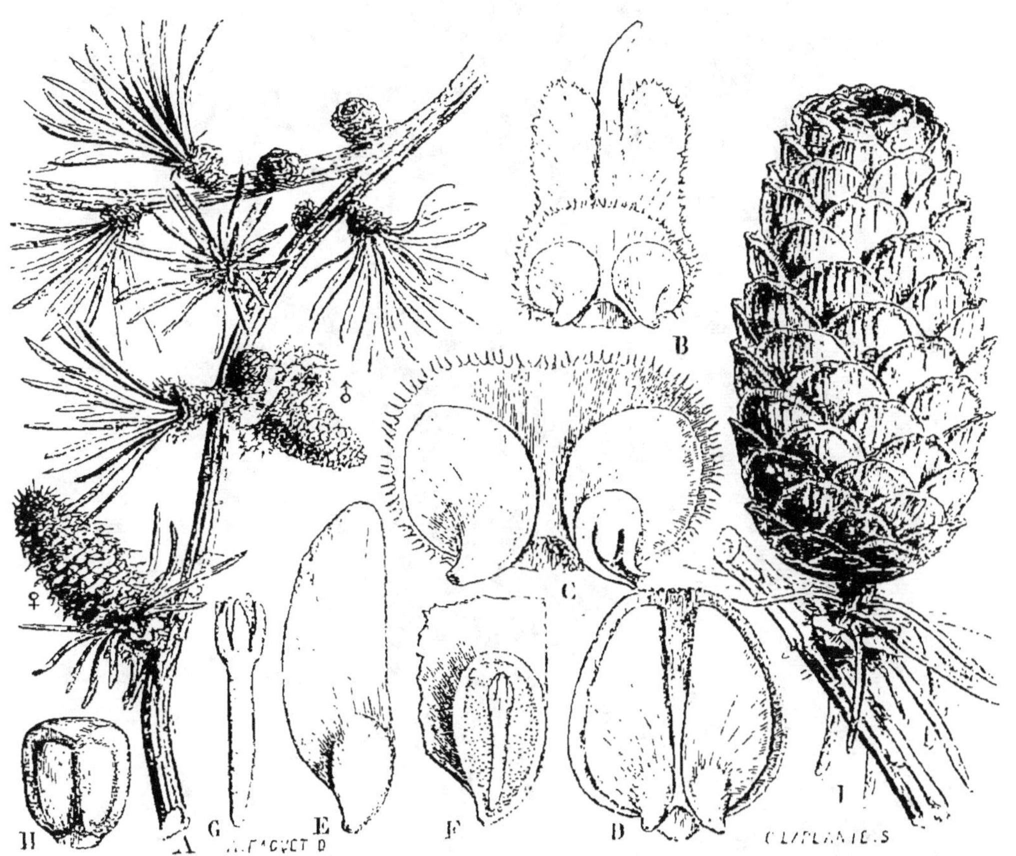

Fig. 70. — **Mélèze** (*Pinus Larix*). — A Rameau portant des fleurs mâles et des fleurs femelles séparées — B une écaille avec les deux organes femelles — C les mêmes grossis — D les mêmes plus âgés — E les mêmes devenus des fruits — F celui-ci coupé suivant sa longueur — G embryon — H cône à maturité.

Le MÉLÈZE (*Pinus Larix*) (fig. 70) fournit la térébenthine de Briançon ou de Venise. De ses feuilles coule un suc douceâtre, mielleux, connu sous le nom de manne de Briançon.

SAPIN (*Abies excelsa*). — On le connaît encore sous les

Fig. 71. — **Pin pignon** (*Pinus Pinea*).

noms de Sapin Epicea, Épicéa, Epicia (fig. 72). C'est
un arbre d'un noir sombre, il forme des forêts sur les
flancs des Alpes, des Pyrénées et des monts de l'Auvergne. Sa hauteur est parfois considérable, sa taille est toujours droite, son bois est léger, résistant et assez élastique, il est très-estimé pour faire des mâts. Au reste, ses
usages sont ceux du Pin; il donne les mêmes produits. Sa
térébenthine est connue sous le nom de térébenthine de
Strasbourg, d'Alsace ou de Suisse; une variété, à cause
de son odeur, est appelée térébenthine au citron.

Les CÈDRES sont des arbres magnifiques ; ceux du Liban
jouissent d'une grande renommée. En Afrique, sur les
versants de l'Atlas, on trouve des forêts immenses composées de ces arbres.

IF (*Taxus baccata*). — L'If est un petit arbre vert fort
cultivé en certains pays pour faire des clôtures et des haies.
Il croît spontanément dans les forêts de l'Italie, de la
Suisse, du midi de la France. Les fruits de l'If sont d'un
rouge tendre, et tentent souvent les enfants. On devra les
mettre en garde contre ce fruit, regardé comme un poison.
Le suc des feuilles serait aussi vénéneux, et, s'il faut en
croire les auteurs anciens et parmi eux Strabon, ce suc servait aux Gaulois pour empoisonner leurs flèches.

---

# CHAPITRE XVIII.

## LIS, TULIPE, ALLIUM, ETC.

Ces plantes présentent des caractères qui ne permettent
pas de les confondre avec celles que nous avons décrites

Fig. 72. — **Sapin élevé** (*Abies excelsa*). — Port de cet arbre.

jusqu'ici. Ces caractères se retrouvent, et dans les organes de végétation et dans les organes de fructification. Le Lis, à cause de ses grandes fleurs, est un très-bon exemple à choisir pour décrire le type de la famille des LILIACÉES.

Lis (*Lilium candidum*) (fig. 73). — On remarque d'abord qu'il n'y a qu'une enveloppe florale : il est, en effet, impossible de distinguer un calice et une corolle, toutes les pièces sont d'un blanc éclatant. Elles sont au nombre de six, disposées sur deux rangs, de façon que les trois qui forment le verticille intérieur se trouvent entre les trois du verticille extérieur. Elles se ressemblent : pourtant il est des gens qui prétendent, tenant compte de leur situation, que les trois externes sont des sépales et les trois internes des pétales (fig. 74). D'autres affirment, à cause de la coloration, que ce sont des pétales, d'autres enfin disent que ce sont des sépales comme dans les Polygonées. Peu nous importe, en somme : nous appellerons *périanthe* cet ensemble de pièces sans nous inquiéter davantage de leur nature, et nous dirons que le périanthe est à six divisions d'un blanc éclatant. L'androcée compte de même six étamines disposées sur deux rangs superposées chacune à chacune aux pièces du périanthe. Au centre, le gynécée ne présente qu'un pistil composé d'un ovaire à trois loges surmonté d'un style renflé avec une tête stigmatique triangulaire. Dans l'angle interne de chaque loge sont les ovules très-nombreux sur deux rangs, portés sur des placentas occupant l'angle de la loge, et par conséquent continuant l'axe fictif de la fleur. Ce placenta est, comme nous le savons, *axile*.

Les feuilles sont larges, allongées, simples ; nous remarquerons, en passant, que toutes les nervures sont parallèles et non entrecoupées et entrelacées comme celles de la plupart des plantes étudiées jusqu'à présent ; leur nervation peut donc être dite rectiligne ; elles sont *rectinerviées*.

La tige, qui s'élève dans l'air, est chargée de fleurs dis-

Fig. 73. — **Lis** (*Lilium candidum*).

posées en sorte de grappes. On pourrait croire d'abord, à voir cette tige, qu'il n'y a en terre que la racine : pourtant si on l'arrache on trouve un organe que nous n'avons pas encore mentionné et dans lequel chacun a reconnu un oignon; c'est l'*oignon* du Lis. Que peut être cet organe? Nous possédons tous les éléments pour déterminer sa nature. Il est composé de lames ou feuillets qui sont placés les uns sur les autres comme les briques d'un toit, comme

Fig. 74. — **Lis blanc** (*Lilium candidum*). — Fleur.

des écailles (fig. 75). Arrachons ces écailles ou bien encore fendons cet oignon dans toute sa longueur, nous voyons que chacune d'elles tient à un corps médian. Notre oignon est donc un corps composé d'un axe central et d'appendices, ce n'est donc pas une racine. Mais que sont ces appendices? En regardant attentivement à leur aisselle on découvre des bourgeons, ces appendices sont donc des feuilles; l'axe est la vraie tige portant des bour-

geons qui deviennent des branches. Ce sont ces branches
qui, chaque année, s'élèvent dans l'air, et c'est l'une
d'elles que nous avons cru être la tige véritable. Quant
aux racines nous les trouvons au-dessous de l'oignon. Un

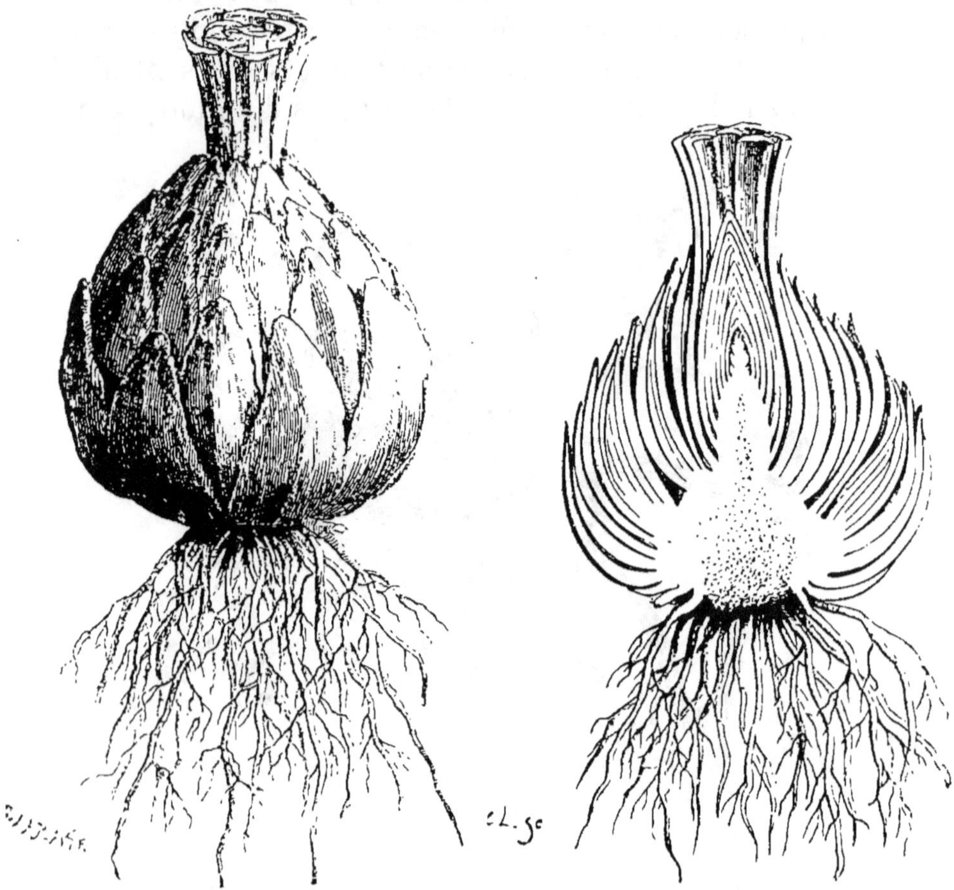

Fig. 75. — **Lis** (*Lilium candidum*).
Bulbe entier.

Fig. 75 *bis*. — **Lis** (*Lilium candidum*).
Bulbe coupe.

tel organe est un *bulbe*. Le Lis doit donc être rangé
parmi les plantes vivaces.

AɪL (*Allium*). — Ce genre contient l'Oignon, l'Échalotte, le Poireau et l'Ail ordinaire. Toutes ces plantes ont
aussi des bulbes pour tige, mais tous ces bulbes n'ont

pas la même forme. L'Ail et l'Échalotte ont un bulbe à
écailles comme le Lis : c'est un *bulbe écailleux* (fig. 76).
Les bourgeons prennent un grand développement, on les
sépare et on les mange. On peut s'en servir pour semer

Fig. 76. — **Ail ordinaire**
(*Allium sativum*).

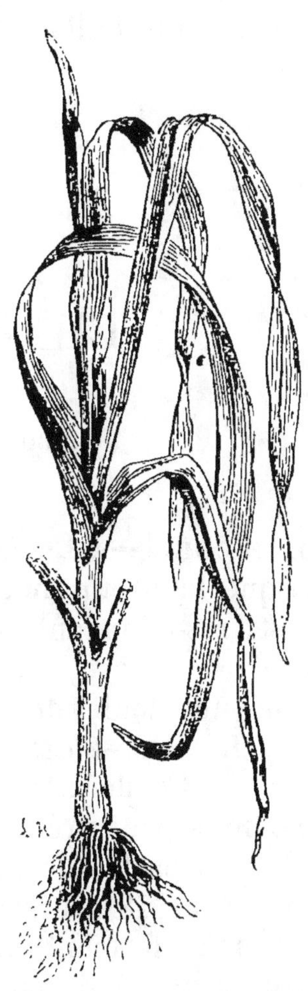

Fig. 77. — **Poireau**
(*Allium porrum*).

et reproduire la plante, ils prennent alors le nom de
*caïeux*. Le Poireau (fig. 77) a un bulbe moins renflé ; mais
ce dernier, à cause de la forme de ses feuilles, ne présente plus d'écailles ainsi imbriquées, ce sont de véritables tuniques complètes qui s'emboîtent les unes sur les

autres; on dit que le bulbe est *tuniqué*. Cette disposition
est surtout visible sur la Scille et la Jacinthe.

TULIPE.— La fleur ressemble beaucoup à celle du Lis;
les feuilles sont aussi rectinerviées, et sa véritable tige
est encore un bulbe analogue sinon identique aux précédents.

# CHAPITRE XIX.

### COLCHIQUE, IRIS.

COLCHIQUE. — Le Colchique est une plante vénéneuse que les troupeaux ne peuvent manger sans danger;
elle est très-abondante dans les prairies du midi et du
centre de la France, où elle est un véritable fléau. On lui
a donné une foule de noms, entre autres celui de *Tue-
Chien*, *Mort-aux-Chiens*, *Chenarde*, *Flamme noire*, *Lis
d'Automne*. Ce dernier nom indique la ressemblance que
le Colchique peut présenter avec les Liliacées, en général,
et le Lis en particulier. La fleur, en effet, n'en diffère que
fort peu (fig. 78). Là encore nous avons un périanthe à
six divisions formant un long tube qui reste souterrain,
le limbe seul s'étale sur le sol; sur la gorge de ce périanthe se trouvent six étamines et au centre, au fond du
tube, dans le sol, un ovaire surmonté de trois styles assez
longs qui viennent se placer entre les six étamines.
L'ovaire est à trois loges aussi; le fruit est une capsule
contenant beaucoup de graines.

Les organes de végétation diffèrent notablement; rien ne
rappelle ici ces longues branches florifères du Lis blanc

et au moment de l'épanouissement des fleurs du Colchique on chercherait en vain les feuilles qui ne se montrent que plus tard, pendant l'hiver ou au printemps, accompagnant le fruit qui alors est aussi sorti de terre pour porter des graines.

Tous les phénomènes de la végétation se passent donc, pour ainsi dire, sous le sol, et si nous cherchons au pied de notre Colchique, nous trouvons un bulbe, comme dans les Liliacées, seulement ce bulbe ne présente pas la même organisation. Dans le Lis, la partie charnue était fournie par les feuilles modifiées, l'axe, au centre, ne servait que de support. Ici, au contraire, les feuilles, ou plutôt la base des feuilles reste sèche, et c'est l'axe, c'est-à-dire la tige, qui s'est gorgé de sucs. Un tel *bulbe* est dit *plein*.

Nous verrons, quand nous étudierons la physiologie, que le but a été également rempli dans les deux cas par des procédés différents. Ce but est d'amasser pour les bourgeons la provision nécessaire à leur développement. Dans notre bulbe de Colchique nous voyons que de l'aisselle d'une ou de deux feuilles sortent des bourgeons, ceux-ci se développent au détriment du bulbe, portent à leur tour des feuilles, des bourgeons, font provision de nourriture, deviennent bulbes à ce moment, pendant que le premier, désormais inutile, se détruit.

Iris. — On connaît plusieurs espèces d'Iris ; nous signalerons seulement : 1° L'Iris germanique, Iris bleu qui croît spontanément en France ; 2° l'Iris jaune, puant ; 3° l'Iris de Florence, Iris blanc, qui est celui qu'on emploie en pharmacie.

Suivant certains auteurs ce serait la fleur de l'Iris et non celle du Lis que portent les armes de France. Il est vrai que cette opinion peut être défendue si l'on ne s'attache qu'à de vagues ressemblances. Mais il paraît que ce n'est ni l'une ni l'autre ; une manière de voir qui semble parfaitement justifiée, veut que cet emblème, adopté pour

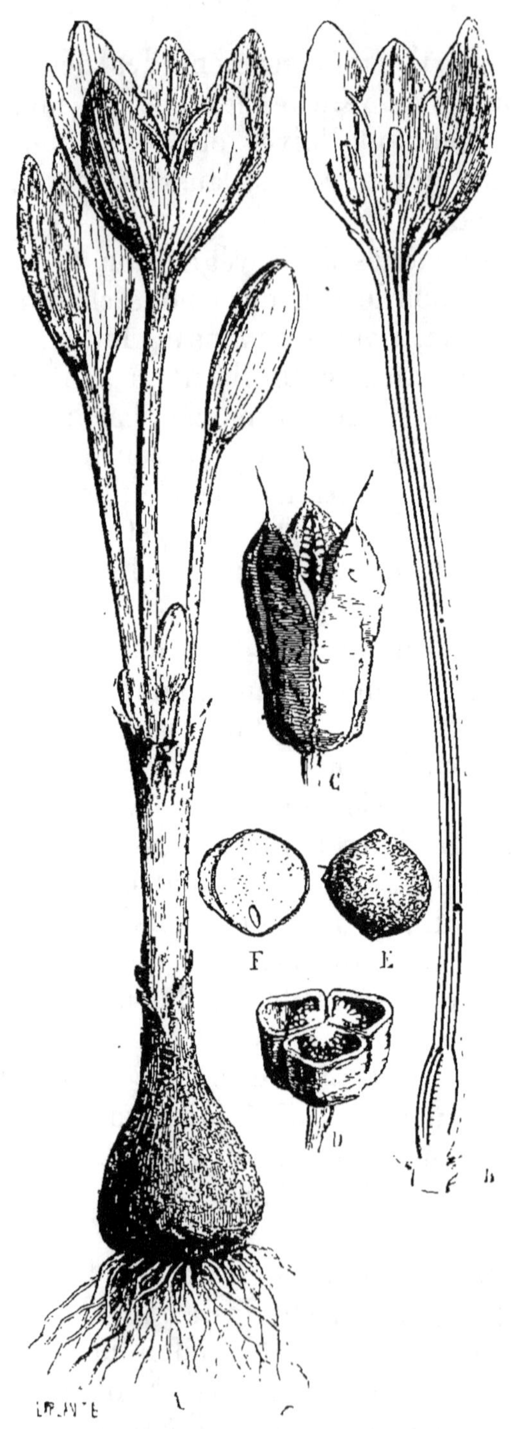

Fig. 78. — **Colchique d'automne** (*Colchicum autumnale*). — **A** Plante entière — **B** coupe verticale de la fleur — **C** capsule — **D** la coupe transversale — **E** graine — **F** la même coupée.

la première fois par Louis VII, ne soit autre chose que
le fer de l'ancien javelot des Francs,

Fig. 79. — **Iris germanique** (*Iris germanica*). — Extrémité d'un
rameau fleuri.

L'Iris (fig. 79), comme le Lis, a un périanthe à six divisions : trois plus larges s'inclinent à l'extérieur et por-

Fig. 80. — **Iris germanique** (*Iris germanica*). — Feuilles, rhizóme et racines adventives.

tent sur leur partie médiane une longue brosse de poils, les trois autres, différentes par leur teinte, sont redressées. L'androcée est réduit à trois étamines qui s'ouvrent en dehors et sèment leurs grains de pollen sur ces petites brosses que nous venons de signaler. Chaque étamine est recouverte d'une lame analogue comme couleur et comme consistance à celles du périanthe, et qui s'applique sur elle comme un cuilleron. On aurait peine à reconnaître dans ces lames les trois stigmates. Cependant on les voit se continuer avec un ovaire, infère ici, mais complétement semblable à celui du Lis et des Colchiques.

Les Iris, comme les plantes précédentes, sont vivaces, car, sans qu'il soit nécessaire de les semer, on les voit se reproduire indéfiniment. Ils portent alors, au-dessus du sol, de larges faisceaux de feuilles aplaties, s'emboîtant, par le pied, les unes dans les autres ; elles ressemblent à des lames de sabre et ont des nervures parallèles et non en réseau. Si, pour voir comment se fait la végétation, on arrache un pied d'Iris, on trouve des organes qui nous sont connus. A leur surface sont des appendices, à l'aisselle desquels on trouve des bourgeons : ce sont donc des tiges souterraines. Elles aussi sont gorgées de sucs comme les bulbes, parce qu'elles ont à pourvoir à la nutrition des bourgeons. Les tiges souterraines qui ne sont ni des bulbes, ni des tubercules et qui ressemblent à des racines, ont été appelées *rhizômes* (fig. 80). Les vraies racines sont ces fibrilles qui poussent sous les tiges : ce sont des racines adventives.

# CHAPITRE XX.



## FROMENT, AVOINE, ORGE, MAÏS.

Ces quatre plantes sont les principaux représentants d'une immense famille qui possède des caractères tellement nets qu'on peut à bon droit la regarder comme naturelle et bien limitée. La plupart de ces plantes forment ce qu'on appelle des *gazons* (en latin *gramen*), d'où le nom de GRAMINÉES qu'on leur a donné. Les Graminées contiennent toutes nos céréales (Blé, Orge, Seigle, etc.), et un grand nombre de plantes fourragères (Brome, Avoine).

AVOINE (*Avena*). — Si l'on arrache un pied d'Avoine, on remarque d'abord qu'il se compose de plusieurs rameaux réunis par leur base (fig. 81), et l'on reconnaît que les tiges qui s'élèvent au-dessus du sol sont en réalité des rameaux analogues à ceux que nous avons vus dans l'Œillet. De plus, on constate que, comme dans les plantes couchées, nous avons des racines adventives développées dans les points où ces rameaux sont en contact avec le sol; nous voyons, de plus, que c'est en ces points que se développent des branches. Nous comprenons alors l'opération de culture qu'on nomme le *versage*. En passant, en effet, sur les tiges jeunes un rouleau, on les couche sur le sol et on fait développer des branches.

Ces branches, ces tiges, comme on dit, présentent de distance en distance des renflements qu'on appelle des nœuds De chaque nœud part une feuille composée d'un limbe qui semble sortir de l'axe. Il n'en est rien, et pour s'en assurer il suffit de tirer délicatement la feuille à soi, elle se sépare de la tige et le limbe déploie au--dessous de lui une portion qui entourait l'axe. Cette portion, située au-dessous du limbe et embrassant la tige, n'est pas encore connue de nous, nous n'avons pas encore vu de feuille munie de cette partie qu'on a nommée, en raison de sa forme, une *gaîne*. Nous disons donc que la feuille de l'Avoine est pourvue d'un limbe et d'une gaîne,

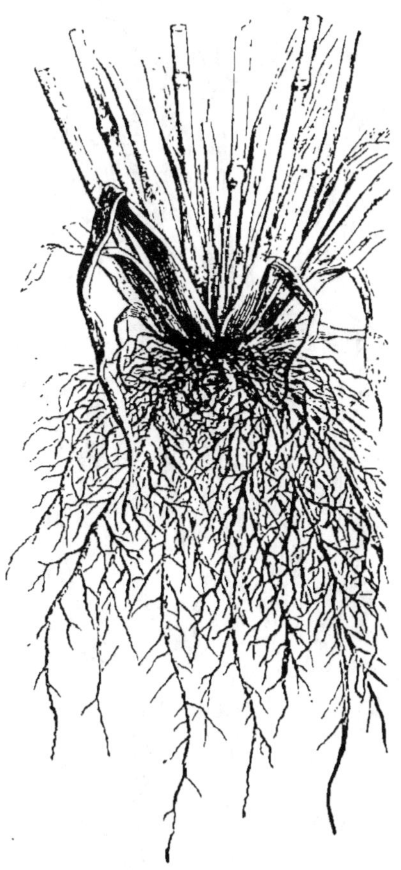

Fig. 81. — **Racines** (*Avena sativa*).

mais qu'elle manque de pétiole : cette feuille est incomplète. Il ressort de cet enseignement deux faits : 1° une feuille peut être composée de trois parties, limbe, pétiole, gaîne, elle est *complète*; 2° toute feuille qui n'a pas ces trois parties est *incomplète*. Une feuille peut être incomplète par l'absence de gaîne, c'est très-commun; par l'absence de gaîne et de pétiole, nous savons qu'alors elle est *sessile*; par l'absence du pétiole (Avoine et toutes les

Fig. 82. — **Avoine** (*Avena sativa*). — Faisceau de rameau.

Graminées); enfin il est des cas où, la gaîne et le pétiole persistant, le limbe disparaît à son tour.

Chaque rameau d'Avoine (fig. 83) se termine par une inflorescence. Ce sont de longues grappes de petits grou-

**Fig. 83.** — **Avoine** (*Avena sativa*). — Inflorescence.

pes de fleurs verdâtres portées sur des pédoncules qui s'inclinent en dehors. Si l'on examine chacun de ces groupes floraux, on voit qu'on a des fleurs attachées et *comme collées* le long d'un axe central : il y en a deux ou trois, enveloppées de lames scarieuses. Un groupe ainsi composé de fleurs qui s'attachent directement sur l'axe s'appelle un *épi :* nous avons donc ici une *grappe composée d'épis.*

Froment. — Les caractères de végétation sont à peu près les mêmes, mais l'inflorescence diffère. Les épis qui tout à l'heure étaient portés par de longs pédicelles sont eux-mêmes collés sur l'axe qui s'est déformé pour les recevoir; on n'a donc plus une grappe composée d'épis, mais un épi composé d'épis, ce qu'on traduit par le mot : *épi d'épillets* (fig. 84).

Chaque épi partiel ou chaque épillet comprend un certain nombre de fleurs qui présentent chacune un périanthe composé de lames vertes, un androcée formé de trois étamines à filet long et flexible et au centre un pistil composé d'un ovaire dans lequel il n'y a qu'un ovule et surmonté de deux styles qui ressemblent à deux petites plumes. A la maturité, les styles tombent, l'ovaire devient un fruit sec qui ne s'ouvre pas et qu'on nomme un *cariopse.* Toutes les Graminées ont pour fruits des cariopses. Chacun sait que ce sont ces fruits, réduits en poudre, qui forment la farine. A l'aide de moulins on sépare les enveloppes sèches, c'est ce qu'on appelle le *son.*

L'Orge (fig. 85) se rapproche beaucoup du Froment par ses caractères de végétation, de floraison et de fructification; nous ne nous y arrêtons pas.

. Quant au Maïs, dont la culture est devenue très-importante depuis quelques années, c'est une Graminée de haute taille (fig. 87). Il se distingue tout de suite des précédentes parce que ses fleurs sont unisexuées. Les fleurs mâles, réunies en grappes d'épis, occupent le sommet de la tige. Nous savons qu'on appelle *chatons* des épis uni-

Fig. 84. — **Blé** (*Triticum sativum*). — 1 Variété sans barbe, epi — 2 et 3 variété barbue — 4 et 5 fleur de la variété de blé barbu — 6 axe de l'inflorescence déformé pour recevoir les épillets.

sexués. Les chatons femelles sont plus bas, sur la tige : ce sont eux qui forment ces masses coniques enveloppées de feuilles et couronnées par une houppe de filaments rou-

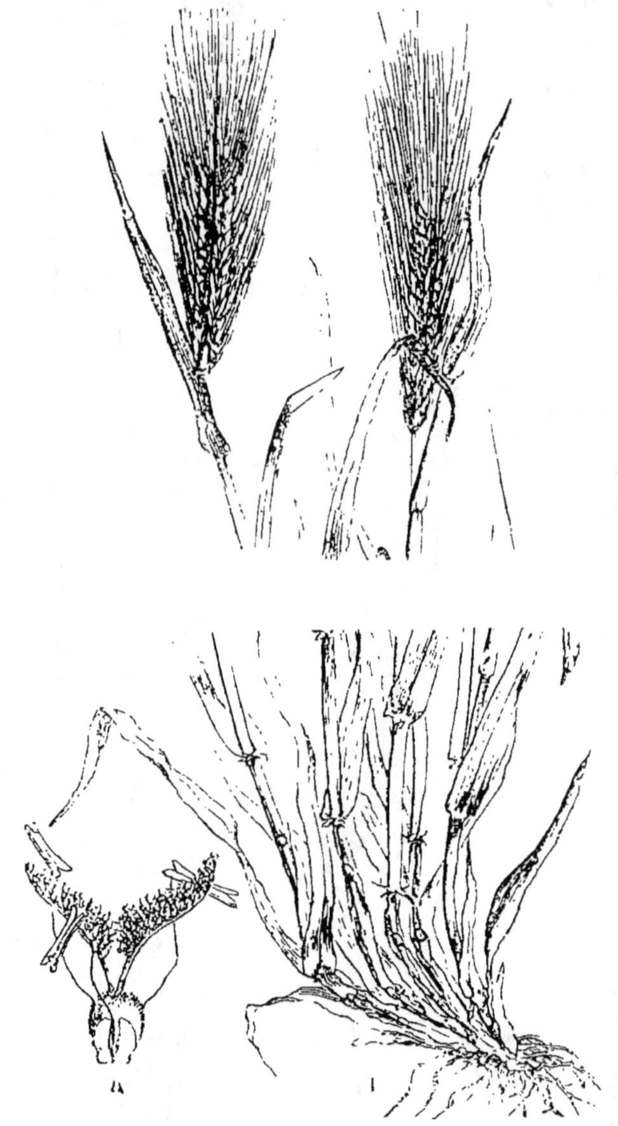

Fig. 85. — **Orge commun** (*Hordeum vulgare*). — 1 Port de la plante — 2 fleur.

geâtres qui sont les styles. A la maturité, les ovaires donnent des fruits qui forment l'épi de Maïs.

Si l'on veut, avec les plantes de la famille des Graminées, le Froment, par exemple, répéter les expériences que nous avons indiquées plus haut sur la germination, on voit que les phénomènes ne sont pas complétement

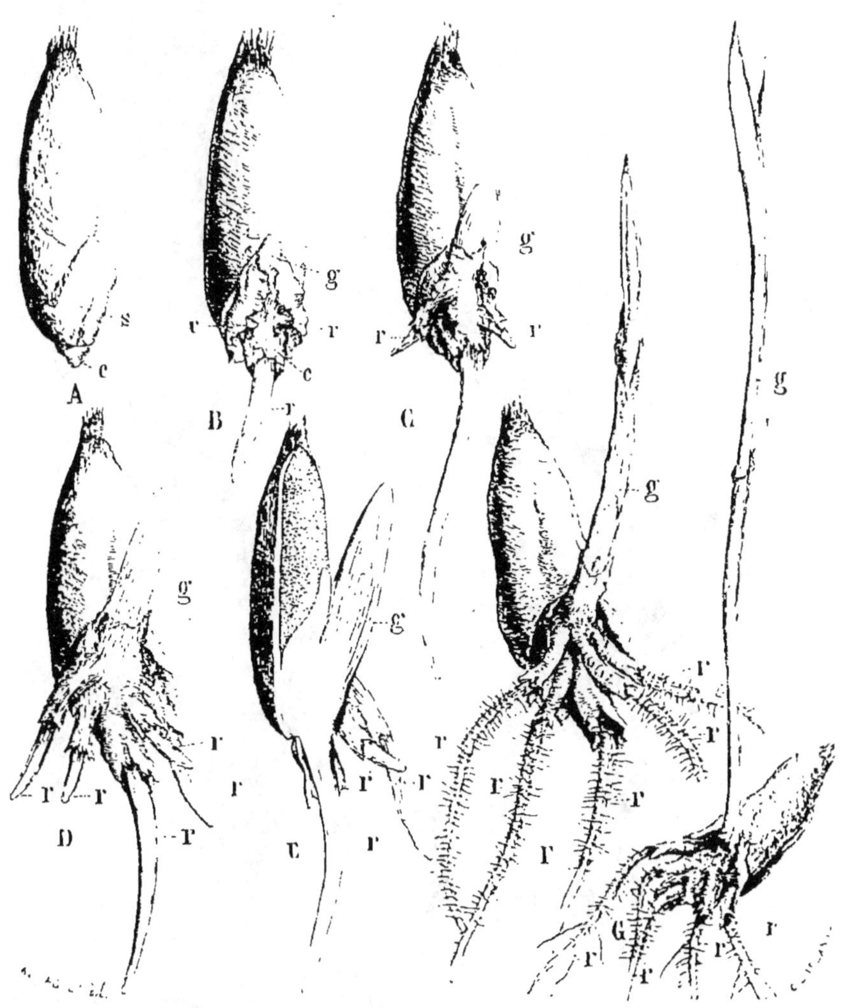

Fig. 86. — **Germination du Blé.** — A, B, C, D, E, F, G) Différentes périodes de la germination — r, r, r) radicules — g, g) gemmules.

identiques. Le grain de blé, le fruit, comme nous le savons, se gonfle sous l'influence de l'humidité, les enveloppes se déchirent, une radicule s'allonge, s'enfonce en terre; bientôt,

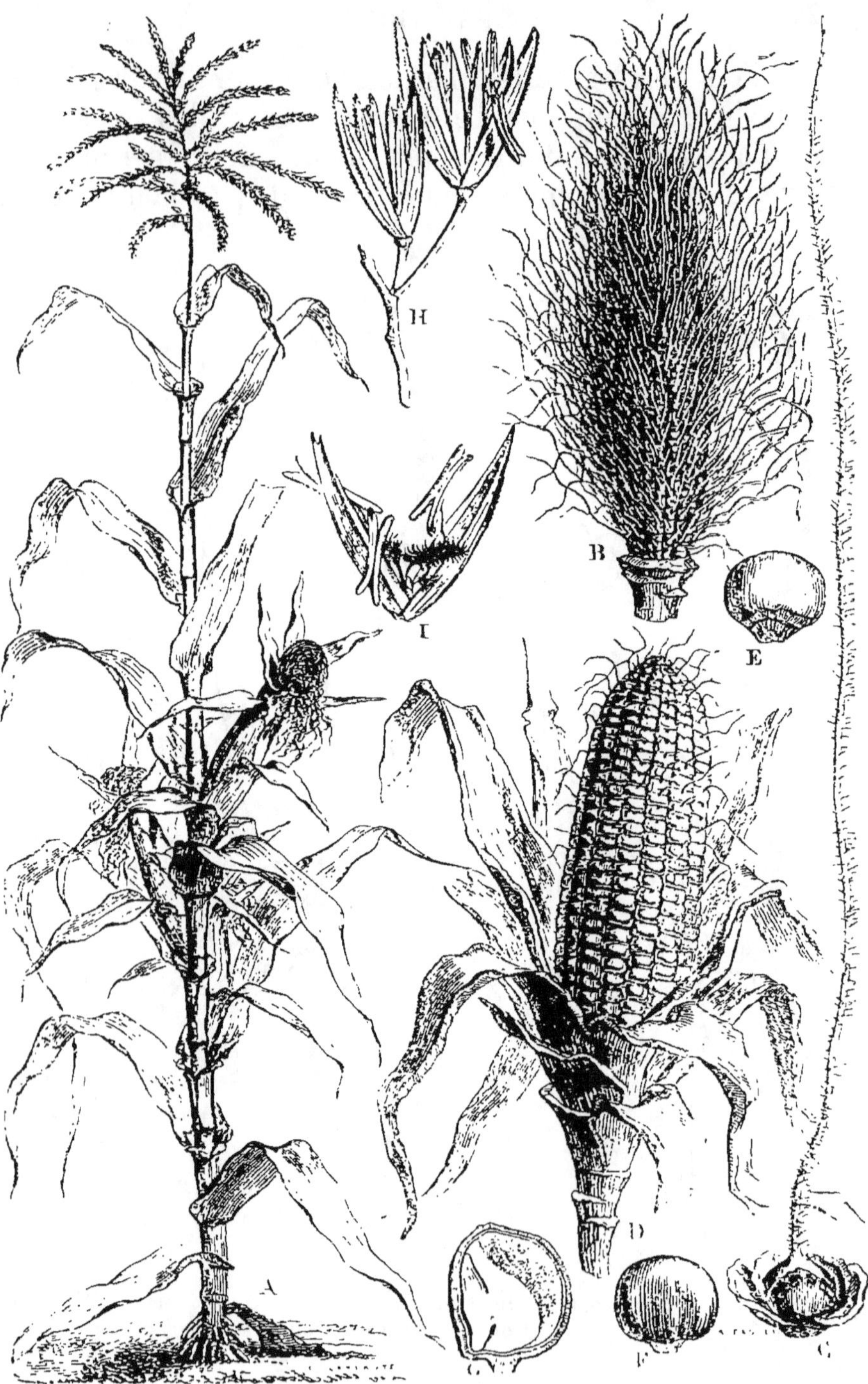

Fig. 87. — **Maïs ou Blé de Turquie** (*Zea Maïs*). — A Port de la plante — B chaton femelle avant la maturation, dépouillé de la bractée qui l'enveloppait — C une des fleurs femelles avec son long pistil — D ensemble des fruits — E et F un fruit isolé — G sa coupe verticale — H épillet mâle — I fleur mâle

sur les côtés, apparaissent des racines secondaires, puis on voit, en sens opposé, s'allonger un corps roulé en cornet ; au centre se trouve une gemmule qui continuera de se développer et deviendra la tige. Jusqu'ici rien ne rappelle ce que nous avons nommé les *cotylédons*. Pour trouver quelque chose d'analogue, il faut fendre une graine germée : on trouve alors, caché sous les membranes, accompagné d'une pulpe farineuse qui n'est que l'*albumen*, un petit corps que nous reconnaissons pour être le *cotylidon*. Or, comme l'on n'en trouve qu'un seul la plante est dite : *monocotylédonée*.

On serait amené à constater le même résultat sur la graine du Lis, de la Tulipe, de l'Iris, etc....

Toutes sont des plantes que, pour cette raison, on a nommées *plantes monocotylédonées* ou *monocotylédones*.

---

# CHAPITRE XXI.

### FOUGÈRES, PRÊLES, MOUSSES, LICHENS, CHAMPIGNONS, ALGUES.

Nous avons vu que la fleur est un organe composé qui, après un temps plus ou moins long, devient un fruit. Formée essentiellement d'étamines et de pistils, unis ou séparés, la Fleur, dans toutes les plantes que nous avons étudiées, est parfaitement visible ; les enveloppes (périanthe), peuvent être très-réduites, manquer même, néanmoins on a pu donner à ces végétaux le nom de *Phanérogames* (φανερος, apparent, visible, γαμος, noces). A côté de ces végétaux il en est d'autres qui donnent des fruits sans qu'il soit possible de découvrir le moindre organe analogue à ce que nous avons appelé Fleur, on les nomme *Cryptogames* (κρυπτος, caché).

Les végétaux cryptogames sont fort importants et fort nombreux dans le Règne végétal. Il en est que l'on rencontre partout, jusque dans l'intérieur de nos organes, où ils s'établissent, croissent, fructifient, donnant lieu, par leur présence, à des maladies souvent graves. On les a divisés en plusieurs classes.

PRÊLES. — Les Prêles sont des végétaux formés d'une tige cannelée, présentant de distance en distance des espèces de nœuds, des collerettes élégantes et des rameaux qui divergent de tous côtés. Au sommet se trouve une tête renflée qui, à un certain moment, laisse échapper une poussière jaunâtre. Dans certains pays cette plante est appelée *Queue de cheval*. Elle est dure et rude au toucher, surtout quand elle est sèche; elle sert à polir les métaux.

FOUGÈRES. — Les Fougères de nos pays se présentent sous l'aspect de feuilles plus ou moins grandes, plus ou moins découpées. La Scolopendre, par exemple, que l'on trouve souvent près de la margelle, dans l'intérieur des puits, a des feuilles entières, longues, ovales, aiguës. La Fougère commune, au contraire, a de longues feuilles très-découpées; la Fougère mâle (fig. 89) tient le milieu entre ces deux dispositions. C'est, en général, à la face inférieure de ces feuilles ou *Frondes* que se trouvent les organes de reproduction (fig. 89); leur disposition en groupes est variable. Dans la Fougère mâle (fig. 88), par exemple, ces groupes ont la forme de reins; dans la Scolopendre, ils sont en lignes parallèles. Ces fructifications, qu'on a appelées *sporules*, sont nues ou contenues dans des espèces de petites capsules qui forment en se groupant de petits amas nommés *sores*. Les frondes ont pour caractère commun d'être roulées en crosse par leur extré-

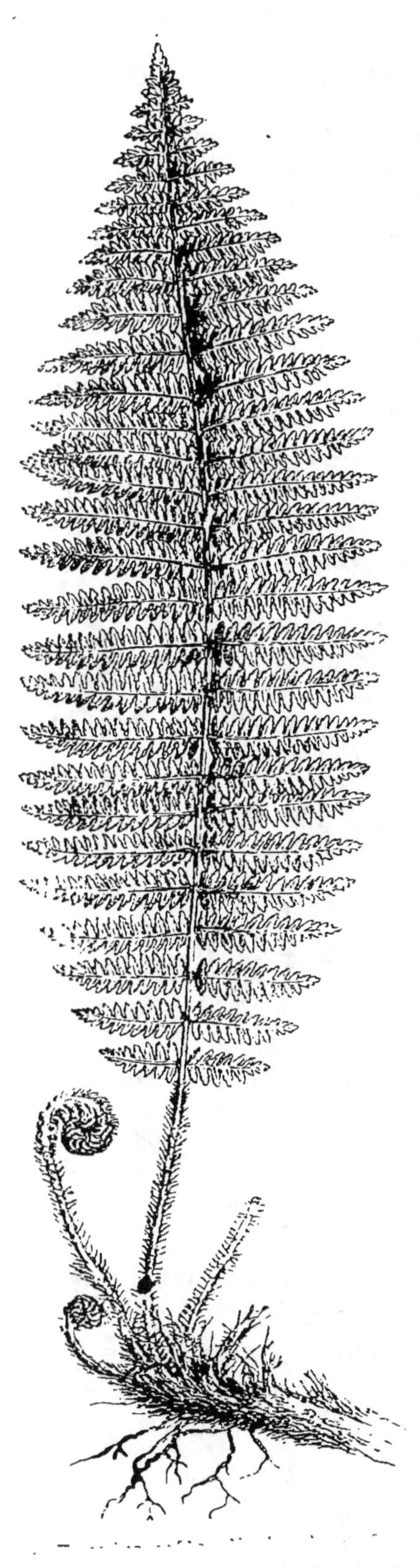

mité au moment où elles commencent à se développer. Le rhizôme, solide et jaunâtre à l'intérieur, a une saveur amère et astringente, une odeur nauséeuse.

On connaît, dans certaines contrées, des Fougères en

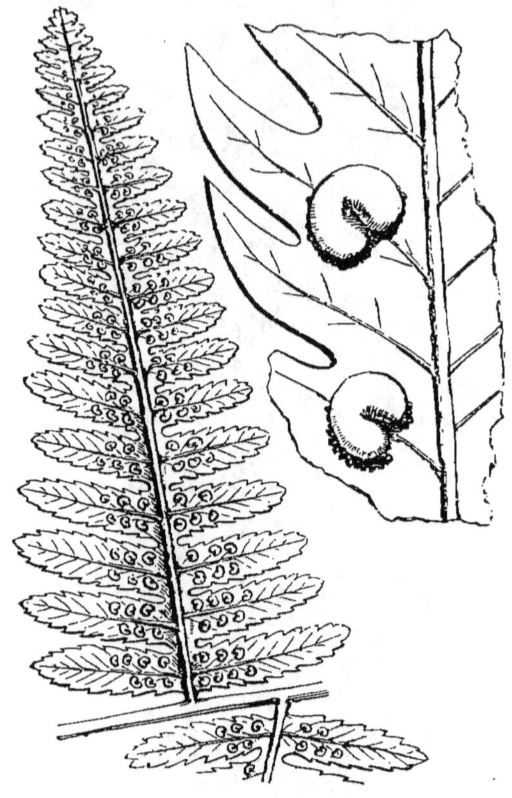

Fig. 89. — **Fougère mâle** (*Nephrodium filix-mas*). — Face inférieure et portion grossie de la *Fronde*.

arbres qui rappellent de loin celles dont on retrouve les débris dans les terrains houillers, et qui ont été enfouies dans le sol depuis de longs siècles.

MOUSSES. — Les Mousses sont de petites herbes très-basses en général, qui sont munies de feuilles plus ou moins découpées. On en connaît plus de dix mille espèces. On les rencontre partout, dans nos bois, à terre, sur les murs, sur les arbres. Leurs organes reproducteurs sont dans de petites urnes de formes diverses et d'organisation délicate et variée (fig. 90).

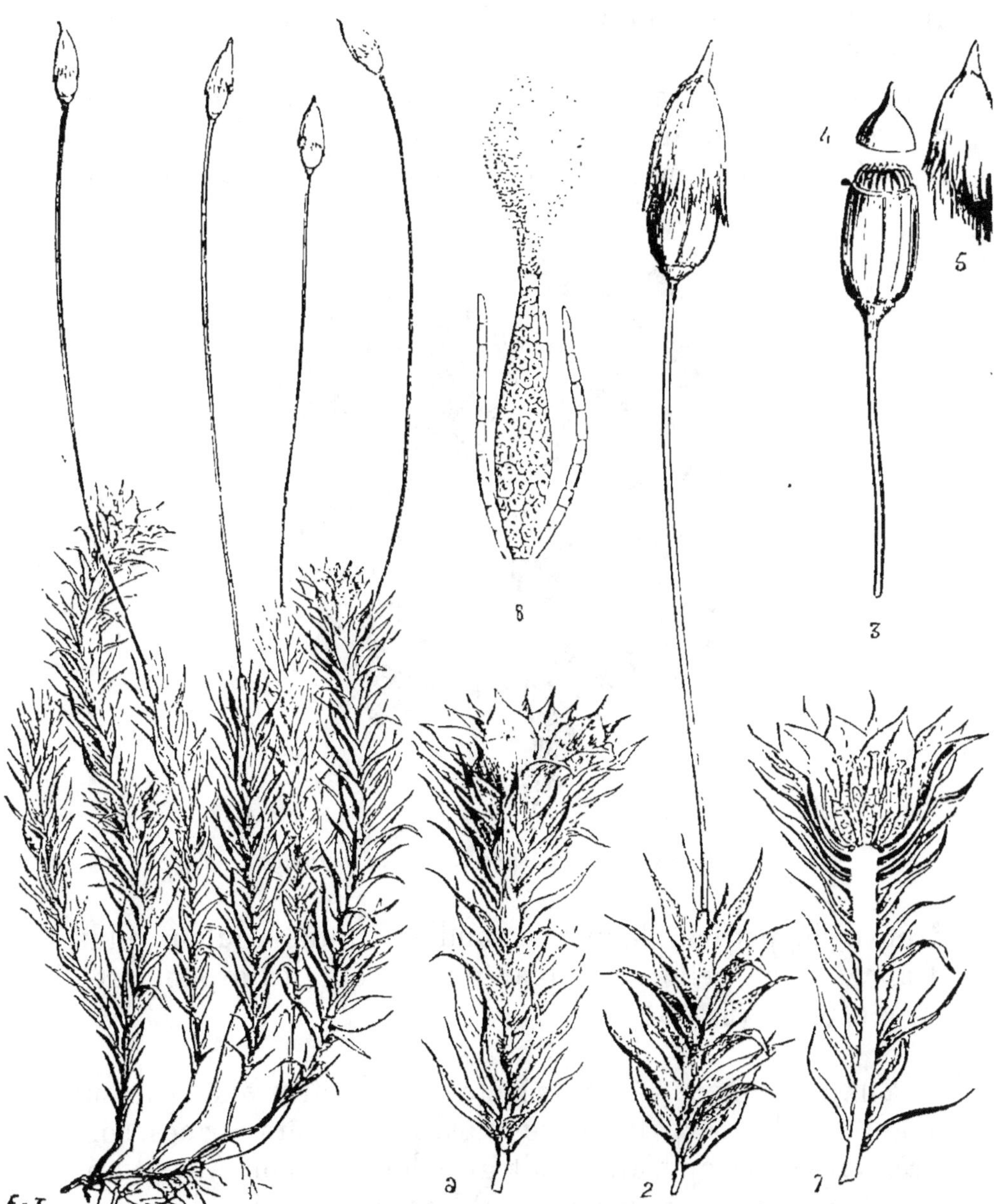

Fig. 90. — **Polytrie** (*Polytricum vulgare*). — 1 Port de la plante — 2 rameau supportant une urne ou organe femelle — 3, 4, 5 la même ouverte — 6 pied mâle — 7 le même fendu pour montrer les organes mâles ou anthéridies — 8 anthéridie isolée.

Lichens. — Les Lichens sont de singulières plantes qui se présentent partout où il y a un peu d'air et d'humidité, sur les vieux murs, sur les pierres, sur les arbres. Desséchés par le soleil ils prennent un aspect ridé et semblent morts, mais survienne une pluie légère, ils renaissent et continuent à se développer. Les Lichens se reproduisent à la manière des Mousses ; à leur surface on

Fig. 91. — **Lichen d'Islande** (*Cetraria islandica*).

trouve de petites plaques arrondies, d'une couleur plus tranchée que celle de la plante : ce sont les organes reproducteurs (fig. 91).

Champignons. — Ces végétaux se retrouvent partout où il y a des corps en décomposition. Leurs formes sont très-variées et on s'abuserait grandement si on croyait que tous les champignons ressemblent à ceux que l'on sert sur nos tables et que l'on nomme *Champignons de couche* (fig. 92). Il en existe bien d'autres, et pour n'en citer que quelques exemples : la Truffe, qui se développe sous terre, est un Champignon ; la moisissure, qui se montre sur le pain exposé à l'humidité, est un Champignon ; la teigne est un Champignon ; le choléra lui-même est dû, dit-on, au développement d'un Champignon dans les intestins. Dans toutes ces plantes les organes de reproduction sont contenus dans de petits sacs, difficiles à apercevoir, situés tantôt à l'extérieur, tantôt à l'intérieur. Ils sont à l'inté-

Fig. 92. — **Champignon de couche** (*Agaricus campestris*).

rieur dans la Truffe (fig. 93) et dans les Lycoperdons, appelés *Vesses-de-Loup* : c'est cette poussière qui forme un nuage jaune lorsque l'on crève ce Champignon au moment de la maturité. Ils sont à l'extérieur, au contraire, dans les Agarics et les Bolets. Dans les premiers, ils sont situés sur les lames qui se trouvent dans

la partie renflée, qu'on nomme *chapeau;* dans les derniers
c'est dans les tubes qui remplacent les lames dont nous
venons de parler.

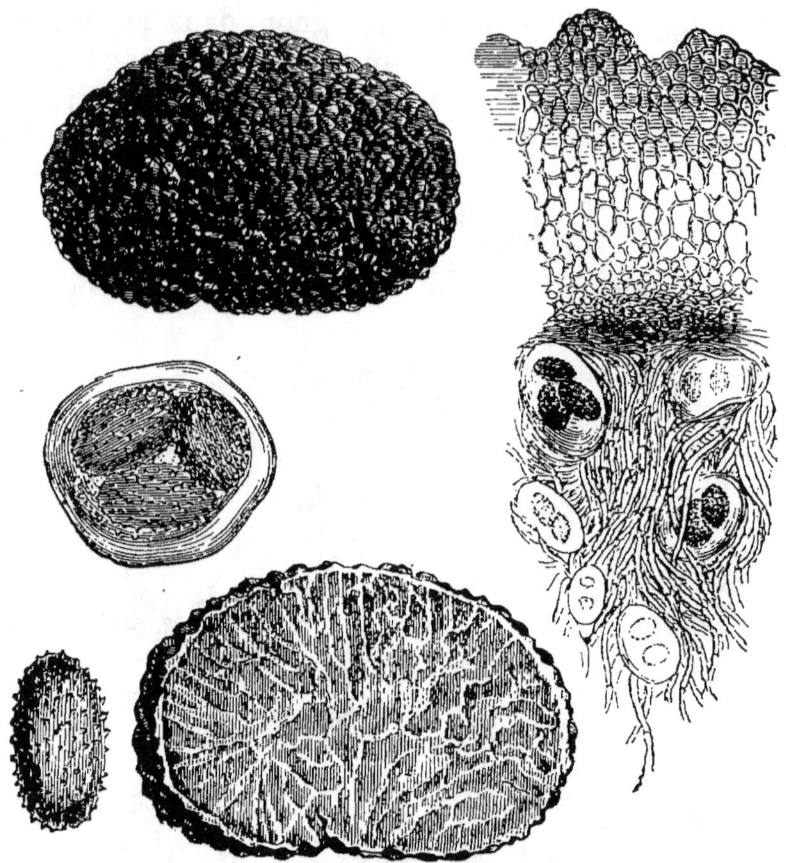

Fig. 93. — **Truffe** (*Tuber brumale*).

ALGUES. — Les Algues sont des plantes aquatiques ou
marines. Dans toutes les eaux un peu stagnantes on trouve
des masses verdâtres qui, retirées de l'eau, semblent
être un feutrage formé de fils entrecroisés en tous sens.
Ces fils sont des Algues; ils appartiennent en général
au genre *Conferva;* il est facile de s'assurer que d'un seul
coup on a pu faire ample moisson de genres et d'espèces
différents; le nombre des Algues est, en effet, très-considérable.

Il en est qui croissent sur les bords de la mer. C'est là,

entre les pierres des dunes, qu'on peut faire collection de
ces végétaux qui par la variété de leurs formes et de leurs
couleurs ne le cèdent en rien à nos plantes terrestres et
phanérogames. On les rencontre jusqu'en pleine mer où
certaines d'entre elles peuvent atteindre plusieurs lieues

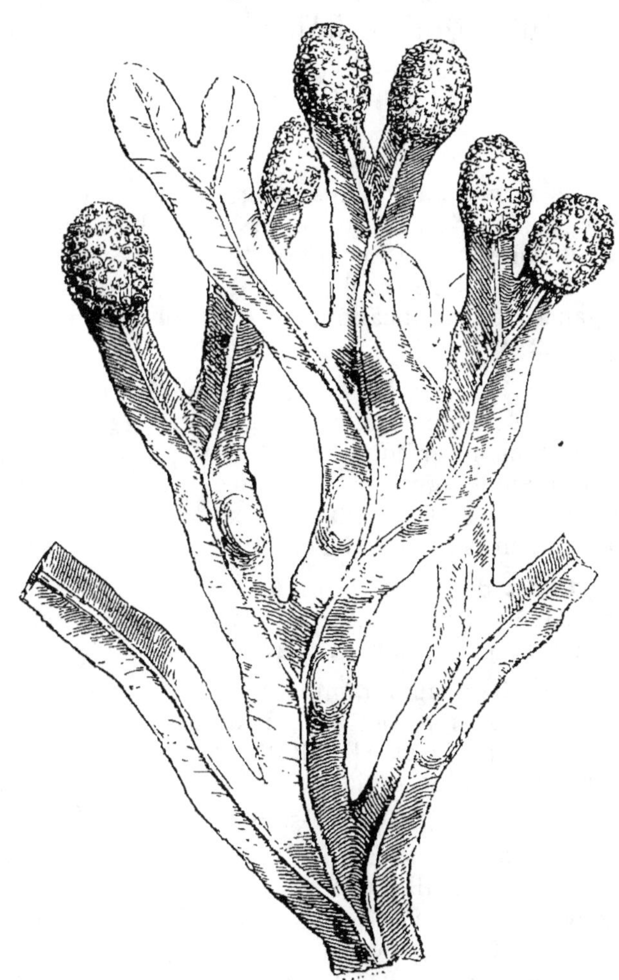

Fig. 94. — **Fucus** (*Fucus vesiculosus*).

de longueur. Nous citerons parmi les plus communes, le
*Fucus vesiculosus* (fig. 94) et parmi les plus utiles les *La-
minaria*. Au reste toutes ces espèces sont employées : on
en retire la soude, l'iode. Les Varechs servent à fabriquer
des matelas et à couvrir les habitations.

# TABLEAU

DES

## CONNAISSANCES ACQUISES DANS L'ANNÉE PRÉPARATOIRE.

Notions sur les termes : Individus, page 5; Espèce, p. 6 ; Variété, p. 8; Genre, p. 34; Nomenclature, p. 34; Méthode naturelle, p. 46; Méthode artificielle, p. 76; Classification, p. 46; Système, p. 76; Caractères, p. 34; Fonction, p. 6; Organes, p. 6; Organes de végétation et organes de fructification, p. 10; Inflorescences, p. 6; Germination, p. 53 et p. 126.

Plante herbacée, p. 6; acaule, p. 25; Division des organes en axes et appendices, p. 26; Plantes dicotylédones, p. 54; Monocotylédones, p. 126; Plantes monocarpiques, p. 65 et 86; Plantes polycarpiques, p. 65 et 96; Plantes ligneuses et plantes vivaces, p. 65; Annuelles et bisannuelles, p. 86 et 87; Plantes phanérogames et cryptogames, p. 126; Accroissement, p. 65, 98 et 99.

*Racine*, p. 6; Collet de la racine, p. 6; Chevelu de la racine, p. 6; Radicelles, p. 6; Racine rameuse, p. 14 et 44; Racine fasciculée, p. 25; Racine pivotante, p. 86; Racines adventives, p. 26.

*Tige*, p. 6 et 26; Rameaux, ramules, p. 6; Tige couchée, p. 16; Nœuds et entrenœuds, p. 18; Tige fistuleuse, p. 18; Pattes, griffes, p. 58; Rhizôme, p. 62 et 116; Bulbe ou oignon, p. 108; Bulbe écailleux, p. 110; Bulbe tuniqué, p. 111; Bulbe plein, p. 112; Aiguillons, p. 29; Épines et piquants, 45; Bourgeon, 6.

*Feuilles*, p. 6; Aisselle de la feuille, p. 6; Feuilles entières, p. 12; Feuilles simples et feuilles composées, p. 17; Pétiole, 17; Gaîne, p. 118; Limbe, p. 14 et 117; Nervures, p. 14 et 106; Feuilles sessiles, p. 18 et 119; Feuilles alternes et feuilles opposées, p. 19; Feuilles composées trifoliolées, p. 27 et 29; Composées paripennées et imparipennées, p. 30; Pétiolule, p. 17; Foliole, p. 17; Rachis, p. 30; Bractées, p. 19; Ochréa, p. 89; Stipule, p. 27, 29 et 30; Involucre, p. 84; Indusie, p. 93.

*Fleur*, p. 6 et 126; fleur régulière et irrégulière, p. 16 et 46; Type de la fleur, p. 20; Fleur hermaphrodite, p. 89; Fleur unisexuée et dicline, p. 89 et 92; Fleur apétale, p. 86; Fleur double, p. 21; Périanthe, 106 et 126.

*Calice*, p. 8; Calicule, p. 19 et 27; Sépales, p. 8; Calice gamosépale, p. 19, 22 et 62; Calice dialysépale, p. 23.

*Corolle*, p. 9; Pétales, p. 9; Limbe et onglet, p. 14; Pétale sessile, p. 14; Pétale éperonné, p. 16 et 60; Pétales libres, p. 19; Corolle régulière, p. 76; Corolle irrégulière, p. 16; Corolle irrégulière papilionacée, p. 46; Corolle irrégulière anomale, p. 60; Corolle gamopétale, p. 62; Corolle dialypétale, p. 63 et 76.

*Androcée*, p. 9; Étamines, p. 9; Filet de l'étamine et anthère, p. 9; Connectif, p. 81; Étamines oppositisépales et oppositipétales, p. 24; Étamines introrses et extrorses, p. 58.

*Gynécée*, p. 10; Pistil, p. 10; Carpelles ou feuilles carpellaires, p. 56 et 65; Style, stigmate, p. 10; ovules, p. 10; Placenta, p. 15; Placentas pariétaux, p. 15; Placentas axiles, p. 21 et 106; Placenta central libre, p. 64; Ovaire, p. 10; ovaire infère et supère, p. 41 et 42.

*Fruit*, p. 8, Maturation, p. 8; Fruits secs, p. 16 (Capsules, p. 14 et 15; Achaine, p. 28; Cariopse, p. 121); Fruits charnus, p. 16 (Baie, p. 16 et 33; Drupe, p. 28 et 33); Fruits multiples, p. 28.

*Graines*, p. 8; Embryon (Cotylédons, radicule, gemmule), p. 54 et 126; Albumen, p. 56 et 126; Arilles, p. 56.

*Réceptacle*, p. 10, 28, 31, 42; Nectaires, p. 10; Disque, p. 10.

---

Le prochain volume sera consacré à l'étude attentive de toutes ces parties.

---

Imprimerie générale de Ch. Lahure, rue de Fleurus, 9, à Paris.

# ÉLÉMENTS

# DE GÉOLOGIE

10722. — IMPRIMERIE GÉNÉRALE DE CH. LAHURE

Rue de Fleurus, 9, à Paris

# ÉLÉMENTS

## DE

# GÉOLOGIE.

---

## CHAPITRE I.

### LES CORPS DE LA NATURE.

#### § I. — La matière.

Dans l'Univers, nous avons la perception de choses très-diverses, que l'on désigne collectivement sous les noms de *matière*, de *forces* et de *lois* qui régissent celle-ci.

Les *lois* sont immuables; mais certaines d'entre elles ne peuvent pas toujours se manifester en tous lieux. Lorsque, dans l'origine, la Terre n'était qu'un globe incandescent, l'eau, la glace ne pouvaient se produire; les lois sous l'empire desquelles la vie se manifeste, sous les formes soit végétale, soit animale, restaient à l'état latent sur la Terre; elles ne pouvaient agir que sur d'autres globes placés dans des conditions mieux appropriées.

Les *forces* diverses sont passibles de décomposition ou dédoublement, et de transformations des unes dans les autres, mais non de création et d'anéantissement absolus.

La *matière*, telle que les études des physiciens et des

chimistes nous la font connaître, ne peut être ni créée, ni anéantie. Elle n'est pas une, c'est-à-dire semblable dans toutes ses parties, mais formée, au moins sur la Terre, par l'assemblage de soixante-cinq substances simples et indécomposables, les unes répandues partout, comme le fer, le carbone; les autres très-rares, comme le cæsium, le rubidium, découverts il y a quelques années. Ces substances sont appelées éléments ou corps simples. (Les quatre éléments des anciens ne représentaient que les trois états de la matière : la *Terre* solide, l'*Eau* liquide, l'*Air* gazeux, et l'agent qui leur fait subir ces différentes transformations, le *Feu.* Les anciens ne pouvaient certainement ignorer que la Terre renferme une foule de substances de nature très-variée.)

Ces éléments ne peuvent être transmutés les uns dans les autres par aucun moyen au pouvoir de l'homme, comme le témoignent les travaux des générations d'alchimistes qui se sont successivement usées à la recherche de la pierre philosophale. Qui, dans ses travaux rudes ou délicats, a jamais vu un caillou, un morceau de fer, être anéantis ou se transformer en or ou en diamant?

Les soixante-cinq éléments ou corps simples qui entrent dans la composition de la Terre sont, pour les trois quarts, des *métaux* proprement dits, tous solides, à l'exception du mercure, et pour l'autre quart des *métalloïdes* solides, liquides ou gazeux. Moins d'un tiers, dix-sept seulement, existent à l'état d'isolement; les autres sont toujours engagés dans des combinaisons, soit avec les premiers, soit entre eux; et il n'appartient qu'au chimiste de les faire apparaître dans leur isolement et leur pureté.

Mais toutes les combinaisons que l'esprit pourrait concevoir sont loin d'être réalisées sur la Terre, parce que beaucoup de corps simples, ou sont très-rares, ou possèdent peu d'affinité les uns pour les autres. Ainsi dans l'air, qui est principalement un mélange de deux gaz : l'un, l'oxygène, a une très-grande affinité pour les autres corps, se combine avec presque tous et se rencontre presque partout; tandis que l'autre, l'azote, en a pour quelques-uns seulement et n'entre que dans un petit nombre de combinaisons.

L'homme peut en outre réaliser dans le laboratoire du chimiste et aussi dans les ateliers industriels, un nombre extrêmement grand de combinaisons qui n'ont jamais été rencontrées dans la nature. Mais ces combinaisons *artificielles* ne dérogent en rien aux forces et aux lois naturelles.

Les combinaisons entre les éléments ont lieu non en quantités relatives, variables et arbitraires, mais en proportions simples, définies et constantes en poids ou en volume; 1 d'un corps, et 1/2, 1, 1 1/2, 2, 3, etc., d'un autre; il n'y a pas d'intermédiaires.

### § II. — Les trois règnes.

Les corps terrestres se divisent en deux grands embranchements. L'un renferme les *corps* dits *inorganisés* et qui sont formés sous l'empire des lois chimiques et physiques seulement. Ces corps naissent immédiatement du rapprochement et de la combinaison des éléments chimiques qui les constituent. Un grand nombre d'entre eux peuvent être reproduits artificiellement. Ainsi, que l'on mêle ensemble de la soude et de l'acide chlorhydrique, et que l'on fasse évaporer et cristalliser le mélange, on obtiendra des cristaux de sel marin semblables aux cristaux naturels. Ces corps sont dans un état complet de repos; leur accroissement se fait par la superposition de lames de matière semblable qui viennent se joindre au noyau primitif. Les formes sont géométriques (cube, prisme, etc.), toujours anguleuses. Les dimensions des individus appartenant à la même espèce sont extrêmement variables et sans limites. Ces corps possèdent dans toutes leurs parties une composition et une structure semblables, et en les brisant on trouve chaque fragment identique à l'ensemble, sauf la forme. Ces corps, laissés dans les circonstances qui ont présidé à leur formation, peuvent se conserver indéfiniment sans la moindre altération, soit de texture, soit de composition ; ce sont les *minéraux*.

L'autre embranchement comprend les *corps* dits *organisés*, formé de molécules agrégées sous l'influence d'une force particulière désignée sous le nom de *vie* et contrairement aux affinités chimiques. Chacun de ces corps ne peut se former que sous l'influence d'un autre corps vivant, semblable à lui, un parent duquel il reçoit une impulsion étrangère, le principe de vie nécessaire à son existence. Tous les efforts pour créer de toutes pièces des êtres organisés, même les plus simples, ont été jusqu'à présent infructueux. Les corps vivants sont tous le siége d'un mouvement intérieur et incessant de composition et de décomposition moléculaires, qui renouvelle constamment la matière qui les compose ; sans cesse ils s'assimilent des parties étrangères pour compenser la perte incessante de celles qui les constituent. C'est ce qui constitue la nutrition. C'est de cet échange continuel de molécules que résultent les changements de volume de l'être, sa diminution et son accroissement. Les êtres vivants ont des formes arrondies, symétriques, non anguleuses ; ils ont généralement pour chaque espèce (réunion des individus possédant les mêmes caractères) des dimensions moyennes qui ne varient guère dans l'état naturel, mais qui peuvent varier dans des conditions d'existence artificielles (chiens, plantes naines). Chaque partie d'un corps organisé a une structure qui lui est propre, a une destination spéciale pour le maintien de la vie dans l'être, et leur composition présente des différences. Privés de la vie seulement, sans que rien soit changé dans les circonstances où ils se trouvaient auparavant, ces corps rentrent immédiatement sous l'empire des lois chimiques et physiques. Ils changent de nature en se décomposant au bout d'un temps ordinairement assez court, surtout pour les animaux. Il se produit de nouvelles combinaisons stables qui passent alors dans le domaine des corps inorganisés. Comme les corps organisés ont une durée limitée et ne peuvent naître spontanément,

ils auraient bien vite disparu de la Terre s'ils ne possédaient une autre propriété conservatrice, si ce n'est de
l'individu, au moins de l'espèce, celle de pouvoir donner
naissance à d'autres êtres semblables à eux, destinés à
les continuer dans le temps et à les multiplier dans l'espace.

La composition chimique présente de grandes différences dans les deux embranchements. Un corps inorga-
nisé peut être formé par un seul corps simple ou bien par
la réunion de plusieurs corps quelconques. Chaque espèce
a une composition chimique particulière, à part quelques
rares exceptions. Les êtres organisés, au contraire, qui
sont nombreux, résultent de la combinaison de trois à
quatre seulement des corps simples, et leurs espèces se
différencient seulement par les formes que ces combinaisons affectent, soit extérieurement, soit dans leur organisation intérieure.

Les corps organisés se divisent en deux groupes, les
*animaux* et les *végétaux*. Lorsqu'on considère les êtres les
mieux organisés, les plus supérieurs dans chacun de ces
groupes, on aperçoit de suite des différences bien tranchées qui ne permettent pas de les confondre (chien et
rosier), indépendamment des formes si différentes : l'un
sent et se meut; l'autre, fixé en terre, est insensible. Et
en comparant les autres êtres à ces deux types, on en
aperçoit de suite des milliers qu'on range sans hésiter dans
chacun de ces deux groupes. Mais si on vient à examiner
des êtres doués d'une organisation moins compliquée, plus
inférieurs par conséquent, un simple examen superficiel
ne suffit pas. Les distinctions, si tranchées entre êtres supérieurs, s'effacent au fur et à mesure qu'on arrive à ceux
qui sont les plus simples. Il y a même certains corps que
l'on a considérés alternativement comme des concrétions
minérales, des madrépores ou des végétaux calcarifères,
qui ont semblé former un passage entre les deux grands
embranchements. Toutefois, si le doute existe pour quelques corps naturels, les trois grands groupes connus sous

les noms de règnes *minéral*, *végétal* et *animal*, n'en existent pas moins avec les caractères généraux distinctifs qui avaient déjà été définis ainsi par Linnée, il y a près d'un siècle et demi : Les minéraux croissent ; les végétaux croissent et vivent ; les animaux croissent, vivent et sentent.

### § III. — La Minéralogie.

**Définitions.** — La *Minéralogie* comprend l'étude des caractères généraux des minéraux et des lois qui les régissent, et celle de chacune des espèces minérales, au point de vue de ses propriétés et de son utilité. Elle exige des connaissances assez étendues en géométrie et en chimie, car ce qui constitue, ce qui caractérise une espèce minérale, c'est, d'une part, sa composition chimique ou la nature de ses éléments ; et de l'autre, sa forme cristalline ou géométrique.

Au point de vue pratique, elle apprend à connaître les différents minéraux employés tantôt directement, comme les pierres précieuses, l'or, le sel gemme, la houille, le marbre, les pierres à bâtir et à paver ; tantôt dans l'industrie, formant des matières premières pour l'extraction de produits utiles, comme les minerais de fer, de zinc, de cuivre, de plomb, les pierres à plâtre, à chaux, etc.

On donne le nom de *minéraux* ou d'*espèces minérales*, tant aux corps simples qu'aux combinaisons de tous les corps simples, 2 à 2, 3 à 3, 4 à 4, et quelquefois davantage, qui se rencontrent dans la nature.

Comme exemple de minéral que l'on rencontre très-fréquemment cristallisé, je puis montrer ici le quartz hyalin, ou *cristal de roche*, du Dauphiné. Les cristaux sont des prismes à six pans, terminés par une pyramide à six faces dont l'une d'elles a pris une très-grande extension aux dépens des cinq autres. Ils sont implantés obliquement, les uns par rapport aux autres, sur la paroi de la cavité dans laquelle a eu lieu leur formation.

Les minéraux, dans leur état le plus parfait, se présentent en cristaux, c'est-à-dire sous des formes géométriques toujours anguleuses :

Cube (sel, pyrite), octaèdre (fer oxydulé), prisme carré (idocrase), prisme hexagonal (quartz), prisme oblique (pyroxène).

C'est le *cristal* qui est le véritable individu dans le règne minéral. Un cristal est limité extérieurement par des

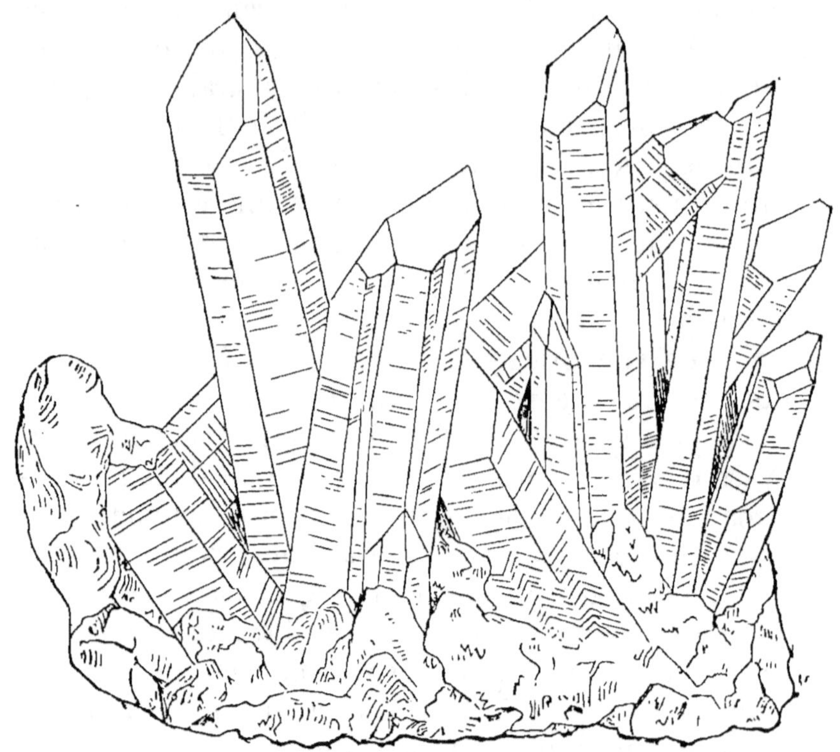

Fig. 1. — Quartz ou cristal de roche.

plans ou *faces*, dont les lignes de jonction forment des *arêtes* et des angles solides ayant une valeur constante, que l'on détermine à l'aide du *goniomètre*, et étant toujours en saillie et non rentrants dans les cristaux simples. Ces diverses parties du cristal sont ordonnées symétriquement par rapport soit à un point central, soit à une ligne appelée *axe* dans les cristaux allongés ; fréquemment les cristaux présentent intérieurement une disposition à se briser suivant des plans ordonnés régulièrement par rapport aux faces extérieures ou à l'axe intérieur. C'est le *clivage* que l'on produit très-facilement dans le calcaire spathique, mais qui fait complétement défaut dans le cristal de roche.

Un caractère constant et très-important est la *dureté*. On admet dix types, depuis le talc qui se laisse rayer par l'ongle, jusqu'au diamant qui est le corps le plus dur connu.

1. *Talc*; 2. *Gypse.* — *Très-tendres*, rayés par l'ongle;

3. *Calcaire*; 4. *Fluorine.* — *Tendres*, rayés facilement par l'acier;

5. *Apatite*; 6. *Orthose.* — *Demi-durs*, rayés difficilement par l'acier, ne faisant pas feu au briquet;

7. *Quartz*; 8. *Topaze.* — *Durs*, non rayés par l'acier, faisant feu au briquet;

9. *Corindon*; 10. *Diamant.* — *Très-durs*, rayés seulement par le diamant.

**Minéraux principaux.**—Les espèces suivantes doivent être décrites de préférence.

*Calcaire.* — Carbonate de chaux; tendre, trois clivages; donne de la chaux vive à la chaleur rouge, soluble dans les acides, avec une vive effervescence. Tantôt en cristaux et tantôt à l'état fibreux, laminaire ou spathique, grenu, donnant alors les véritables marbres dont les couleurs sont très-variées. Les marbres communs sont souvent des calcaires compactes, renfermant des parties cristallines dues à des corps organisés. Les calcaires compactes oolithiques et grossiers fournissent la pierre à bâtir de Paris, Bordeaux, etc., et aussi la pierre à chaux; le calcaire terreux est la *craie.*

*Gypse.* — Sulfate de chaux hydraté; très-tendre, rayé par l'ongle; un clivage, non flexible, souvent en cristaux dans les argiles; essentiellement cristallin, laminaire ou grenu, jamais compacte ou terreux; infusible; chauffé à 200°, il perd son eau, blanchit et donne le *plâtre*, si employé dans les constructions et comme stimulant en agriculture.

*Quartz.* — Silice ; dur, rayant le verre ; sans clivages ; infusible ; cette espèce, la plus abondante de l'écorce terrestre, varie peu dans ses formes cristallines, mais présente une foule de variétés de texture et de couleur qui ont été réparties en plusieurs sous-espèces que l'on peut cependant limiter ainsi : *quartz hyalin*, éclat vitreux, cristallisé ou cristallin, cristaux en prisme hexaèdre pyramidé, se trouvant dans toutes les roches et terrains d'origine ignée ou aqueuse ; quelquefois fibreux, grenu ou presque compacte, il forme des amas, des filons et de grandes assises sous le nom de *quartzite*. Le *sable* est du quartz hyalin pulvérulent, produit le plus souvent par desagrégation et trituration : agglutiné par un ciment siliceux, calcaire ou ferrugineux, il donne les *grès ;* s'il y a, en outre, des cailloux quartzeux ou siliceux, c'est le *poudingue*. — *Agate,* éclat mat ; compacte, translucide, en rognons à structure zonée, formés le plus souvent dans les cavités de roches volcaniques anciennes plus ou moins décomposées, comme dans le Palatinat. — *Silex*, éclat mat, compacte, peu translucide ; en rognons non zonés, blonds, gris ou noirs, dans les roches surtout calcaires des terrains secondaires et tertiaires. Employé comme pierre à fusil, à briquet, et par les sauvages pour fabriquer des armes diverses, flèches, couteaux, haches. Une variété cellulaire donne les pierres à meule de la Ferté-sous-Jouarre, de Houlbec, de Bergerac. — *Jaspe*, silex opaque renfermant jusqu'à un dixième de divers oxydes de fer, qui le colorent alors en vert, rouge ou jaune.

*Amphibole.* — Silicate de magnésie, chaux et fer ; demi-dur, en prismes avec deux clivages à angles aigu et obtus ; vert plus ou moins foncé, arrivant au noir ; fusible en émail vert ou noir ; en cristaux, laminaire, grenu ; forme l'*amphibolite* et entre dans la composition de diverses roches ignées.

*Pyroxène.* — Silicate de magnésie, chaux et fer ; demi-dur, en prismes avec deux clivages à angles presque droits ; vert souvent noir ; fusible en émail vert ou noir ; en cristaux, grenu et compacte; entre dans la composition des laves et autres roches ignées.

*Talc*. — Silicate de magnésie et fer hydraté; très-tendre; rayé par l'ongle; laminaire par suite d'un clivage facile onduleux; vert clair, terne, flexible et non élastique, infusible; diverses roches en grandes assises d'origine ignée.

*Mica*. — Silicate d'alumine, magnésie, fer et potasse fluoré; tendre, en lames hexagonales avec clivage facile droit, très-brillant, flexible et élastique; infusible; couleurs très-variées; disséminé en quantités plus ou moins grandes dans les roches primitives, et dans la plupart des roches ignées; se trouve très-souvent en petites parcelles ou paillettes dans les roches argileuses et sableuses de sédiment. Des lames de grande dimension servent à faire des carreaux de vitre en Russie surtout pour les navires. Les paillettes forment souvent une poudre à sécher l'écriture, surtout lorsqu'elles sont d'un jaune d'or.

*Feldspaths*. — Il y a plusieurs espèces. *Orthose*, silicate d'alumine et de potasse; demi-dur; deux clivages perpendiculaires; ordinairement rose; difficilement fusible en émail blanc; espèce des plus abondantes, en cristaux disséminés dans des roches stratifiées cristallines et dans les granites et porphyres; laminaire ou grenu, elle forme beaucoup de roches ignées anciennes. — *Albite*, la soude y remplace la potasse et les deux clivages sont obliques; ordinairement blanc; se rencontre surtout dans les diorites. — *Labradorite*, la chaux y remplace la potasse et les deux clivages sont obliques; ordinairement gris, se rencontre surtout dans les roches volcaniques.

*Kaolin*. — Silicate d'alumine hydraté; très-tendre, infusible, mais durcissant au feu; matière argileuse blanche ou diversement colorée et faisant pâte avec l'eau, provenant de la décomposition des divers feldspaths et les accompagnant partout; à l'état de pureté en Chine, en Saxe, à Saint-Yrieix près Limoges, à Louhossoa près Bayonne, à Plémet (Côtes-du-Nord), où il est exploité pour la fabrication de la pâte de la porcelaine. Le kaolin imparfait, renfermant encore de la potasse, forme la matière appelée *pétuntzé* qui donne la couverte ou vernis.

Parmi les minéraux ferrugineux qui jouent un rôle important se trouvent les espèces suivantes :

*Fer oxydulé.* — Oxyde de fer, magnétique; demi-dur, noirâtre, métallique, à poussière noire, en cristaux octaédriques, grenu ou compacte; donne un excellent minerai de fer en Suède.

*Fer oligiste.* — Peroxyde de fer non magnétique, demi-dur, métallique, noirâtre ou compacte, brun rougeâtre, à poussière rouge, constitue un bon minerai de fer dans l'Ardèche, l'île d'Elbe, la Suède.

*Limonite.* — Peroxyde de fer hydraté, tendre, brun ou jaune, à poussière jaune; chauffé, il donne de l'eau et devient rouge : minerai de qualité plus ou moins bonne, très-abondant en France.

*Pyrite.* — Sulfure de fer; dur, métallique, jaune, verdâtre; en cristaux cubiques sans clivages, en boules fibro-rayonnées, à l'état grenu ou compacte; brûle avec une odeur sulfureuse, en donnant de l'oligiste rouge; fréquent dans les roches surtout argileuses, et souvent pris pour de l'or, dont il se distingue facilement par sa fragilité sous le choc du marteau.

*Combustibles fossiles.* — Les végétaux qui ont vécu pendant les diverses périodes de l'existence de la Terre ont fourni des débris qui ont été enfouis dans les argiles et les sables, au fur et à mesure que ceux-ci se sont déposés. C'est ainsi qu'ont été produits les gîtes que le sol renferme dans presque toutes les contrées du globe, et dont la nature s'éloigne d'autant plus de celle des végétaux qu'ils appartiennent à des époques plus anciennes. — Le premier degré, c'est la *tourbe* qui se forme encore dans les marais et où les végétaux n'ont subi qu'une légère altération : elle est spongieuse et on y reconnaît facilement leur texture; elle brûle facilement avec flamme et fumée en donnant une odeur fétide, de l'acide acétique et un charbon très-léger qui ne s'éteint pas. — Le second degré, c'est le *lignite* qui est compacte, brun ou noir, brûle facilement avec flamme et fumée, en donnant une odeur bitumineuse, de l'acide acétique et une sorte de braise qui ne s'éteint pas. — Le troisième degré, c'est la *houille* qui est noire, compacte, fusible en se boursouflant ; elle brûle avec flamme, fumée et odeur bitumineuse, en donnant un charbon spongieux appelé *coke* qui isolément s'éteint de suite.—Le quatrième degré, c'est l'*anthracite* qui est noire ou gris foncé, compacte, infusible, brûle sans flamme ni fumée, le temps ayant converti la matière végétale en une sorte de charbon très-compacte.

§ IV. — La Géologie.

**Définitions.** — La science nommée géologie a pour but de faire connaître celles des propriétés de la Terre que l'inaccessibilité des autres astres ne permet pas d'y étudier. Elle s'occupe de la configuration détaillée de sa surface, de la description des matériaux qui la composent, de celle des phénomènes qui s'y passent de nos jours, qui s'y sont passés depuis le commencement de son existence et de ceux mêmes qui semblent devoir s'y passer dans les siècles futurs. Elle exige des connaissances assez étendues en minéralogie et en paléontologie.

Au point de vue pratique, elle fournit les indications qui peuvent seules conduire soit à des recherches certaines et fructueuses des richesses minérales contenues dans le sein de la Terre, soit à leur extraction et à leur aménagement. Par richesses minérales, il faut entendre, non pas seulement les matières précieuses, mais tous les minéraux utiles, tels que les minerais métalliques, les pierres à bâtir, les argiles à poteries et briques, les matériaux servant à la construction et à l'entretien des routes, les marnes employées par l'agriculteur pour l'amendement des terres, etc. Si la géologie ne conduit pas toujours à la découverte des gîtes, elle préserve du moins de toute fausse direction et apprend à donner aux indices, aux apparences extérieures leur valeur réelle. Elle donne aussi les moyens de prévoir à l'avance quels seront les matériaux rencontrés dans les tranchées ou souterrains destinés au passage des canaux ou des chemins de fer, aux travaux de fortification des places de guerre; elle permet ainsi d'établir des devis de travaux présentant un degré d'exactitude qu'ils ne pourraient avoir autrement. La géologie donne encore des notions souvent très-précises sur les chances de réussite des projets de puits artésiens et sur la profondeur à laquelle il est nécessaire de pousser les forages, pour rencontrer les nappes d'eau ascendantes.

On entend par *roches* tout minéral ou tout mélange de minéraux à l'état solide (rocher) ou meuble (sable) qui se trouve dans l'écorce terrestre en masses assez considérables, pour qu'on puisse les regarder comme parties composantes de cette écorce et les prendre en considération dans son étude générale.

Le nombre des *roches* pourrait être fort grand si chacune des vingt-cinq espèces minérales principales était également abondante dans l'écorce terrestre, si elle formait une roche simple à elle seule et si elle s'unissait avec toutes ou beaucoup d'autres, soit deux à deux, soit trois à trois, soit en plus grand nombre.

Heureusement pour le géologue, il n'en est pas ainsi, car il y a des minéraux qui ne se trouvent jamais ensemble, soit parce que leur composition ne leur permet pas d'exister simultanément, soit parce qu'ils se trouvent dans des conditions de gisements différentes. Enfin, il est rare que, dans la composition d'une roche, il entre plus de trois espèces minérales. Lorsqu'il y en a davantage, l'une d'elles n'y est qu'en petite quantité et n'est qu'un accident qui contribue seulement à établir des variétés dans l'espèce.

Les minéraux et les roches se trouvent en *roche*, en *filons*, en *veines*, en *amas* ou en *cristaux isolés*.

Les matières minérales en *roches* sont celles qui se présentent en grandes masses dans le sol : ainsi, il arrive assez souvent qu'en examinant une carrière on la trouve ouverte dans une seule espèce. La masse peut alors présenter deux aspects différents : tantôt on n'y observe pas de *fissures* ou de *joints*, ou bien, s'il y en a, leur disposition est très-irrégulière. Le minéral est dit alors *massif* ou *non stratifié :* tantôt, au contraire, la masse présente dans un certain sens une série de fissures ou de joints sensiblement parallèles. Le minéral est dit alors *stratifié.* La *stratification*, ou cet état particulier, peut être horizontale, verticale ou diversement inclinée.

Les *filons* sont des masses minérales qui ont une grande longueur sur une épaisseur peu considérable : ils se trouvent au milieu des masses non stratifiées ou stratifiées. — Ils sont plus ou moins métallifères. Les *Dykes* sont pierreux. Les *veines* ne sont que des petits filons dont on voit ordinairement les extrémités.

La figure ci-contre montre une roche stratifiée et inclinée, qui a été traversée d'abord par deux filons visibles à la surface du sol, et ensuite par un troisième qui coupe le premier à angle droit et n'apparaît pas à la surface du sol.

Sous le rapport de l'*origine*, on nomme *plutoniennes* ou *pyrogènes* les roches qui ont été produites dans un état de fluidité ignée ; et *neptuniennes* ou *de sédiment* celles qui ont été déposées par les eaux. On nomme quelquefois aussi *pyro-neptuniennes* des matières d'origine ignée remaniées par les eaux, et *pluto-neptuniennes* des roches de sédiment modifiées par l'action de la chaleur, souvent au contact des roches ignées, comme le calcaire crayeux d'Irlande transformé en marbre par les basaltes.

La partie de la terre qui nous est accessible est loin d'avoir été produite par les mêmes causes et formée pendant une courte et unique période. Les recherches des géologues ont établi qu'une portion des matériaux qui la constituent est le résultat de la consolidation de matières antérieurement à l'état de fluidité ignée, tandis que l'autre portion est le résultat du dépôt de matières tenues en dissolution, en suspension dans les eaux ou transportées par elles

dans leur lit. De là deux grandes catégories de matériaux :
les uns, d'origine ignée, le plus souvent massifs, appelés
*roches plutoniennes ;* les autres d'origine aqueuse stratifiés, dits *terrains neptuniens.* Ces deux catégories sont
contemporaines l'une de l'autre, et dans chacune d'elles

Fig. 2. — Roche stratifiée avec filons.

les grandes subdivisions chronologiques suivantes ont été
établies :

|  TERRAINS STRATIFIÉS. | ROCHES MASSIVES. |
| --- | --- |
| Terrains d'alluvion............ | } Roches volcaniques. |
| Terrains tertiaires............. | |
| Terrains secondaires........... | Diorites et serpentines. |
| Terrains de transition.......... | Roches porphyriques. |
| Terrains primitifs.............. | Roches granitiques. |

Certaines espèces minérales comme le quartz, la pyrite se trouvent de part et d'autre. Un grand nombre comme le feldspath, le mica, le talc, l'amphibole, le pyroxène, appartiennent exclusivement aux roches d'origine ignée. Il est aussi quelques espèces comme la limonite, qui ne se rencontrent que dans les terrains neptuniens.

**Roches principales.** — En outre de celles qui sont formées par une seule espèce minérale, et dont il a été ci-dessus question, les suivantes doivent être indiquées.

*Talschiste.* — Talc mélangé de quartz; schistoïde ou compacte; vert ou gris rougeâtre par décomposition, renfermant souvent du quartz ou des cristaux de divers minéraux, en grandes assises formant les assises supérieures du terrain primitif. Plateau central, Bretagne, Vosges, Alpes, Pyrénées.

*Micaschiste.* — Mélange de mica et de quartz; laminaire ou grenu schistoïde; gris ou noirâtre, avec cristaux de divers minéraux; forme les parties moyennes du terrain primitif. Limousin, Pyrénées, Alpes, Vosges.

*Gneiss.* — Mélange de feldspath orthose, de mica et de quartz; laminaire ou grenu schistoïde; rougeâtre, gris ou noirâtre; forme les parties inférieures du terrain primitif. Limousin, Lyonnais, Vosges.

*Granite.* — Mélange de feldspath orthose, de quartz et de mica; laminaire ou grenu; massif, rougeâtre, gris ou noirâtre, forme surtout les roches plutoniennes massives du terrain primitif. Limousin, Pyrénées, Bretagne. Employé surtout pour les bordures et le dallage des trottoirs dans les grandes villes; celui de Laber en Bretagne a fourni le soubassement de l'obélisque de Louqsor à Paris.

*Porphyre.* — Feldspath orthose ou albite compacte, avec cristaux de ces feldspaths et aussi de quartz et de mica; massif, rouge, vert, gris ou noirâtre; forme surtout les roches ignées des terrains de transition. Vosges, Roanne, Var.

*Trachyte.* — Feldspath compacte ou grenu poreux, rude

au toucher, avec cristaux; massif, gris, blanchâtre ou rougeâtre, formant un des éléments principaux des coulées volcaniques tertiaires. Auvergne, Guadeloupe, Martinique.

*Diorite.* — Mélange d'amphibole vert noirâtre et de feldspath labrador; laminaire ou grenu, en assises dans le terrain primitif; et massif, formant une des principales roches ignées secondaires.

*Basalte.* — Mélange de feldspath labrador et de pyroxène, avec fer oxydulé, formant une pâte compacte, noire, légèrement magnétique et renfermant des cristaux des mêmes minéraux; en coulées, souvent divisées en prismes par suite du retrait pendant le refroidissement. Une des principales roches volcaniques. Auvergne, Etna, Ile de la Réunion. Il prend le nom de *lave* lorsqu'il est rempli de cavités, et celui de *scorie* lorsqu'il est en outre plus ou moins vitreux.

**Argile.** — Silicate d'alumine hydraté variable ; matière blanche ou diversement colorée, faisant pâte avec l'eau provenant le plus souvent de la décomposition des divers feldspaths; mais délayée par l'eau et déposée sous forme d'amas ou de couches renfermant diverses matières étrangères, sable, mica, oxydes de fer et des corps organisés fossiles. Employée, suivant le degré de pureté, dans les poteries et les tuileries.

*Marne.* — Mélange d'argile et de calcaire, en proportions très-variables, faisant effervescence avec les acides; en couches dans les terrains secondaires et tertiaires ; employée à l'amendement des terres arables, surtout sableuses.

*Schiste.* — Argile endurcie irrégulièrement feuilletée; grise ou noire, demi-dure, ne se délayant pas dans l'eau; en assises considérables dans les terrains de transition et surtout dans les terrains anciens. Les plus anciens, souvent satinés et à feuillets droits minces, donnent l'*ardoise*.

---

# CHAPITRE II.

## FORMATION DES ALLUVIONS.

### § I. — Pluies.

**Alluvions.** — Au moment d'une pluie abondante, tombant sur un sol uni et légèrement incliné, formé soit de matières pulvérulentes ou simplement concassées, comme les allées sablées d'un jardin ou une grande route macadamisée, soit de roches tendres, telles que la craie, la marne ou l'argile, il est facile d'observer en petit des effets semblables à ceux qui se produisent sur une échelle parfois énorme dans les plus grands cours d'eau du globe. Le sol est dégradé, raviné, et les matériaux détachés sont entraînés d'autant moins loin que leur volume est plus considérable; la plupart s'arrêtent dès que le sol devient presque horizontal; les sables fins continuent quelque temps encore et l'eau finit par ne plus garder que les matières argileuses ou la *vase*, qui ne se déposent que très-lentement et qui la troublent pendant longtemps. Si les eaux se rendent dans le fossé d'une route, ou dans une mare, on voit les sables s'accumuler au débouché de chaque filet d'eau, en formant un dépôt très-limité, qui grandit graduellement, à surface demi-conique, dont le sommet est au point de déversement du sable. Quant aux eaux troubles, elles se répandent beaucoup plus loin et vont faire des dépôts vaseux souvent dans toute l'étendue du fossé ou de la mare. Les feuilles, les brins de paille,

les petits morceaux de bois, les insectes morts, les coquilles d'escargots, les petits os qui peuvent se trouver à
la surface du sol sont souvent entraînés par ces filets d'eau
et enfouis successivement, soit dans les sables, soit dans
les dépôts vaseux qui se forment plus loin, souvent dans
l'étendue entière de la mare.

Telle est l'origine d'un petit lit ou couche; le même
effet répété vingt fois, cinquante fois dans le cours d'une
année, donne naissance à une succession de petits lits qui
parfois peuvent être distingués, soit par la nature ou la
grosseur des grains, soit par leur couleur. Ces mêmes
phénomènes, répétés pendant des siècles, formeraient des
assises considérables renfermant les restes des végétaux
et des animaux qui vivaient au moment du dépôt.

Si au lieu de se déposer dans les mares, les matières
étaient amenées sur le bord de la mer, les dépôts con-
tiendraient aussi des restes des êtres qui vivent dans l'eau
salée (lesquels sont différents de ceux qui vivent dans
l'eau douce ou à la surface du sol). Il pourrait même arriver que les dépôts ne renfermeraient que des restes d'ê-
tres marins, si les filets d'eau n'apportaient du sol aucun
reste d'être vivant.

Les roches sédimentaires, qui forment une grande partie de la surface de l'Europe et des autres parties du
monde, et qui renferment tant de restes de végétaux et
d'animaux *fossiles*, sont en partie dues à des phénomènes
analogues qui se sont produits sur une vaste échelle et
pendant un laps immense de temps.

**Éboulements**. — La pluie, en détrempant les couches
argileuses qui alternent avec les roches dures, facilite les
éboulements, qui ont lieu plus fréquemment dans les
pays de montagnes, où les couches sont généralement inclinées, et où elles présentent de nombreuses fentes produites lors de leur bouleversement.

« L'année 1806, dit M. L. Figuier, fut marquée par la
terrible catastrophe de Goldau. Au centre de la Suisse,
dans le canton de Schwitz, sont situés un lac du même

nom et un autre lac plus petit, celui de Lowerz. Entre
leurs rives s'étend la belle vallée de Goldau. D'un côté,
le Righi s'élance à 1400 mètres de hauteur; de l'autre
côté, à 1100 mètres, le mont Ruffi ou Rosenberg. Ce sont
des montagnes composées de couches de cailloux pétris
d'une sorte de grès ou de marne à grains fins. Le 2 septembre, une partie de ces masses conglomérées se détacha

Fig. 3. — Vallée de Goldau avant l'éboulement.

du mont Ruffi. Dans la matinée, les habitants de Goldau
entendirent un craquement terrible. A cinq heures du
soir, les couches qui s'étendaient entre le Spitzbuel et le
Steinbergerfluc se détachèrent de la montagne et se pré-
cipitèrent, avec le bruit du tonnerre, dans la vallée, d'où
leurs décombres remontèrent en bondissant le long de la

base du Righi. Ces couches avaient une longueur de près
de 4 kilomètres, 30 mètres de haut et plus de 300 mètres
de large. En cinq minutes, les vallées de Goldau et de
Busingen furent couvertes d'un amas de roches de 30 à
70 mètres de hauteur. Les villages de Goldau, Busingen,
Lowerz, Ober-Rother et Unter-Rother furent complète-
ment ensevelis sous les débris de la montagne. Une par-

Fig. 4. — Vallée de Goldau après l'éboulement.

tie du lac de Lowerz fut comblée; ses eaux s'élevèrent à
plus de 20 mètres et allèrent dévaster tout le pays d'alen-
tour jusqu'à Seewen. Deux églises, cent onze maisons,
deux cent vingt granges et étables furent écrasées avec
484 habitants sous les gigantesques décombres. Un petit
nombre seulement échappa au désastre : ceux que le ha-

sard avait, à ce moment, éloignés de leurs demeures ; mais ils perdirent tout ce qu'ils possédaient au monde. Le dommage a été évalué à deux millions et demi. — Au milieu de la solitude pierreuse, toute couverte d'herbe et de mousse, où furent jadis de florissants villages, et que traverse maintenant la grande route d'Arth à Schwitz, on a érigé une chapelle destinée à rappeler le souvenir de cet événement funeste. »

### § II. — Torrents, rivières et fleuves, deltas.

Le débit ordinaire et journalier des sources, la fusion des glaciers des montagnes, la fonte des neiges, les fortes pluies, donnent naissance à des courants d'eau, tantôt constants et tantôt accidentels, qui, d'après l'inclinaison plus ou moins forte de leur fond et leur volume, constituent les torrents, les ruisseaux, les rivières et les fleuves.

**Torrents.** — Parties supérieures des cours d'eau et cours d'eau eux-mêmes qui ont une assez grande rapidité par suite de l'inclinaison du sol sur lequel ils coulent. Ils sont très-fréquents, surtout dans les pays de montagnes. Les torrents ont le plus souvent une action destructive sur leurs rives, surtout quand celles-ci sont formées de roches peu dures ; ils transportent des sables, des graviers, et ils entraînent des quartiers de roches dont la grosseur est proportionnée à la rapidité et au volume du courant. Ces derniers, pendant leur transport, se frottent les uns contre les autres, s'usent, prennent des formes arrondies et deviennent les matériaux qui constituent les conglomérats appelés poudingues. Les parties fines donnent soit les grès et les sables, soit les roches argileuses. Tous ces matériaux continuent à être transportés et atténués de plus en plus, jusqu'au moment où ils sont amenés, soit dans des lacs, soit dans des mers, où ils peuvent se déposer. Quand un torrent diminue beaucoup de vitesse par suite d'un grand adoucissement de la pente de son fond, ce qui

arrive, en général, au débouché des torrents dans les
plaines, alors les matériaux assez fins continuent seuls à
être transportés; les plus grossiers forment des dépôts,

Fig. 5. — Cascade de Gavarnie (Hautes-Pyrénées).

des atterrissements qui exhaussent les dernières parties
du lit de ces torrents et le sol des plaines où ils arrivent.
C'est ce que l'on peut parfaitement voir dans les grandes

vallées des Alpes, qui offrent des accumulations de matériaux caillouteux plus ou moins grossiers en forme de
demi-cône adossé au flanc de la vallée, et dont le sommet
est au débouché du torrent.

Les dénivellements subits et considérables du lit des
torrents occasionnent les *cascades* si fréquentes dans les
montagnes ; parmi les plus célèbres sont : celle du Stau-
bach, de l'Oberland dans les Alpes bernoises, qui a 330
mètres de hauteur, et dont les eaux arrivent au bas en
grande partie à l'état de pluie. Celles de Gavarnie, au-dessus de Luz dans les Hautes-Pyrénées, varient suivant les
saisons et la quantité des neiges ; mais il en est deux qui
ne tarissent jamais ; l'une d'elles a 422 mètres de haut,
elle glisse le long du rocher ; en été, elle est rompue aux
deux tiers par une saillie du rocher, et quand on arrive
au-dessous d'elle, on n'en voit plus que la partie inférieure, haute de 130 mètres environ.

**Rivières et fleuves.** — Ces cours d'eau diffèrent des
torrents en ce que la masse d'eau transportée est plus
considérable, et en ce qu'elle est animée d'une moins
grande vitesse, par suite de la moindre inclinaison du fond.
Il en résulte que les matériaux transportés sont à grains
fins en général. C'est seulement dans les grandes crues
que les fleuves peuvent faire avancer les cailloux qui sont
sur leur fond ; la plupart du temps ils ne transportent que
des troubles formés par des argiles délayées ou bien par
des sables fins tenus en suspension ou roulés sur le fond.
Lorsque la vitesse du cours d'eau se ralentit par suite
d'une moins grande pente du sol, une partie des sédiments se déposent, ainsi que cela arrive le plus souvent
dans le voisinage de l'embouchure ; il se forme alors des
bancs de sable ou de vase argileuse qui encombrent le lit
du fleuve ; ces bancs sont généralement formés de couches
moins régulières, qui renferment les débris de tous les
êtres fluviatiles à parties dures, susceptibles de se conserver, qui vivent dans le fleuve lui-même et tous ses af-
fluents, ainsi que des êtres terrestres, qui habitent dans

le voisinage des bords ou bien sur les parties du sol qui
sont lavées, balayées par les pluies torrentielles, ou bien
encore qui peuvent être jetés par les vents dans le lit du
fleuve, ainsi que cela peut avoir lieu notamment pour les
végétaux.

Les fleuves, notamment dans les grandes crues, alors
que leur rapidité est la plus grande, dégradent aussi leur
lit et en transportent les matériaux les plus fins dans les

Fig. 6. — Cataracte du Rhin, près Schaffouse (Suisse).

endroits où le courant est moins rapide ou bien vers leur
embouchure.

Lorsqu'un cours d'eau franchit plus ou moins brusquement une différence de niveau un peu considérable, on
donne à ses chutes les noms de *sauts*, de *cataractes* et de
*rapides*. Celui de sauts annonce une chute unique; celui
de cataractes indique ordinairement que le fleuve éprouve

plusieurs chutes consécutives. Le nom de rapides s'emploie lorsque la chute n'est pas très-forte, mais suffit pour intercepter la navigation ou du moins pour la rendre dangereuse.

L'une des cataractes les plus célèbres en Europe est celle que forme le Rhin, près de Schaffouse. Immédiatement en aval du pont de cette ville, son cours est troublé par une multitude d'écueils qui se succèdent jusqu'à Lauffen, où les eaux se précipitent de 16 à 20 mètres sur une largeur de 100 mètres.

**Deltas.** — « Les débris que les fleuves, dit M. L. Figuier, détachent des terrains qu'ils traversent, sont entraînés dans les plaines, là où commence leur cours inférieur. On reconnaît ce dernier point à ce que la pente devient de moins en moins sensible. Le fleuve Sénégal n'a plus, à son embouchure, que 3 millimètres de pente par kilomètre. Il en résulte que le mouvement des eaux d'un fleuve se ralentit à mesure qu'il se rapproche de l'Océan ; ces eaux abandonnent alors le sable et les fanges qu'elles charrient, leur lit s'exhausse, et c'est ainsi que se produisent les *atterrissements*, les *deltas*, les *barres de sable*, etc.

« Les dépôts qui se forment à l'embouchure des fleuves donnent quelquefois naissance à de vastes contrées, qui augmentent l'étendue des continents. Le sol de la Hollande a été formé, en partie, par les dépôts du Rhin, de l'Escaut et de la Meuse. Ces mêmes fleuves laissent encore déposer tous les jours, pendant les calmes qui accompagnent la marée montante, des sédiments terreux considérables, qui exhaussent peu à peu leurs rivages. En les protégeant par des digues contre les marées, les habitants assurent la conservation des terres nouvelles qui se forment ainsi. Ces terres sont d'une grande fertilité : on leur donne, en Hollande, le nom de *polders*.

« Les atterrissements riverains finissent par séparer, par diviser les eaux au sein desquelles ils ont pris naissance, et la terre prend, entre les deux courants, une forme triangulaire; de là le nom de *delta* ($\Delta$), qu'on donne áux terrains ainsi divisés. Le plus célèbre est le *delta du Nil*, qui s'accroît encore tous les jours. Toute la vallée du Nil s'exhausse de 9 centimètres par siècle, ainsi qu'on a pu le constater par l'enfoncement progressif des monuments. Les forages exécutés par M. Horner, sous la statue de Rhamsès, à Memphis, ont montré que le sédiment du Nil a 9 mètres d'épaisseur sous les fondations du monument, qui, elles-mêmes, sont à 3 mètres au-dessous de la surface actuelle du sol. Il semble résulter de là que le Nil aurait commencé d'inonder l'Égypte 10 000 ans avant l'ère de Rhamsès, c'est-à-dire il y a 13 500 ans. On a découvert, à une profondeur de près de 12 mètres, un tesson de poterie. Faudra-t-il conclure de cette trouvaille que l'existence de l'homme remonte à plus de 140 siècles?

« Le *delta du Rhône*, en France, est bien connu. C'est là qu'existent ces plaines entrecoupées de marais, ici fertiles par suite de l'abondant dépôt limoneux du fleuve, là submergées par les eaux stagnantes, et bonnes seulement, comme aux environs d'Aigues-Mortes, à produire des roseaux de marais. »

Des dépôts analogues se forment au débouché des cours d'eau dans les lacs d'eau douce, comme ceux de la Suisse, de l'Italie septentrionale, de l'Amérique du Nord, etc.

§ III. — Marais, lacs, mers intérieures.

**Marais et tourbières.** — Ce sont des amas d'eau stagnante, susceptibles de se dessécher, au moins en partie, dans les saisons sèches, et qui sont alimentés soit par des sources, soit par des rivières, lorsqu'ils sont placés sur les bords de celles-ci, comme ceux de la vallée de la Somme et ceux du Bec-d'Ambez sur la Garonne. Les marais sont habités par un grand nombre de végétaux tant terrestres qu'aquatiques qui vivent entièrement submergés dans les eaux. Certaines espèces de mousses, telles que les sphagnum, y abondent. Ces végétaux meurent successivement et les débris qui restent sur place donnent les accumulations de matière végétale altérée, désignée sous le nom de tourbe. Fréquemment on y trouve des grands arbres qui sont enfouis plus ou moins profondément dans la masse, et qui se font remarquer surtout dans la partie inférieure, où ils sont amassés sur les sables et les argiles qui en forment le fond. Quelquefois ces arbres paraissent être debout, mais le plus souvent ils semblent avoir été brisés sur place et renversés auprès de leurs racines qu'on trouve encore fixées au fond de la tourbière. Dans certains cas, ils sont extrêmement nombreux et semblent indiquer des forêts entières qui auraient été englouties dans le lieu même où elles croissaient, avant la formation de la tourbe. Toutes ces plantes se rapportent à la végétation actuelle : ce sont des arbres résineux, des chênes, des bouleaux, quelquefois des frênes, des ormes, etc. Les premiers sont, en général, les mieux conservés ; ils ont surtout gardé toute leur solidité et sont seulement noircis ; les autres, au contraire, sont en quelque sorte réduits en terreau qui tombe en poussière par le desséchement. Il se trouve souvent aussi des débris de mammifères dans les tourbières, et ils appartiennent généralement encore à des animaux de l'époque actuelle ; ce sont des ossements de bœufs, des bois de cerfs et de chevreuils, des défenses de sangliers, etc.

La production de la tourbe exige toutefois que le climat du pays soit humide et un peu froid, car une trop grande chaleur activerait trop la destruction des végétaux, et il resterait peu de résidus. C'est pour cela que dans le midi de la France les tourbières sont rares, tandis que dans le Nord elles sont très-nombreuses et très-étendues. Des vallées entières, comme celles de la Somme, en renferment sur la plus grande partie de leur longueur. Lorsque, dans la saison des pluies, les tourbières sont recouvertes par des eaux contenant une grande quantité de sédiments sablonneux et argileux, il se produit alors des couches de sable et d'argile qui recouvrent les tourbes ; au bout d'un certain nombre d'années, on trouve des alternances de tourbe et de couches terreuses qui présentent alors une grande analogie avec ce qu'on observe dans les dépôts de lignite et même de houille qui existent dans les divers terrains ; il n'y a nul doute qu'une partie de ces dépôts ne doive même son origine à des dépôts formés de la même manière.

Enfin, dans les marais, il se forme aussi des tufs calcaires, lorsque des sources chargées de carbonate de chaux y déversent leurs eaux.

Les marais placés dans le voisinage de la mer nourrissent des êtres organisés marins, comme on doit s'y attendre ; il s'y forme également des tourbes comme sur les côtes du Finistère et des îles Britanniques.

**Lacs d'eau douce.** — Tantôt ils se trouvent sur le trajet des fleuves, comme ceux qui entourent la chaîne des Alpes, tant en Suisse qu'en Lombardie, comme ceux de l'Amérique du Nord ; tantôt ils sont à la terminaison de ceux-ci, comme le lac Tchad dans l'intérieur de l'Afrique, et plusieurs qui se trouvent dans l'Asie. Dans les deux cas, tous les matériaux charriés par les cours d'eau sont déposés sur le fond de ces amas d'eau, et lorsque, dans le premier cas, le fleuve continue son cours, les eaux à la sortie du lac sont complétement claires. Le Rhône, par exemple, à son entrée dans le lac de Genève, est presque toujours fort trouble, tandis qu'à sa sortie il est d'une limpidité extrême qui étonne toujours. Les dépôts, comme on doit s'y attendre, sont beaucoup plus abondants près de l'embouchure des cours d'eau, les matériaux y sont aussi plus grossiers ; ils sont, en général, sableux. Loin de l'embouchure, ils sont, au contraire, moins abondants et formés plutôt par de l'argile qui reste plus longtemps en suspension dans l'eau. Les couches présentent par suite de légères inclinaisons, de quelques degrés par exemple. Lorsque des eaux calcaires se déversent dans les lacs, il se fait de véritables travertins, et même des calcaires compactes formés par précipitation chimique, comme en Écosse, en Hongrie, etc. Tous ces dépôts, comme on doit s'y attendre, ne présentent que des corps organisés, terrestres ou vivant dans les eaux douces.

Les dépôts terrestres sont faits et situés à diverses hauteurs, sans avoir subi d'exhaussement, et il a pu nécessairement en être ainsi pendant les anciennes périodes géologiques.

**Lacs salés et mers intérieures.** — Les phénomènes qui s'y passent sont absolument semblables à ceux des amas d'eau douce : seulement, lorsque la salure est analogue à celle de l'Océan ou plus faible, comme dans la mer Caspienne, il y a un grand nombre d'êtres organisés marins, tandis qu'il y en a fort peu lorsqu'elle est extrême, comme pour les autres bassins asiatiques. Les roches calcaires, qui se déposent, ne possèdent nullement le faciès lacustre, mais sont des calcaires grossiers formés surtout par les débris des coquilles marines.

On peut donc trouver des dépôts marins à des niveaux très-différents et sans qu'ils aient éprouvé le moindre dérangement, pourvu qu'ils aient été formés dans des bassins isolés.

§ IV. — Océans et golfes.

**Océans.** — Leurs eaux sont claires et limpides, excepté près des côtes où l'agitation des vagues détache sans cesse des particules terreuses et les entraîne jusqu'à une certaine distance. Dans le voisinage de l'embouchure des fleuves aussi, les mers présentent souvent des teintes diverses dues aux matières apportées par ces cours d'eau et qui sont transportées au loin par les courants marins. Ainsi la mer à l'embouchure de la Gironde est souvent jaune, et cette teinte se répand assez loin le long de la côte vers le sud. La rivière des Amazones trouble souvent le cours de l'Atlantique, dans certaines directions, jusqu'à 800 kilomètres de l'embouchure.

La mer Jaune, en Chine, a reçu son nom de la coloration due à des causes semblables. Quant à la mer Rouge, c'est à la grande quantité de polypiers et animaux rouges qui peuplent son fond qu'elle doit sa dénomination.

Dans les endroits où l'eau de la mer est le plus limpide, il paraît que la lumière ne pénètre cependant pas à une grande profondeur. Une obscurité presque complète paraît déjà régner à une centaine de mètres, et il est assez probable qu'il ne vit plus qu'un très-petit nombre d'espèces, soit animales, soit végétales, au-dessous de ce niveau.

L'eau de mer a une densité un peu supérieure à celle de l'eau ordinaire, par suite des matières salines qu'elle tient en dissolution. Comme la proportion de ces matières, ou le degré de salure de la mer, présente peu de différences dans les divers océans, la densité varie fort peu aussi.

Toutefois dans les mers polaires, la congélation de l'eau qui produit de la glace pourrait bien augmenter momentanément en hiver la salure; mais les différences de densité occasionnent des courants qui rétablissent l'équilibre. Mais lorsqu'en été les glaces viennent à fondre, l'eau douce, plus légère, se maintient à la surface et y diminue notablement la salure et la densité.

On peut conclure de la quantité de sel marin contenu dans un litre d'eau de l'Océan que la quantité existant dans toutes les mers formerait, si on la supposait étalée sur le globe, une couche de plus de 10 mètres de hauteur.

**Golfes.** — Dans ceux qui ne communiquent que par des ouvertures étroites ou même larges avec l'Océan, la densité et le degré de salure sont tantôt plus grands, tantôt plus petits. Si le golfe reçoit de grands fleuves et que l'évaporation ne suffise pas pour rétablir l'équilibre, alors il y a un écoulement continuel du trop-plein dans l'Océan; et comme les eaux marines sont remplacées par des eaux douces, la densité et le degré salin diminuent. C'est le phénomène qui se passe dans la mer Jaune de Chine, la mer Blanche; la mer d'Azow et la mer Noire, le canal de

Constantinople donnant passage à un courant assez rapide qui se porte sur la Méditerranée.

Le contraire a lieu pour la Méditerranée : les fleuves qui s'y rendent n'apportant pas une quantité d'eau égale à celle qui est perdue par l'évaporation, il y a alors au détroit de Gibraltar un courant qui apporte continuellement des eaux salées de l'Océan dans cette mer. Aussi la salure et la densité de cette mer sont-elles un peu supérieures à celles de l'océan Atlantique.

Les analyses montrent plus directement les grandes variations qui existent dans la quantité absolue et même dans la proportion relative des différents sels. Je donne comparativement les analyses d'un litre ou kilogramme des eaux de plusieurs de ces mers se déversant les unes dans les autres, et de la Manche à quelques lieues du Havre.

|  | AZOW. | M. NOIRE. | MÉDITER. | MANCHE. |
| --- | --- | --- | --- | --- |
| Total des matières salines. | 11$^{gr}$,880 | 17$^{gr}$,666 | 43$^{gr}$,735 | 32$^{gr}$,657 |

Ainsi des bassins maritimes situés au même niveau et débouchant les uns dans les autres peuvent se trouver dans des conditions de salure fort différentes, surtout lorsque soit le premier, soit tous, reçoivent un ou plusieurs grands fleuves.

La température moyenne des parties superficielles de la mer n'est pas très-différente de celle de l'air et varie par suite beaucoup avec les latitudes. A une profondeur variable, suivant celles-ci, on rencontre toujours une température qui approche beaucoup de celle du maximum de densité de l'eau, 4°, et qui reste à peu près la même sur tous les points de la surface de la terre. Dans les régions équinoxiales et tempérées, la température décroît donc à mesure que l'on s'enfonce, tandis qu'au contraire, dans les régions froides, la température va sensiblement en augmentant.

Dans les régions intertropicales, où la température varie peu, les eaux des mers, à une certaine profondeur, sont dans un état de repos presque parfait, puisque rien ne vient y apporter de changements dans la densité.

Mais dans les régions polaires, où la surface se refroi-

Fig. 7. — Ressac à la pointe du Raz (Finistère).

dit et se réchauffe alternativement, il doit y avoir des courants continuels de la surface vers le fond, qui portent dans les profondeurs des eaux au maximum de densité, à $4^0$, et qui ramènent à la surface des eaux soit plus chaudes, soit plus froides, dont la densité est moins considérable.

**Vagues.** — Les eaux de l'Océan sont agitées par trois causes différentes : les *vagues*, les *marées* et les *courants*, qui produisent des genres d'effets différents.

La cause qui fait le plus sentir son action sur les côtes est, sans contredit, celle des vents. Les *vagues* sont des agents puissants, soit pour dégrader les portions des côtes qui font saillie dans la mer, soit pour déposer des matériaux dans les parties rentrantes, telles que les petits golfes, les baies, les anses. Mais les vagues n'ont d'action qu'à une assez faible distance au-dessus et au-dessous du niveau moyen de la mer. Leur action dégradante, si puissante vers ce point, cesse à 5 ou 6 mètres au-dessous, la mer n'étant plus agitée que fort doucement par les marées et les courants. Les matériaux arrachés par les vagues aux falaises, ou bien ceux qui sont mis à leur disposition par les fleuves et les torrents, subissent sur la plage un mouvement de va-et-vient qui les atténue en donnant aux gros fragments la forme de galets, c'est-à-dire de disques à contours arrondis. Il résulte donc de l'action des vagues, des argiles, des sables et des galets dont une partie reste dans le lit de la mer et dont l'autre est rejetée dans les parties rentrantes des côtes.

On donne le nom de *ressac* au choc des vagues qui frappent avec impétuosité une terre ou un rocher et qui s'en retournent de même ; il produit des usures, des corrosions dues surtout au sable et aux galets qui sont entraînés et balancés par les vagues, et aussi des affouillements qui préparent des chutes de portions souvent considérables des falaises.

**Marées.** — Produites par l'attraction de la lune et du soleil, elles ont pour effet, lors du reflux, de laisser les plages à découvert et de faciliter ainsi la formation des dunes ; lors du flux, surtout dans les grandes marées, les vagues rejettent à des hauteurs plus grandes que d'ordinaire des galets, des sables et des coquilles que l'on pourrait regarder comme des preuves d'un abaissement de la mer ou d'une élévation de la côte, si on n'y regardait de près.

**Courants.** — Ceux qui sont *généraux*, au moins, sont dus aux différences de densité des eaux de la mer, résultant de la différence de température dans les différentes zones, combinées avec les différences énormes qui existent dans la vitesse de rotation des masses d'eau suivant les latitudes, le tout influencé par la configuration des côtes.

En général, des courants partent des régions polaires australes, remontent vers le nord et s'infléchissent graduellement vers l'ouest pour prendre cette direction dans les régions équatoriales, tout aussi bien dans les océans Indien et Pacifique que dans l'océan Atlantique. Ils sont ensuite arrêtés par les côtes orientales de l'Amérique, de l'Afrique, des îles Asiatiques et de l'Asie, et réfléchis vers le nord-est.

Dans l'océan Atlantique en particulier, le courant parti des régions polaires passe devant le Congo, contourne le golfe de Guinée, tourne à l'ouest sous l'équateur et se bifurque au milieu de l'Atlantique. La branche sud descend le long de la côte du Brésil et revient probablement en remontant la côte ouest de l'Afrique. La branche nord suit les côtes du Brésil et de la Guyane, entre dans la mer des Antilles et se dirige, renforcée par le courant qui arrive du nord-est, dans la baie de Honduras, traverse le canal de Yucatan et entre dans le golfe du Mexique, d'où elle débouche par le canal de la Floride, sous le nom de *Gulfstream* (courant du golfe). A sa sortie du canal de la Floride, il a une largeur de 55 kilomètres, une profondeur de 670 mètres et une vitesse de 7 kilomètres et demi par heure ; la température de ses eaux dans ces parages est de 30°. Des rivages américains, le courant se dirige au nord-est vers le Spitzberg ; sa vitesse et son épaisseur diminuent en même temps qu'il s'étend en largeur. Vers 43° de latitude, il se divise en deux bras, dont l'un va frapper les côtes d'Islande et de Norvége ; il réchauffe les eaux glacées de la mer Boréale. L'autre bras s'infléchit non loin des Açores, vers le sud, et va rejoindre la côte d'Afrique, d'où il revient dans la mer des Antilles.

Les *courants*, soit généraux, périodiques ou temporaires, dont l'action se fait sentir à la surface et à une grande profondeur aussi, ont une action très-puissante sur la répartition et la dissémination sur le fond de la mer des matériaux atténués, abandonnés par les vagues ; les troubles argileux sont transportés quelquefois fort loin même à la surface de la mer. Les sédiments amenés par la rivière des Amazones, par exemple, troublent encore la mer à plus de 200 kilomètres de l'embouchure, sur les côtes de la Guyane. Quant aux corps organisés qui peuvent flotter, ils sont transportés à des distances bien autrement considérables : des bois et des fruits amenés à la côte par ces fleuves, qui débouchent dans le golfe du Mexique et même par l'Amazone et l'Orénoque, sont transportés journellement par le Gulfstream, sur les côtes d'Islande, du Spitzberg et même de la Sibérie, parcourant ainsi près d'un quart de la circonférence du globe ou 2000 lieues. La dissémination des sédiments par les courants marins jusqu'à une grande distance des côtes donne non-seulement une grande étendue aux dépôts qui en sont le résultat, mais aussi une uniformité et une horizontalité que n'atteignent pas les dépôts qui se forment dans les lacs et les mers intérieurs, trop petits pour que des courants s'y établissent.

**Alluvions marines**. -- Les dépôts qui se font dans la mer consistent d'une part en sédiments résultant du charriage des fleuves et de l'action destructive des vagues sur les falaises ; ce sont des marnes, des argiles, des sables et des amas de cailloux, qui, par la consolidation, donnent des grès et des poudingues, au milieu desquels se trouvent de nombreux débris de corps marins surtout, les corps terrestres ou fluviatiles étant déposés de préférence dans le voisinage des embouchures, où ils sont cependant mêlés avec des corps marins. D'un autre côté, il se fait des dépôts de calcaires, là où des sources calcaires débouchent dans la mer, ou bien dans les endroits où vivent de nombreux mollusques ou polypiers ; une partie de ces corps est réduite à l'état de sable et sert d'emballage au reste qui alors est préservé de la dégradation. Il en résulte de véritables faluns semblables à ceux qu'on observe dans les terrains tertiaires des environs de Bordeaux, de Paris, etc. Lorsque ces faluns sont solidifiés par des infiltrations calcaires, il en résulte des calcaires grossiers plus ou moins semblables à ceux qui se trouvent dans tous les terrains. Si l'atténuation des coquilles est poussée très-loin, on aura des boues calcaires qui donneront par le dessèchement de véritable craie et, par leur durcissement au moyen d'un ciment calcaire, des calcaires compactes, semblables à ceux du terrain jurassique par exemple.

**Bancs ou récifs madréporiques.** — « D'après la composition de l'eau de l'Océan et de la Méditerranée, dit M. L. Figuier, on voit que les sels de chaux, de potasse, l'iode et la silice n'y figurent qu'en proportions infinitésimales. Cependant la chaux et la silice contenues dans l'eau de la mer y jouent un rôle d'une très-grande importance ; car ces quantités, qui nous paraissent si faibles, deviennent énormes dans la masse entière des océans. C'est aux dépens du carbonate de chaux et de la silice dissous dans les eaux de la mer, que les animaux marins forment leur test solide, leur coquille ou leur carapace. C'est par suite de la vie des polypiers que s'édifient, au sein des mers, ces *îles à coraux*, qui ont toujours été un sujet d'étonnement pour l'observateur.

« L'océan Pacifique et la mer des Indes sont parsemés d'îles en voie de formation, qui doivent leur origine aux polypiers et aux coraux. Pour s'accroître et se développer, ils ont besoin d'être constamment baignés par les flots. Ils produisent sans cesse des dépôts calcaires ; ces dépôts s'entassent rapidement et finissent par s'élever jusqu'à fleur d'eau. C'est alors que les épaves et les débris de toute espèce que la mer charrie, arrêtés par ces masses émergées, retenues dans ces îlots naissants, s'y déposent et les recouvrent d'une couche de terreau fertile, sur lequel la végétation ne tarde pas à se développer, grâce aux semences que la mer et les oiseaux y transportent plus tard.

« Ces îles sont ordinairement très-boisées. Il arrive presque toujours que les sommets des îlots de corail qui émergent simultanément autour d'un autre sommet sous-marin, se réunissent et forment un circuit annulaire, dont le centre est un petit lac, et dans lequel on trouve en nombre les coquillages qui produisent la perle et la nacre. Telles sont les îles d'Oeno et de Witsunday, dans l'archipel de Pomotou. Avec le temps, cette ceinture s'élargit latéralement ; les ouvertures qui donnaient accès aux lagunes intérieures, se ferment, et quand le petit lac intérieur a été comblé ou s'est desséché, l'île prend peu à peu l'aspect des îles ordinaires. Les archipels des Maldives, des Chagos et des Laquedives, au sud de l'Inde, sont d'origine madréporique. Parmi ces îlots, que l'on désigne sous le nom d'*Attols*, il en est de si récents que nos pères les ont vus naître.

« Ces agrégations forment dans l'Océanie d'innombrables récifs. Les grandes îles de cet archipel de nouvelle formation s'entourent, par le travail lent des polypiers, d'une barrière de récifs, qui s'élève à une certaine distance de la côte, et en rend l'abord très-dangereux. La côte orientale de la Nouvelle-Hollande est garnie, entre 9° et 25° de latitude sud, d'une ceinture de cette espèce. Le banc de corail qu'on appelle la *Grande-Barrière* a une longueur de 1770 kilomètres et une largeur moyenne de 50 kilomètres, ce qui donne une surface de 88 000 kilomètres carrés. »

Fig. 8. — Attol ou île madréporique de Witsunday (archipel Pomotou).

# CHAPITRE III.

## FOSSILES.

**Sens du mot fossile**. — Cette partie des sciences
naturelles qui s'occupe des corps organisés, animaux et
végétaux, qui se trouvent dans le sein de la terre, porte
le nom de *paléontologie*. Les corps organisés ou les traces
qu'ils ont laissées, ont reçu la dénomination générale de
*fossiles*, quel que soit le mode de conservation : on donne
vulgairement le nom de *pétrification* aux corps organisés
qui sont à l'état pierreux, mais ce n'est qu'un cas particulier de leur manière d'être.

Le sens du mot *fossile* a toutefois besoin d'être précisé,
car on pourrait appliquer cette dénomination aux corps
organisés enfouis journellement, soit dans le sein de la
terre par la main de l'homme, soit dans les dépôts de sable ou de vase qui se forment sur le trajet ou à l'embouchure des cours d'eau ou bien sur les rivages. On considère seulement comme fossiles les corps organisés enfouis
dans des couches régulières formées avant l'état de choses
au milieu duquel nous vivons, et le plus souvent déran-
gées de leur position primitive, c'est-à-dire antérieurement
à la dernière révolution qui a modifié le relief du sol,
changé la configuration des côtes et détruit en partie les
êtres organisés qui vivaient à la surface du globe. Cette
catastrophe, à partir de laquelle ont commencé les terrains
d'alluvion, est connue sous le nom de déluge ; mais ce
n'est pas le déluge historique, celui de Moïse, car si

l'homme existait alors sur la terre, il y était à l'état complétement sauvage.

Les animaux et les végétaux se trouvent donc fossiles, qu'ils soient terrestres, fluviatiles, lacustres ou marins. Dans les animaux comme dans les végétaux, les classes et les ordres qui existent aujourd'hui sont représentés dans les couches de la terre. Ils n'existent cependant pas tous simultanément, les mammifères et les végétaux dicotylédonés, par exemple, ne se trouvent guère au-dessous des terrains tertiaires. Mais lorsqu'on arrive aux familles et aux genres, il n'en est plus toujours ainsi, certaines familles et certains genres ne se trouvent qu'à l'état vivant, tandis que d'autres ne se trouvent que fossiles. Des familles et des genres ont une existence limitée, courte, relativement au temps immense qui s'est écoulé depuis que la terre est habitable, et ne se présentent que dans certains terrains ou bien à l'état vivant : les trilobites, parmi les crustacés, ne se trouvent que dans les terrains de transition ; les ammonites, parmi les mollusques, seulement dans les terrains secondaires. Les mammifères existent dans les terrains tertiaires et vivent encore, l'homme paraît exclusif à la période actuelle. Certaines familles ou certains genres, cependant, existent depuis que la terre est habitable, comme les *Nautilus* parmi les mollusques, les fougères parmi les végétaux. Si on descend jusqu'à l'espèce, on trouve que fort peu d'entre elles existent à la fois à l'état vivant et à l'état fossile, chacune n'a eu qu'une existence très-courte ; elles peuvent donc servir de guide certain pour la caractérisation et la reconnaissance des couches du sol. Les espèces fossiles sont, en un mot, les *médailles de la Création*, comme l'exprimait si bien le titre du livre de Gid. Mantell, destiné à en vulgariser la connaissance en Angleterre.

**Conditions de fossilisation.** — Au point de vue de la fossilisation, les animaux se divisent en deux catégories : ceux qui contiennent des parties dures, susceptibles de résister longtemps à la décomposition, comme ceux qui ont un squelette osseux ou une coquille, et ceux qui ne sont formés que de parties molles. Les premiers ont laissé presque toujours des traces de leur passage sur la terre, tandis qu'il en a été fort rarement ainsi pour les seconds.

Les animaux et les végétaux qui vivent et meurent sur le sol ne laissent guère de traces au bout d'un certain temps, l'action dissolvante de l'atmosphère finissant toujours par faire disparaître leurs parties les plus résistantes. Mais s'ils arrivent dans l'eau, soit en y tombant de leur vivant, soit en y étant entraînés après leur mort par les vents ou les pluies, ils sont souvent transportés dans des bassins d'eau, soit douce, soit salée, où ils peuvent être recouverts par des sédiments. Ils sont alors dans les conditions nécessaires pour la fossilisation.

Les animaux aquatiques sont dans de meilleures conditions, puisque souvent ils peuvent être recouverts par les sédiments aussitôt après la mort. Dans la mer, il arrive cependant que, par suite des marées et des tempêtes, un certain nombre de restes sont rejetés sur les plages ou les rochers, et s'y détruisent assez vite.

Les grandes pluies et les fontes abondantes de neiges dans les montagnes occasionnent le débordement des cours d'eau et par suite des inondations périodiques dans les parties basses des vallées et dans les plaines. Aux matières sédimentaires qui sont alors transportées abondamment et en parties abandonnées pendant le trajet, se joignent un grand nombre de cadavres d'animaux et de restes de végétaux terrestres. Ceux qui sont entraînés dans les lacs ou la mer sont en grande partie enfouis dans les alluvions et soustraits à la destruction qui atteint ceux qui restent à la surface du sol.

Des débordements accidentels de la mer, connus sous le nom de *ras de marée*, se produisent principalement pendant les tremblements de terre. Ils enlèvent et rapportent encore dans les bassins des mers un grand nombre d'êtres terrestres.

**État des fossiles.** — Dans le sein de la terre, les corps organisés sont représentés seulement par leurs parties solides. On comprend facilement qu'à de très-rares exceptions près, il ne peut en être autrement, les parties molles se décomposant et changeant de forme trop rapidement pour que les sédiments qui les entourent aient le temps de se solidifier pour en conserver les formes. Il résulte de là que certaines familles de corps organisés qui sont dépourvues de parties solides n'ont pas encore été trouvées à l'état fossile, quoiqu'elles aient très-probablement accompagné, dans les temps anciens, les familles à parties solides avec lesquelles elles vivent aujourd'hui et dont les restes existent dans les couches de la terre.

Les corps organisés existent à l'état fossile sous plusieurs états : — tantôt leur composition chimique et leur structure n'ont pas subi d'altération notable; ainsi des ossements, des coquilles ont encore leur translucidité, leur éclat nacré; les couleurs seules ont disparu presque entièrement. — Tantôt la matière organique seule a été détruite ou profondément altérée : les ossements, les coquilles sont alors devenus opaques, blancs et friables : les végétaux ont bruni et se sont transformés en lignite, en houille, ou même en charbon. — Tantôt les corps calcaires ont été infiltrés par de la matière calcaire qui les a durcis et rendus plus pesants, soit en conservant la structure du corps comme pour les ossements, la plupart des coquilles; soit en prenant la forme cristalline du calcaire comme pour les oursins, les encrines; soit en affectant l'état fibreux comme pour les bélemnites. — Tantôt le corps organisé a été complétement détruit, et il ne reste qu'une cavité dont les parois, qui présentent les formes du corps, ont reçu le nom d'*empreinte*. Lorsque les parties solides du corps organisé renfermaient une cavité, comme cela a lieu pour les coquilles, les oursins, etc., le plus souvent la matière pierreuse l'a remplie, et il en résulte un noyau qu'on appelle *moule*. — Tantôt après la destruction du corps organisé, la cavité a été remplie par des substances minérales ; quand le remplissage s'est fait d'un seul coup, le nouveau minéral ne présente aucune trace de l'organisation du corps qu'il remplace, comme cela a lieu pour les coquilles siliceuses, en fer oligiste, en barytine, les bois en pyrite ou en sidérose ; quand le nouveau minéral se déposait lentement au fur et à mesure de la destruction du corps organisé, il présente, au contraire, la structure du corps qu'il remplace, comme cela a lieu pour les côtes de lamantin, les bois et les spongiaires silicifiés.

Enfin, on considère encore comme des fossiles, des traces passagères laissées par les animaux pendant leur vie, comme, par exemple, l'empreinte de leurs pas. Dans certains terrains formés de petites couches d'argiles et de grès, l'animal, en marchant sur l'argile humide des plages, y laissait des pistes qui se sont conservées lorsqu'elles ont été recouvertes par des sables qui se sont solidifiés. Le grès qui en résulte présente aujourd'hui en relief les empreintes en creux laissées sur l'argile par l'animal.

Dans les roches calcaires, les fossiles ont, en général, conservé leurs formes ; dans les roches argileuses ou schisteuses, les fossiles sont souvent déformés, aplatis par suite de la compression et du tassement que ces roches ont éprouvés après leur dépôt.

Une pluie d'orage à grosses gouttes en tombant sur un sol meuble produit des dépressions, des cavités, comme on sait. Dans le grès bigarré de l'Angleterre, là où on a trouvé déjà des pistes d'animaux, on a trouvé des empreintes qu'on a considérées comme des traces fossiles de gouttes de pluie antédiluvienne.

**Vertébrés.** — Leurs restes consistent en ossements, dents, écailles, plumes, tantôt épars et tantôt réunis en squelettes ou carapaces, comme le montrent une mâchoire de singe du terrain tertiaire miocène du Gers et un poisson du terrain houiller d'Autun.

Il y a encore des œufs, des excréments, des empreintes
de pas ; dans les régions arctiques (Sibérie), les chairs,
conservées par la glace, recouvrent encore quelquefois les
ossements.

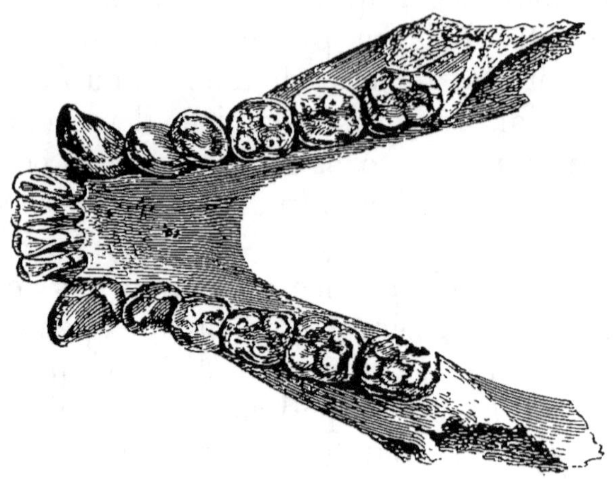

Fig. 9. — Protopithecus antiquus.

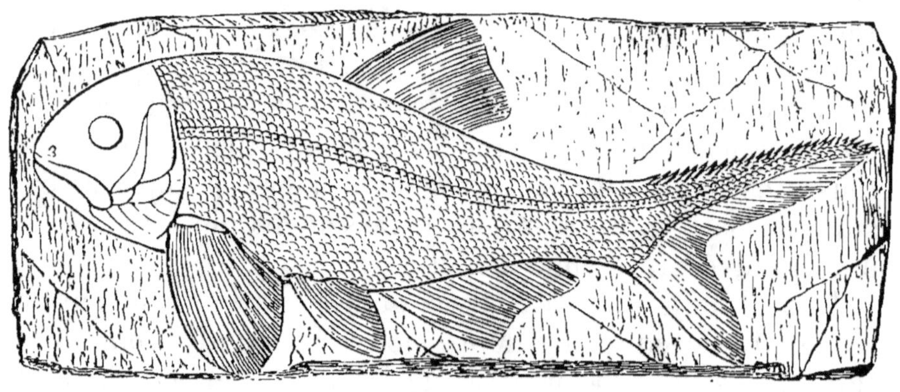

Fig. 10. — Amblypterus macropterus.

**Articulés**. — Ils ont laissé des carapaces ou des tubes
calcaires comme les crustacés (*Calymene, Cypris*) et certaines annélides, ou des empreintes recouvertes d'une
couche charbonneuse comme beaucoup d'insectes. Parfois
ces derniers sont, ainsi que les arachnides, momifiés dans

le succin, qui est une exsudation des anciens arbres résineux.

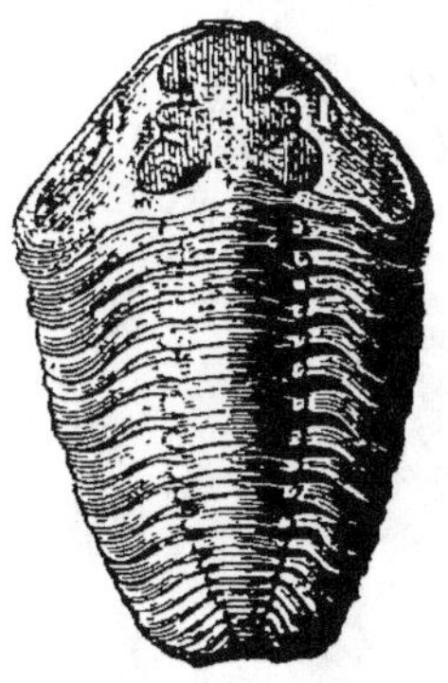

Fig. 11. — Calymene Blumenbachii.

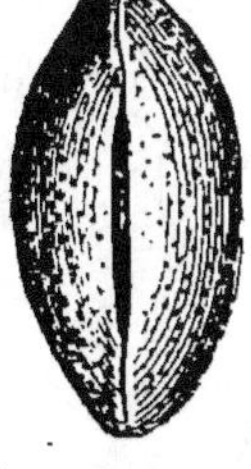

Fig. 12. — Cypris Waldensis.

**Mollusques**. — Leurs coquilles calcaires se conservent
avec la plus grande facilité, le plus souvent en augmen-

Fig. 13. — Belemnites hastatus.

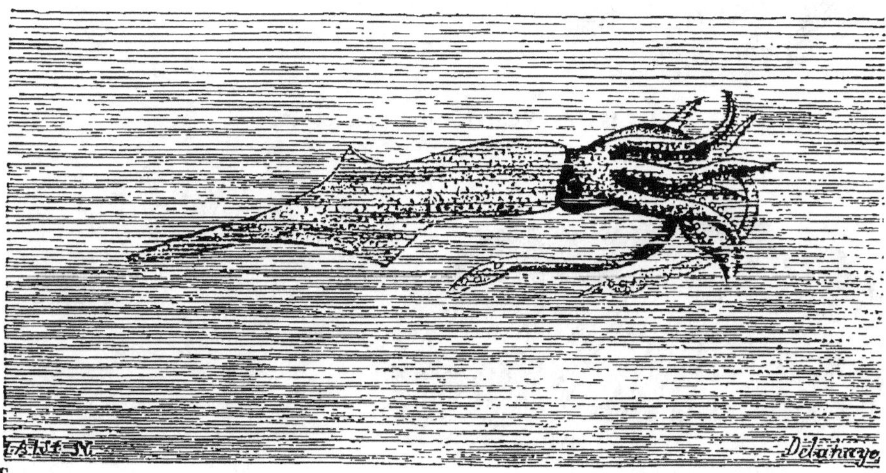

Fig. 14. — Belemnite restaurée.

tant de pesanteur et de solidité par des infiltrations cal

caires qui les rendent quelquefois fibreuses, comme les

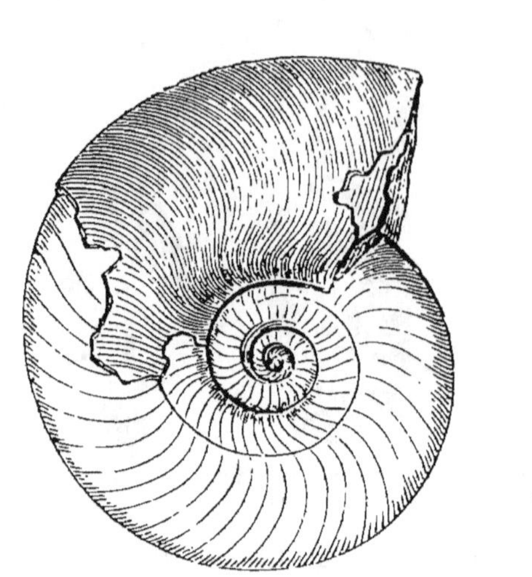

Fig. 15. — Nautilus oxystomus.          Fig. 16. — Voluta Lamberti.

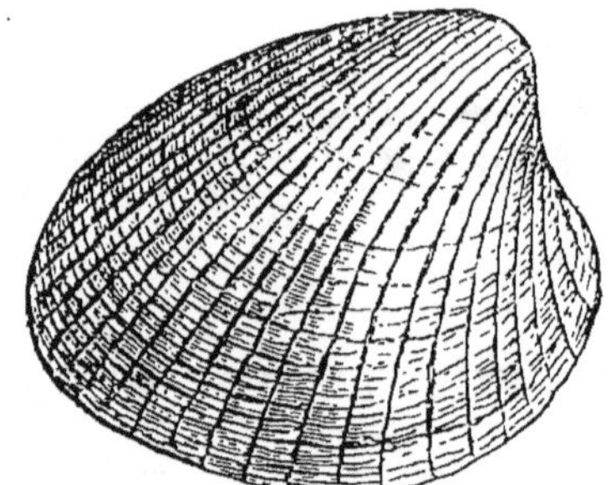

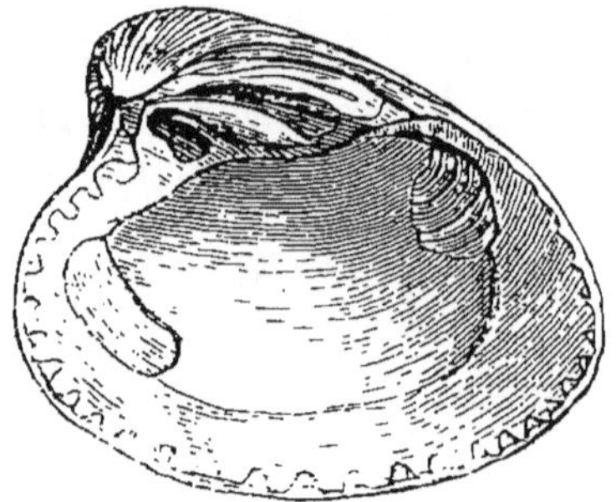

Fig. 17. — Venericardia planicosta.

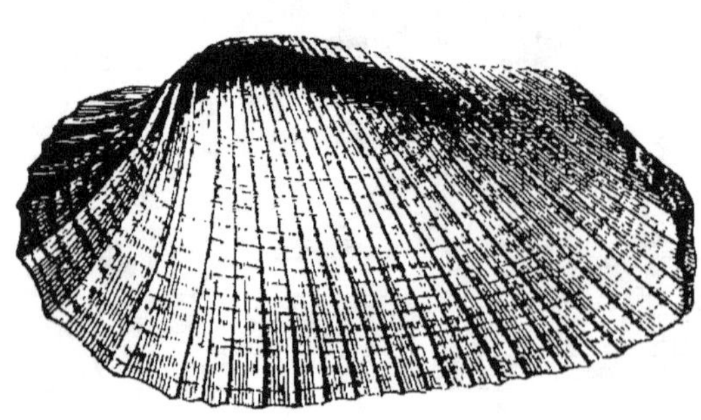

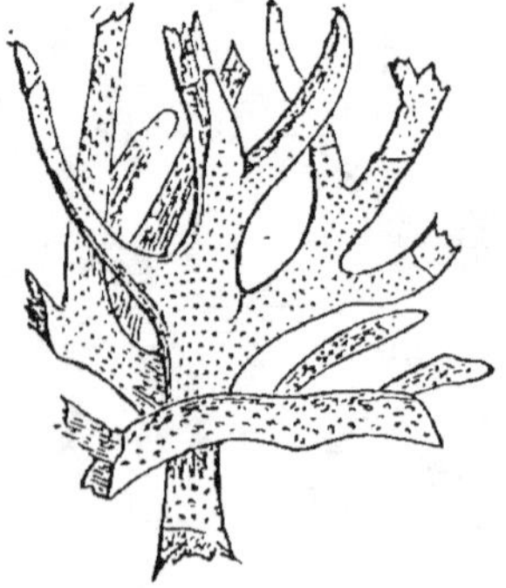

Fig. 18. — Pholadomya acuticosta.          Fig. 19. — Bidiastopora cervicornis.

Bélemnites, ou laminaires. Les coquilles, ordinairement

extérieures, sont quelquefois intérieures comme les Bélemnites.

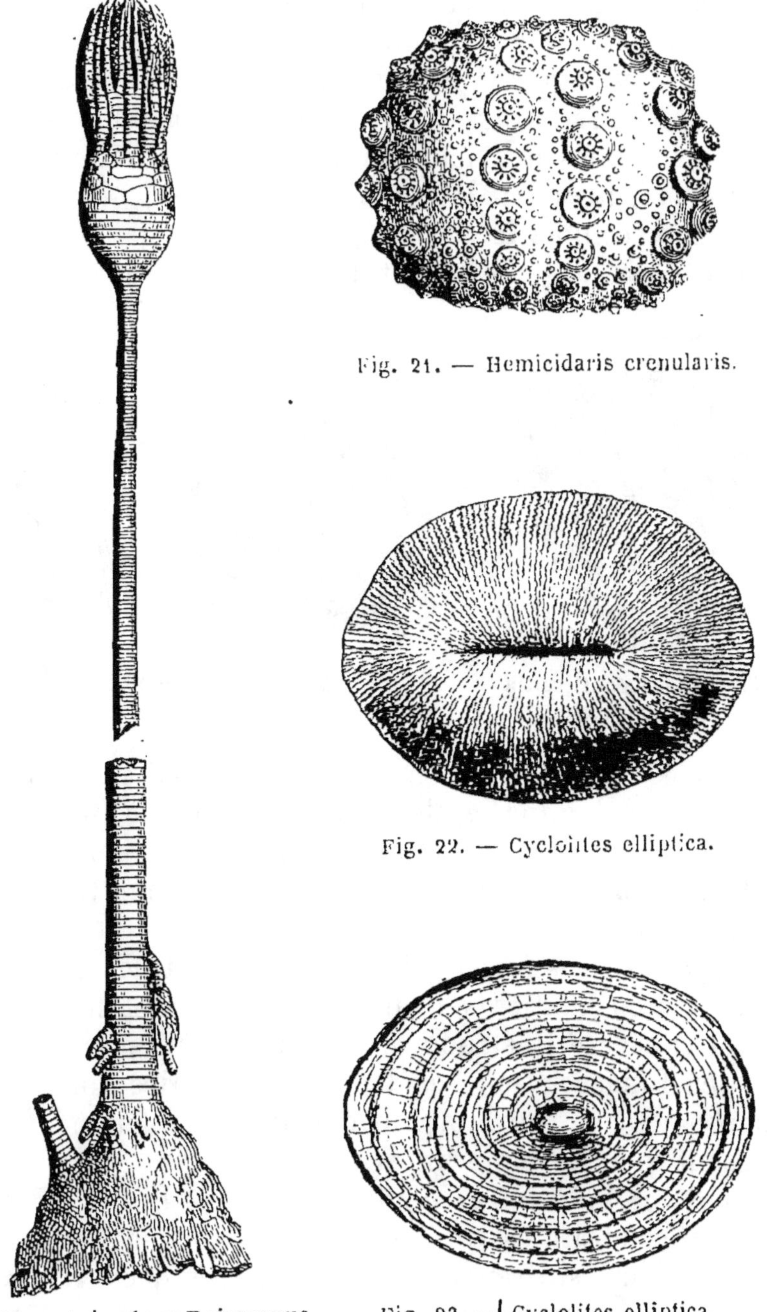

Fig. 20. — Apiocrinus Roissyanus.

Fig. 21. — Hemicidaris crenularis.

Fig. 22. — Cyclolites elliptica.

Fig. 23. — Cyclolites elliptica.

Lorsque la matière de la coquille a été dissoute, il reste des empreintes, les unes extérieures avec des ornementations très-variées, et les autres intérieures, le plus souvent presque lisses, ainsi qu'on peut en juger à l'inspection des figures précédentes. C'est seulement quand les coquilles sont très-minces, comme les Pholadomyes, que les moules intérieurs présentent les reliefs extérieurs. Les *briozoaires* ont laissé des sortes de petits polypiers calcaires, comme le *Bidiastopora* de la page 47.

**Rayonnés.** — Le têt et les pièces calcaires des échi-

Fig. 24. — Montlivaltia
caryophyllata.

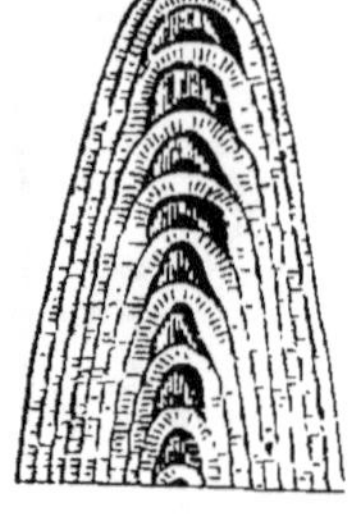

Fig. 25 et 26. — Nummulites lævigata.

nodermes de la page précédente, possèdent invariablement l'état laminaire ; les polypiers sont le plus souvent en calcaire grenu ; la petite coquille des foraminifères est habituellement calcaire ; les spongiaires sont très-souvent à l'état siliceux.

**Végétaux.** — Les tiges, les racines et les fruits sont convertis en matières charbonneuses, et parfois en silex ayant conservé la structure organique, ou en calcaire. Les parties foliacées sont également converties en matières charbonneuses, ou bien ont disparu complétement en ne laissant que des empreintes.

**Fossiles marins et d'eau douce.** — Les dépôts sédimentaires stratifiés qui, en assises souvent puissantes, occupent une si grande partie des terres découvertes, ont été formés dans des nappes d'eau, soit douce, soit marine; ils renferment le plus souvent des restes organiques qui leur assignent avec certitude l'une ou l'autre origine.

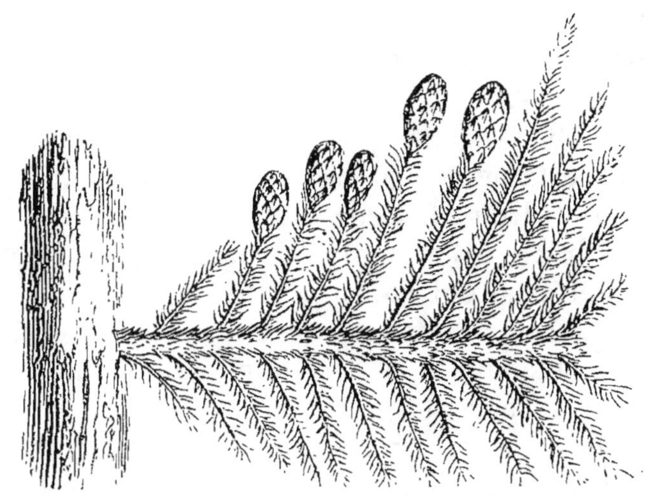

Fig. 27. — Walchia hypnoides (conifère.)

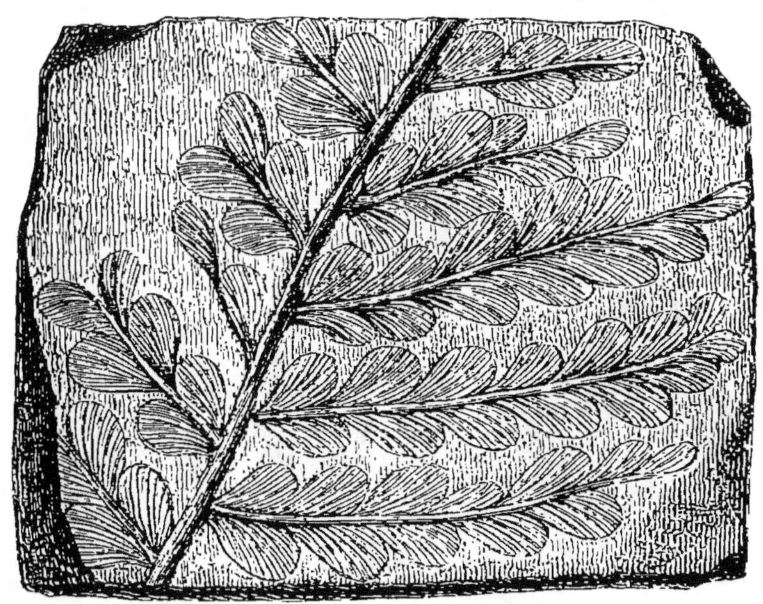

Fig. 28. — Odontopteris Schlotheimii (fougère).

Les dépôts terrestres ne renferment de restes que de végétaux et d'animaux terrestres. Les dépôts des eaux

douces, en outre des êtres qui y vivent, renferment souvent des restes d'êtres terrestres. Les dépôts marins enfin
peuvent aussi renfermer des restes d'êtres des deux catégories précédentes, surtout dans le voisinage du débouché
des cours d'eau.

L'étude des végétaux, des vertébrés et des articulés
fournirait certainement d'excellentes indications, mais elle
est longue et difficile. Celle des deux derniers embranchements du règne animal, les mollusques et les rayonnés, peut être faite beaucoup plus facilement parce que
les parties solides, formant souvent un tégument, sont entières, non disloquées et très-abondantes ; aussi est-ce à
eux qu'on a recours de préférence.

Parmi les plus caractéristiques des dépôts marins, on
peut citer tous les foraminifères, polypiers, échinodermes
et briozoaires, et, parmi les mollusques proprement dits,
les brachiopodes, ptéropodes et céphalopodes.

C'est seulement parmi les acéphales et les gastéropodes
qu'on rencontre des animaux vivant dans l'eau douce, et
seulement parmi ces derniers qu'il s'en trouve de terrestres.

Fig. 29. — Cyclas
Denainvilliersii.

Fig. 30. — Lymnæa
longiscata.

Fig. 31. — Physa
columnaris.

Parmi les acéphales, les genres vivant exclusivement
dans l'eau douce et se trouvant à l'état de fossiles, sont
les *Cyclas* ou *Pisidium* et les *Cyrena*, *Unio* et *Anodonta*.

Parmi les gastéropodes, les genres dont les espèces vivent dans les eaux douces, soit courantes (fluviatiles), soit stagnantes (lacustres), sont surtout les *Lymnœa*, *Physa*, *Planorbis*, *Paludina* et *Neritina*.

Les genres dont les espèces vivent sur le sol, sont surtout les *Helix*, *Bulimus*, *Cyclostoma*.

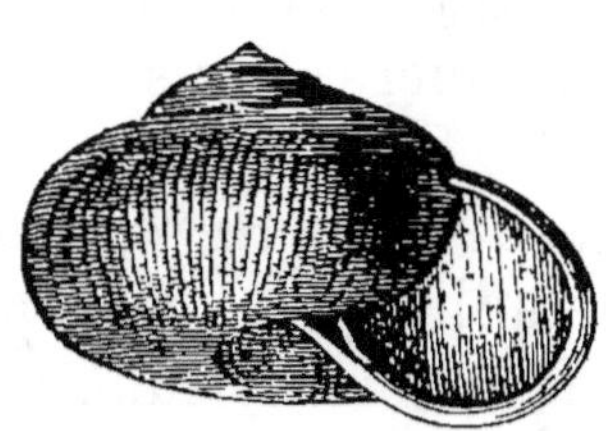

Fig. 32. — Helix hemisphærica.

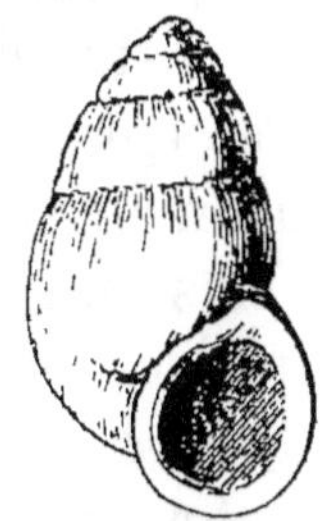

Fig. 33. — Cyclostoma Arnoudii.

Parmi les gastéropodes marins si nombreux, il n'y a guère à citer comme exceptionnels que les *Cerithium* qui vivent dans les eaux saumâtres de l'embouchure des fleuves.

**Idées successives sur les fossiles.** — « Ces restes des créations primitives, comme dit M. L. Figuier, ont été longtemps considérés et classés scientifiquement comme des *jeux de la nature*. C'est ainsi qu'on les trouve appréciés et désignés dans les ouvrages des philosophes de l'antiquité qui ont écrit sur l'histoire naturelle, et dans les rares traités d'histoire naturelle que le moyen âge nous a légués.

« Les ossements fossiles, particulièrement ceux d'éléphants, ont été connus dans l'antiquité, et ont donné lieu, tant chez les anciens que chez les modernes, à toutes sortes de légendes ou d'histoires fabuleuses. La tradition qui faisait attribuer à Achille, à Ajax et à d'autres héros de la guerre de Troie, une taille de vingt pieds, se rattachait, sans doute, à la découverte d'ossements d'éléphants.

« Notre grand artiste Bernard Palissy eut la gloire de

reconnaître et de proclamer le premier la véritable provenance des débris fossiles qui se rencontrent en si grand
nombre dans certains terrains, en particulier dans ceux
de la Touraine, qui avaient fait l'objet particulier de ses
observations. Bernard Palissy soutint, en 1580, dans son
ouvrage sur les *Eaux et fontaines*, que les *pierres figurées*,
comme on appelait alors les fossiles animaux et végétaux,
étaient des restes d'êtres organisés qui s'étaient déposés
autrefois, et conservés au fond des mers, dans les lieux
mêmes où on les retrouve.

« Dans les admirables *Époques de la nature*, Buffon,
cet immortel écrivain, cherche à établir que les coquilles
que l'on trouve en grande quantité enfouies dans le sol,
et jusque sur le sommet des montagnes, appartiennent
bien réellement à des espèces autres que celles de nos
jours. Mais cette idée était trop nouvelle pour ne pas
trouver de contradicteurs; elle compta parmi ses adver-
saires le hardi philosophe qui aurait dû l'adopter avec le
plus d'ardeur : Voltaire accabla de ses lazzis et de ses
mordantes critiques la doctrine scientifique de l'illustre
novateur. Buffon insistait, avec raison, sur l'existence des
coquilles sur le sommet des Alpes, pour prouver que les
mers avaient autrefois occupé cet emplacement. Voltaire
prétendit que les coquilles trouvées dans les Alpes et les
Apennins avaient été jetées là par des pèlerins à leur retour de Rome.

« Il appartenait au génie de Georges Cuvier de retirer
de l'étude des fossiles les plus admirables conséquences.
« C'est aux fossiles, dit ce grand naturaliste, qu'est due
« la naissance de la théorie de la terre. Sans eux l'on
« n'aurait peut-être jamais songé qu'il y ait eu dans la
« formation du globe des époques successives et une sé-
« rie d'opérations différentes. Eux seuls, en effet, donnent
« la certitude que le globe n'a pas toujours eu la même
« enveloppe, par la certitude où l'on est qu'ils ont dû
« vivre à la surface avant d'être ensevelis dans la profon-
« deur. Ce n'est que par analogie que l'on a étendu aux

« terrains primitifs la conclusion que les fossiles fournis-
« sent directement pour les terrains secondaires ; et s'il
« n'y avait que des terrains sans fossiles, personne ne
« pourrait soutenir que ces terrains n'ont pas été formés
« tous ensemble. » C'est sur les ossements de mammifères
retirés des plâtrières de la colline de Montmartre, aux
portes de Paris, qu'ont porté presque toutes les études
paléontologiques de notre immortel naturaliste. »

En même temps, au commencement de ce siècle, le
chevalier de Lamarck faisait d'aussi importantes études
sur les mollusques fossiles des calcaires friables de Gri-
gnon, près de Versailles.

# CHAPITRE IV.

## CIRCULATION DES EAUX.

**Évaporation.**— L'action de la chaleur, à n'importe quel degré elle se manifeste, a pour effet de réduire l'eau en vapeur; l'air a la propriété de dissoudre la vapeur qui se forme à la surface de l'eau et de s'en saturer lorsqu'il reste en contact avec elle.

Ainsi voit-on un vase rempli d'eau se vider lentement et entièrement; une pierre poreuse, des masses de sable ou d'argile imbibées d'eau, se dessécher complétement par leur exposition à l'air.

C'est le phénomène de l'*évaporation* qui s'exerce avec une intensité d'autant plus grande que la température est plus élevée, l'air plus sec et l'eau plus dépourvue de matières salines en dissolution.

La quantité de vapeur d'eau produite et tenue en dissolution dans l'air va en augmentant avec la chaleur, et par conséquent depuis les pôles jusqu'à l'équateur.

L'eau de mer, fortement salée, développe moins de vapeur d'eau que celle des cours d'eau et des lacs, qui est toujours infiniment plus pure. En faisant des expériences à diverses températures, on a trouvé que l'eau de mer n'émet qu'une quantité de vapeur égale à celle qui serait produite par une masse d'eau distillée égale, mais plus froide de 3°,5.

Sur l'Océan, le point de rosée est ordinairement au-dessous de la température de l'eau de la mer; l'air de l'Océan est donc toujours complétement saturé, au moins dans le voisinage de la surface de l'eau.

Sur les côtes, la quantité de vapeur d'eau est, à latitude égale, la plus grande possible, et elle diminue à mesure qu'on pénètre dans le continent. Cette règle, établie par ce qui se passe dans les plaines de la Russie, se confirme dans les steppes de la Sibérie, les déserts de l'Asie centrale, dans l'intérieur des États-Unis, dans les plaines de l'Orénoque, les déserts de l'Afrique, ainsi que dans l'intérieur de l'Australie où l'air est habituellement très-sec.

Des observations sur l'évaporation ont été faites sur divers points dans plusieurs pays; les quantités d'eau évaporées pendant chaque mois sont en rapport avec la température moyenne du mois : l'évaporation très-grande en été, très-faible en hiver, est moyenne pendant le printemps et l'automne. Chaque année considérée isolément présente une marche régulière comparable à celle qui est formée par la température moyenne.

**Nuages.** — L'eau, enlevée sous forme de vapeur par la couche d'air superposée, se répand dans l'atmosphère en s'y élevant; elle y reste en dissolution invisible tant que la température reste supérieure à celle du point de saturation. Lorsque celle-ci devient inférieure, il y a condensation, et la vapeur apparaît en troublant la transparence de l'air. C'est sous forme de *brouillard*, si la condensation a lieu à la surface même du sol, et sous forme de *nuages* si elle a lieu à une certaine élévation; par suite du mélange de parties plus chaudes ou plus sèches de l'atmosphère, le brouillard, les nuages se dissolvent et l'air redevient transparent. Les courants d'air soit chauds, soit froids, qui circulent dans l'atmosphère, produisent fréquemment des effets de ce genre, appréciables surtout au voisinage des montagnes.

On peut se faire une idée très-exacte de ces divers phénomènes, en examinant ce qui se passe lorsque la soupape d'une chaudière à vapeur vient à être soulevée : la vapeur qui sort à plus de 100°, est incolore, transparente;

sa dispersion dans l'air beaucoup plus froid, la rend très-vite visible, en la condensant, sous forme de vapeurs blanches, de véritables nuages; celles-ci, en se répandant davantage, se dissolvent et disparaissent d'autant plus vite que l'air est plus sec et moins froid.

« Les nuages sont ordinairement entraînés par le vent

Fig. 34. — Mont Erebus (terre Victoria).

et se tiennent à diverses hauteurs; aussi, quand on gravit une montagne, il est rare qu'on ne traverse pas des nuages et que l'on n'en voie pas d'autres à ses pieds et au-dessus de sa tête. C'est ce qui se produit autour des deux grandes montagnes coniques et volcaniques suivantes, malgré la diversité si grande des climats : le mont

Erebus, de la terre Victoria, à l'intérieur du cercle polaire antarctique qui présente deux zones bien marquées de nuages au quart et aux trois quarts de sa hauteur; le pic de Ténériffe des îles Canaries, au voisinage du tropique du Cancer, qui en offre une zone vers son tiers inférieur. Du reste, il n'est pas probable que les nuages s'élèvent à plus de 10 ou 12 000 mètres d'altitude; il paraît même qu'il y en a peu au-dessus de 5 à 6000 mètres. De Saussure a souvent remarqué que, dans les Alpes, les nuages commençaient par un léger brouillard qui s'augmentait successivement, se détachait ensuite de la montagne et était emporté par les vents.

**Pluies.** — « Les causes qui déterminent la formation de la pluie ne sont pas non plus très-bien connues. L'une des plus fréquentes est le mélange de deux vents, l'un chaud, l'autre froid. On conçoit, en effet, que ce mélange pouvant produire une température moyenne trop froide, pour conserver la quantité de vapeur contenue dans ces deux vents lorsqu'ils étaient séparés, doit se résoudre en eau liquide, c'est-à-dire en brouillard ou en pluie, selon la quantité du liquide et la rapidité avec laquelle se produit le phénomène. D'un autre côté, M. Renou pense que la cause la plus habituelle de la production de la pluie est la chute des particules glacées qui composent les cirrus supérieurs, lesquelles, en traversant les cumulus inférieurs, s'y fondent et y produisent un grand refroidissement.

**Neige.** — « La neige est de l'eau congelée qui tombe sous la forme de flocons, composés ordinairement d'un assemblage irrégulier de petits cristaux, mais qui, lorsque l'air est calme et la température très-froide, prennent des formes régulières qui, en général, se rapprochent toutes plus ou moins d'une étoile à six rayons, mais qui sont si variées que le capitaine Scoresby en a compté une centaine de différentes. On ne sait que très-peu de chose sur la formation de la neige. On ne sait pas si les nuages qui la produisent sont composés de globules liquides ou de parcelles déjà glacées. On ne sait pas si les flocons se forment directement ou s'ils prennent leur accroissement en traversant les couches inférieures de l'air.

**Grêle.** — « Elle consiste dans la chute de fragments de glace que l'on appelle *grêlons*. Ceux-ci sont ordinairement arrondis ; mais ils présentent plus souvent la forme d'une poire ou d'un cône que celle d'une sphère. Les petits grêlons ressemblent à de la neige durcie ; il est très-rare d'en voir de glace transparente. Les gros grêlons présentent un noyau neigeux entouré de glace, ou des couches alternatives de neige et de glace.

**Répartition de la pluie.** — « Les quantités d'eau qui tombent sous forme de pluie, de neige, etc., sur les différentes parties de la terre, sont extrêmement variables : on a cependant remarqué qu'il pleut davantage dans le voisinage de l'équateur que sous les autres parties de la terre, et sur les côtes que dans l'intérieur du continent. C'est ainsi, par exemple, qu'au cap Haïtien, dans les Antilles, il tombe 308 centimètres d'eau par an, tandis qu'à Paris il n'en tombe que 56, et à Pétersbourg que 46 dans le même espace de temps, et qu'il y a des parties de l'intérieur de l'Afrique et de l'Asie où il ne pleut jamais. Mais il y a beaucoup d'exceptions à ces règles. En général, toutes choses étant égales d'ailleurs, il pleut davantage dans les pays montueux. »

Dans certaines villes la quantité est très-faible, comme à Saint-Pétersbourg, Vienne, Athènes et Madrid. Dans d'autres, elle est considérable et plus que double, comme à Bordeaux, Genève, Montpellier, Florence, Rome, Naples, Alger. Dans d'autres, elle est intermédiaire, comme à Paris et à Palerme. Sur les hautes montagnes, elle est presque triple, comme au Grand-Saint-Bernard, à 2491$^m$ d'altitude.

Au point de vue agricole, ce qui a beaucoup plus d'importance que la quantité absolue d'eau tombée, c'est sa répartition entre les diverses saisons. Dans l'Europe septentrionale et moyenne, aucun mois n'est très-sec, et c'est habituellement l'été qui fournit la plus grande quantité d'eau. Mais les pays limitrophes de la Méditerranée possèdent un régime pluvial tout différent, caractérisé par la pénurie de pluie pendant les trois mois d'été, aucun mois de l'année ne présentant une aussi faible chute de pluie que ceux de juin, juillet et août.

Le régime méditerranéen ne s'étend pas en France, vers le nord, à une grande distance du littoral. Il est limité par la montagne Noire, les Cévennes et le mont Pilat. Vers l'est, il ne s'étend pas jusqu'à la chaîne des Alpes, qui forme une haute muraille séparant l'Italie de l'Allemagne ; le bassin du Pô possède le régime septentrional. La ligne de démarcation entre les deux régions, à régimes si différents et inverses l'un de l'autre, paraît être la chaîne des Apennins, du col de Tende à Rimini sur l'Adriatique.

**Pénétration des eaux dans le sol.** — Les eaux atmosphériques, lorsqu'elles sont arrivées à l'état liquide sur le sol, se comportent de trois manières bien différentes, suivant l'état de ce sol : s'il est complétement imperméable, les eaux s'écoulent tout entières à la surface, en produisant les effets de dégradation et d'alluvion déjà étudiés ; s'il est très-perméable, les eaux sont absorbées et y disparaissent en entier. Lorsqu'il est plus ou moins moyennement perméable, ce qui arrive très-souvent, les deux effets se produisent. Nous n'avons à nous occuper ici que de ceux qui résultent de la pénétration des eaux dans le sol.

Sur les terrains complétement argileux, une faible quantité d'eau est absorbée pour maintenir le sol dans un certain état d'humidité ; mais rien ne pénètre profondément, et il n'y a pas de sources. Sur les sols cristallins primitifs, granitiques, porphyriques ou autres, par suite de la décomposition des parties superficielles, une partie de l'eau pénètre dans le sol et ressort assez vite dans tous les points déclives, en occasionnant de petits sources, d'une durée assez courte.

Lorsque, au contraire, le sol est formé de couches ou d'assises régulières alternatives, les unes perméables, calcaires ou sableuses, et les autres imperméables argileuses, le sol alors se trouve dans de bonnes conditions pour avoir des sources considérables et permanentes. En effet, les eaux descendent de la surface du sol, soit lentement, en filtrant au travers des calcaires poreux, des sables et des dépôts caillouteux, soit assez rapidement par les fentes des roches compactes dures. Elles arrivent ainsi sur les couches imperméables qui les retiennent et occasionnent de véritables nappes plus ou moins abondantes qui ont une tendance à s'extravaser au dehors par toutes les voies qui s'offrent à elles.

Quand le pays, ainsi pénétré par les eaux pluviales, forme une sorte de plateau limité par des parties plus basses ou par des vallées plus ou moins profondes, les eaux sortent au point d'affleurement et de jonction des roches perméables et imperméables, en formant des sources qui peuvent être fort considérables. Si les couches sont horizontales, les sources sortent de tous côtés; si elles forment un plan incliné, les sources font défaut sur la tranche horizontale supérieure, mais elles sont nombreuses, et parfois très-fortes, sur la tranche horizontale inférieure; on en rencontre aussi sur les tranches inclinées intermédiaires.

Dans les plateaux dont le sol est ainsi composé, les vallées jouent, pour l'écoulement des eaux intérieures, le même rôle que les fossés creusés par l'homme dans les terrains trop humides ou marécageux; en effet, ces sillons artificiels n'ont pas pour but unique de faciliter l'écoulement des eaux superficielles, ils ont surtout pour résultat l'égouttage et l'assèchement des parties imprégnées d'une grande quantité d'eau.

Quand le pays forme une plaine basse ou une large vallée, comme celles du Rhin, de la Seine, de la Garonne, etc., les eaux pluviales se rassemblent à une certaine profondeur, et les nappes formées n'ont pas d'écoulement extérieur naturel. On va alors les chercher, pour les besoins de l'homme, par des excavations verticales ou *puits*, dont la profondeur est dite considérable lorsqu'elle dépasse une trentaine de mètres. Sur les plateaux, les localités situées à quelque distance des bords se procurent également leurs eaux par des puits.

La nappe d'eau la plus superficielle, alimentée directement par les eaux pluviales du lieu n'est pas toujours très-abondante, et il arrive souvent que, pendant les années et même les saisons sèches, l'eau est épuisée à tel point que les sources et les puits diminuent beaucoup ou tarissent complétement.

**Eaux artésiennes.** — Dans les plaines et sur les parties basses des plateaux, on ne se contente pas toujours des eaux qui forment la nappe la plus rapprochée de la surface ; on va en chercher de plus profondes qui sont souvent plus abondantes, qui tarissent beaucoup plus rarement et qui ont en outre la faculté, soit de s'élever plus ou moins dans les puits, soit même de venir se déverser à la surface. On pratique, à cet effet, à l'aide de la sonde, soit des *sondages*, soit des *puits* dits *artésiens* dont le diamètre est généralement de $0^m,10$ à $0^m,30$ et qui sont ainsi nommés parce qu'ils sont très-usités dans le Pas-de-Calais (ancien Artois), où leur profondeur moyenne varie entre 30 et 50 mètres.

La condition de se trouver retenue par un fond imperméable est suffisante pour qu'une nappe d'eau ordinaire puisse s'établir d'une manière constante dans l'épaisseur de la croûte terrestre ; mais, pour avoir une nappe susceptible de fournir une eau jaillissante, il faut encore deux autres conditions. Il est nécessaire : 1° que les eaux qui forment cette nappe descendent d'une certaine hauteur, afin qu'elles exercent une pression sur les couches qui la retiennent supérieurement ; 2° que ces dernières couches ne permettent pas à ces eaux de se perdre à travers mille fissures et de se gaspiller, ce qui exige que les couches dont il s'agit soient imperméables comme celles qui supportent la nappe inférieurement. En un mot, des eaux *artésiennes* ne peuvent provenir que d'une nappe ayant la liberté de circuler entre deux assises imperméables, tout en exerçant d'ailleurs sur l'assise supérieure une pression due à la hauteur, de laquelle elle est censée être descendue.

Pour savoir maintenant si l'eau puisée dans une nappe semblable pourra jaillir par un trou foré jusqu'à son niveau, il ne s'agit plus que de chercher la zone du terrain superficiel par laquelle ont pu s'opérer les infiltrations, et de s'assurer si cette zone est plus élevée que le point où l'on veut exécuter le forage. Quant à la position de cette zone elle-même, il est évident qu'elle doit occuper à la surface du sol, du côté opposé au pendage général des couches, l'intervalle compris entre les affleurements des deux assises imperméables qui comprennent entre elles la nappe aquifère.

Le sol étant constitué intérieurement par de grandes assises alternatives, les unes argileuses ou marneuses imperméables et les autres sableuses ou calcaires perméables, les eaux superficielles qui pénètrent entre deux assises bien imperméables peuvent parvenir à des profondeurs fort grandes. Lorsque par un sondage on arrive à l'assise aquifère, la pression considérable à laquelle elle est soumise fait remonter l'eau par le trou de sonde à une hauteur plus ou moins approchée de celle de son point d'entrée dans le sol, soit au niveau de celui-ci, soit à une hauteur plus ou moins grande au-dessus ou au-dessous. Dans la figure ci-contre le point d'entrée des eaux superficielles étant de beaucoup supérieur à celui où le sondage a été établi, l'eau jaillit nécessairement.

1° *Bassin de Paris.* — La partie septentrionale de la France se trouve dans d'excellentes conditions pour la réussite des sondages artésiens. En effet, du N. E. au S. O., de la frontière de Belgique jusque dans le département de la Vienne, et du S. E. au N. O., des Vosges et de la Côte-d'Or en Bretagne, l'existence de plusieurs assises perméables disposées régulièrement et renfermant des nappes d'eau superposées, permet la recherche d'eaux jaillissantes presque partout avec de grandes chances de succès, tantôt à une profondeur médiocre et tantôt à une profondeur considérable, suivant les lieux et suivant la nappe d'eau que l'on veut atteindre. Tandis que dans le département du Pas-de-Calais les sondages ont une cinquantaine de mètres et même moins, à Tours, ils atteignent de 120 à 170 mètres; et au centre, à Grenelle et à Passy, il a fallu descendre à 547 mètres et 580 mètres. (Cette dernière profondeur n'est pas la plus grande que l'on ait atteinte; près de Minden, dans le N. O. de l'Al-

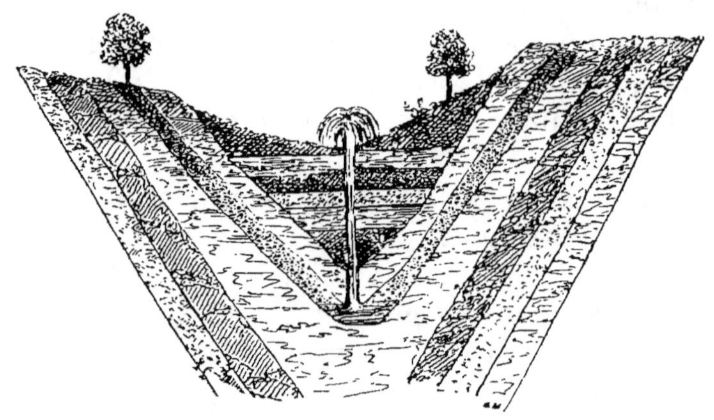

Fig. 36. — Coupe théorique d'un sondage artésien.

lemagne, on est allé chercher des eaux salées à 640 mètres de profondeur, il y a plus de 10 ans.)

Dans un certain nombre de localités on profite de la perméabilité des assises qui forment le sol sous-jacent pour établir des sondages dont la fonction est de débarrasser la surface du sol d'eaux qui sont stagnantes par suite de sa configuration ou qu'il serait nuisible de laisser se répandre à l'air ou dans les cours d'eau. Ce sont les *puits absorbants* que l'on fore d'abord au travers des couches imperméables supérieures, et ensuite jusque dans les parties supérieures ou moyennes d'une grande assise perméable.

2° *Bassin du Sud-Ouest de la France.* — La grande plaine du S. O. de la France, comprise entre les montagnes de la Vendée, du Limousin et du Rouergue, du N. à l'E., et les Pyrénées au S., ne paraît pas se trouver dans des conditions aussi favorables sous le rapport de la composition et de la disposition des assises du sol. Cependant, le 5 mars 1866, la reprise du sondage, commencée en 1834 à l'hôpital de la marine à Rochefort, a été couronnée de succès; on a rencontré au-dessous du terrain jurassique une nappe d'eau jaillissante, mais à une profondeur jusque-là inconnue en France, celle de 817 mètres!

Il ne serait toutefois pas impossible que ces grands sondages, réalisés il y a une trentaine d'années et plus, n'eussent pas été exécutés avec le soin qu'on y mettrait aujourd'hui, que les précautions nécessaires pour capter les eaux eussent été trop négligées, et que, par suite, l'on obtînt des résultats moins défectueux si l'on avait à les recommencer maintenant.

Dans tous les grands sondages artésiens qui ont été tentés dans le S. O. de la France, on s'est toujours arrêté trop tôt dans le terrain tertiaire. Pour savoir ce qu'on pourrait espérer du bassin tertiaire du S. O., il faudrait, à notre avis, être à l'avance déterminé à descendre la sonde, quelle que puisse être la profondeur, jusqu'à ce qu'elle ait rencontré des nappes jaillissantes, ou bien jusqu'à ce que l'on ait atteint le terrain crétacé sous-jacent. Sans ce parti pris, on sera toujours exposé à des mécomptes semblables à ceux qui viennent d'être rappelés.

**Résumé.** — Il y a donc une circulation incessante de l'eau dans les parties externes de la terre (sol jusqu'à une certaine profondeur, et parties basses de l'atmosphère). Les eaux qui sont à l'état liquide, à la surface du sol, au contact de l'atmosphère en un mot, soit en mouvement comme celles des cours d'eau, soit en repos comme celles des lacs et des mers, soit encore celles qui mouillent la surface du sol, sont enlevées par l'évaporation, surtout quand la température est élevée, et répandues sous forme de vapeur invisible dans l'atmosphère jusqu'à une certaine hauteur. Les températures basses, habituelles aux hautes régions, occasionnent une première condensation de cette vapeur, qui donne les nuages; et ceux-ci au bout d'un temps plus ou moins court se résolvent en pluie ou en neige qui tombent bien vite. Les eaux pluviales qui arrivent sur le sol émergé se divisent immédiatement en deux parties : l'une qui s'écoule à la surface du sol en formant des torrents, des ruisseaux, des rivières et des fleuves; l'autre qui pénétrant dans le sol, parfois jusqu'à de grandes profondeurs, y chemine plus ou moins longuement; une grande partie revient sous forme de sources à la surface et contribue à rendre les cours d'eaux moins irréguliers et plus permanents; une autre ne reparaît pas et se rend souterrainement et fort lentement dans les bassins des mers ou dans les dépressions fermées des surfaces terrestres, où elles occasionnent de grands amas d'eau, comme la mer Caspienne, le lac Tchad, etc.

L'eau est donc en circulation constante de la terre à l'atmosphère et *vice versa*. Cette circulation est l'origine d'une grande quantité du mouvement produit à la surface de la terre; elle est indispensable aussi à l'existence de la vie tant végétale qu'animale.

# CHAPITRE V.



**EAUX ORDINAIRES ET MINÉRALES.**

## § I. — Eaux ordinaires.

**Eaux pluviales.** — La vapeur d'eau produite par l'é-
vaporation est absolument pure, qu'elle provienne d'eaux,
soit douces, soit salées.

Les eaux qui retombent sur le sol en pluie ou en neige
n'ont plus exactement le même degré de pureté, elles renferment de l'azote, de l'oxygène, de l'acide carbonique et
parfois, pendant les orages, de très-minimes quantités
d'acide azotique. En arrivant près du sol, elles entraînent
avec elles les poussières terreuses et les particules organiques qui flottent toujours dans l'air, comme aussi les émanations toujours plus ou moins ammoniacales des animaux.

La composition de l'eau de pluie diffère selon l'élévation
des lieux à laquelle on la recueille. Voici les différences
constatées entre l'eau pluviale de la cour de l'Observatoire
de Paris et celle de la terrasse située 27 mètres plus
haut :

|  | TERRASSE. | COUR. |
|---|---|---|
| Azote............... | 63 470 | 79 390 |
| Ammoniaque........ | 3 324 | 2 769 |
| Acide azotique,...... | 14 069 | 21 800 |
| Chlore............. | 2 801 | 1 940 |
| Chaux............. | 6 220 | 5 397 |
| Magnésie .......... | 2 100 | 3 306 |
|  | 91 984 | 114 602 |

La pluie qui lave l'atmosphère d'une grande cité contient plus d'ammoniaque que celle qui tombe en rase campagne. La quantité d'ammoniaque trouvée au commencement d'une pluie a été de 0 millig. 5 par litre; plus tard elle tomba à 0,4 et même à 0,06. La pluie se montre plus riche en ammoniaque après une forte sécheresse.

Emmagasinées et reposées dans des citernes, ces eaux ne renferment que des traces de matières organiques et les matières minérales qui ont pu être empruntées aux parois, par l'action dissolvante de l'oxygène et de l'acide carbonique. Aussi ont-elles une pureté presque comparable à celle de l'eau distillée et laissent-elles à peine quelques traces de résidu après leur évaporation.

Les eaux qui résultent des fontes de la neige d'hiver, de celle qui est accumulée sur les hautes montagnes, et des glaciers auxquels elle donne naissance, sont également fort pures.

Les eaux pluviales ne tardent pas, ainsi que ces dernières, à perdre leur pureté en circulant sur le sol, car elles rencontrent, quoique en petites quantités, des matières soit immédiatement solubles, comme les silicates alcalins dans les terrains primitifs et ignés feldspathiques, et parfois du gypse et du sel gemme; soit solubles par l'action de l'acide carbonique, comme le calcaire, la dolomie, la sidérose et peut-être divers oxydes de fer.

**Eaux des puits.** — Quant aux eaux qui pénètrent dans le sol, elles tiennent en dissolution des matières semblables et parfois différentes. Celles-ci y sont habituellement en quantités plus considérables par suite du long séjour de l'eau très-divisée au contact des matières solubles.

Les eaux pluviales arrivées finalement dans la partie inférieure des assises perméables forment des nappes qui renferment les matières rencontrées, susceptibles de se dissoudre.

Les eaux des puits présentent donc des compositions très-variables; les matières salines y sont en quantités d'autant plus grandes que les nappes d'eau sont plus exposées à recevoir les égouts de sols imprégnés de matières solubles. Généralement les eaux des nappes profondes sont plus pures et surtout moins sujettes à variations dans des lieux rapprochés, que celle des nappes superficielles. Dans les villes surtout il y a des différences énormes d'un quartier et même d'un puits à un autre. Voici en exemple les analyses des eaux des puits artésiens de Grenelle à 547 mètres de profondeur et d'Arcachon à 126 mètres, d'un puits ordinaire du bois de Boulogne près Paris, et de deux puits de Bordeaux, le premier à la manufacture des tabacs dans un faubourg, et le second à la fontaine Daurade au centre de la ville :

Total des matières salines par kilogramme.

| GRENELLE. | ARCACHON. | BOULOGNE. | BORDEAUX 1. | BORDEAUX 2. |
|---|---|---|---|---|
| $0^{gr},149$ | $0^{gr},112$ | $2^{gr},430$ | $0^{gr},413$ | $3^{gr},065$ |

**Eaux des sources.** — Les eaux des nappes intérieures s'échappent au dehors, dès qu'elles en trouvent la possibilité, sous forme de sources et de fontaines dont le degré d'abondance est très-variable. Tantôt ces sources ne renferment que fort peu de substances en dissolution, et tantôt, au contraire, elles en sont très-chargées. Celle qui est déposée le plus habituellement est le carbonate de chaux ; les eaux de sources présentent des compositions différentes, en harmonie avec la nature du sol d'où elles s'échappent. Les eaux des terrains primitifs sont assez pures et caractérisées par la silice ; celles des terrains argileux et calcaires, fort impures, tiennent en dissolution une très-grande quantité de carbonate de chaux et parfois de sulfate de chaux ; voici l'analyse, de 1 litre d'eau de la fontaine des Pannats près Avallon (granite), de la fontaine de Lagüe à Captieux (sable des Landes), de l'une des fontaines d'Auxerre (calcaires jurassiques), des sources d'Arcueil alimentant une portion de Paris (marnes tertiaires) :

| | AVALLON. | CAPTIEUX. | AUXERRE. | ARCUEIL. |
|---|---|---|---|---|
| Total des matières salines par kilogramme......... | $0^{gr},066$ | $0^{gr},086$ | $0^{gr},321$ | $0^{gr},581$ |

« C'est, dit M. L. Figuier, à la faveur du gaz acide carbonique libre qu'elles renferment, et par l'effet de la pression à laquelle elles sont soumises à l'intérieur de la terre, que ce minéral est dissous dans ces eaux. Mais quand elles arrivent à la surface du sol, cet excès d'acide carbonique se dégage, par suite de la diminution de pression ; dès lors, le carbonate de chaux se dépose à l'état de sédiments terreux, qui forment des incrustations. C'est par ce mécanisme physico-chimique que les eaux de Saint-Allyre, à Clermont-Ferrand (Auvergne), *pétrifient*, c'est-à-dire recouvrent d'une croûte de carbonate de chaux les corps étrangers que l'on dépose dans leur bassin, et qu'elles ont produit jadis le pont sous lequel elles coulent aujourd'hui. Les eaux de Carlsbad, qui déposent aussi beaucoup de carbonate de chaux, se sont construit leur propre bassin. On cite encore les eaux incrustantes de Saint-Vignone en Toscane, les Cascatelles de Tivoli, les eaux de Saint-Nectaire (Puy-de-Dôme). » Les dépôts sont le plus souvent des tufs calcaires incrustant des végétaux et des coquilles, soit d'eau douce, soit terrestres, comme à Ressons (Aube), où ils donnent une pierre légère employée pour les voûtes de cave ; quelquefois ce sont des concrétions dures, solides, comme les dragées de Tivoli, les pisolithes de Carlsbad.

Une autre substance qui se rencontre dans les eaux de sources, est le carbonate de fer dissous également à la faveur de l'acide carbonique ; il donne lieu à des dépôts de fer hydroxydé tufacé.

Dans quelques localités, des sources considérables, surchargées de carbonate de chaux, forment de vastes dépôts sur les pentes des coteaux et des montagnes. On peut citer entre autres les sources chaudes de Hammam-Meskoutine (les bains maudits) sur la route de Bone à Constantine, en Algérie. Une des plus belles sources incrustantes du monde entier est celle d'Hiérapolis, célèbre dans l'antiquité ; ses eaux chaudes produisent, en sortant du sol et coulant le long de la montagne, une série de cascades pétrifiantes. La figure suivante représente les rochers calcaires formés par le dépôt de ces eaux qui descendent dans la vallée de Pamboukalise (Asie Mineure).

Fig. 37. — Cascade incrustante de Pamboukalise (Asie Mineure).

**Incrustations des grottes.** — Lorsque les eaux, dans leur traversée du sol perméable, rencontrent des *grottes* ou *cavernes*, il arrive très-souvent qu'elles s'écoulent lente-

ment le long des parois ou tombent goutte à goutte dans
l'intérieur. L'acide carbonique qu'elles renferment s'é-
chappe alors dans l'air de ces grandes cavités et le carbo-

Fig. 38. — Grotte avec stalactites et stalagmites.

nate de chaux, dont celui-ci avait facilité la dissolution, se
précipite et forme le plus souvent des croûtes cristallines,
connues sous les noms de *stalactites* lorsqu'elles recouvrent

les parois ou s'allongent dans l'intérieur sous forme de pendentifs et de colonnes, et de *stalagmites* quand elles s'étalent sur leur fond; c'est ce que montre bien la vue précédente de l'intérieur d'une caverne.

**Eaux des cours d'eau.** — Les eaux des cours d'eau présentent des différences de composition en rapport avec la nature du sol où naissent les sources et de ceux au travers desquels les cours d'eau s'écoulent. Les eaux des terrains primitifs et siliceux sont caractérisées par la présence de la silice, tandis que celle des terrains argileux et calcaires le sont principalement par la grande abondance du carbonate de chaux et fréquemment aussi par la présence du sulfate de chaux. Ces dernières, d'ailleurs, donnent à l'évaporation un résidu terreux beaucoup plus considérable que les premières. Je donne ici l'analyse de 1 litre d'eau du Cousin à Avallon (granite), de la Leyre à Biganos (sable des Landes), de l'Aube à Troyes (terrains jurassiques et crétacés), de l'Ourcq à son arrivée à Paris par le canal (terrains tertiaires) :

| | COUSIN. | LEYRE. | AUBE. | OURCQ. |
|---|---|---|---|---|
| Total des matières salines par kilogramme | $0^{gr},077$ | $0^{gr},078$ | $0^{gr},198$ | $0^{gr},590$ |

Lorsqu'un fleuve est formé par diverses rivières venant de contrées dont le sol est varié, on retrouve dans ses eaux les éléments qui caractérisent les diverses sortes d'eaux. Je donne ici comparativement la composition de l'eau des cinq grands fleuves français : on remarquera que celle de la Loire est la plus pure, et que celles du Rhin et surtout de la Seine l'emportent en impureté sur celles des autres.

Total des matières salines par kilogramme.

| RHIN. Strasbourg. | SEINE. Paris. | LOIRE. Meung. | GARONNE. Bordeaux. | RHÔNE. Lyon. |
|---|---|---|---|---|
| $0^{gr},240$ | $0^{gr},254$ | $0^{gr},135$ | $0^{gr},166$ | $0^{gr},184$ |

Les eaux potables sont celles, tant de source que de

rivière, dont l'usage n'a aucun inconvénient pour la santé; elles contiennent toujours de l'air et une petite quantité de carbonate de chaux et de chlorures alcalins; mais elles sont dépourvues de chlorures et de sulfates de chaux ou de magnésie.

Les eaux dites *crues* sont moins aérées, contiennent une plus grande quantité de carbonate de chaux et de chlorures alcalins, et surtout des sulfates de chaux et de magnésie; elles sont purgatives, impropres à la cuisson des légumes et au savonnage du linge, car elles décomposent immédiatement le savon.

**Eaux des estuaires.** — Dans les golfes désignés sous ce nom, qui forment la partie inférieure des grands cours d'eau, la marée se fait sentir jusqu'à une grande distance de la pleine mer; l'eau de celle-ci remonte surtout à marée haute, fait refluer les eaux douces et, en se mêlant avec elles, change leurs propriétés. C'est ce qui est parfaitement établi par les eaux prises à haute marée en divers points de la Gironde et analysées par M. Fauré. Les distances sont indiquées en kilomètres à partir d'une ligne droite tirée du fort de Royan à celui de la pointe de Grave:

Total des matières salines par kilogramme.

| BASSENS. | BEC-D'AMBÈS. | PATÉ DE BLAYE. | PAUILLAC. | MARÉCHALE. | RICHARD. |
|---|---|---|---|---|---|
| $90^k$ | $74^k$ | $62^k$ | $52^k$ | $39^k$ | $20^k$ |
| $0^{gr},237$ | $0^{gr},545$ | $4^{gr},422$ | $8^{gr},179$ | $13^{gr},207$ | $32^{gr},740$ |

## § II. — Eaux minérales.

Les sources minérales sont celles dont les eaux tiennent en dissolution des matières qui leur donnent une odeur ou une saveur et des propriétés particulières, autres que celles dues au carbonate et au sulfate de chaux.

« Les eaux que l'on désigne par ce nom, dit M. Leymerie, résultent sans doute d'infiltrations d'eaux superficielles, particulièrement des eaux de la mer, qui ont pu, à la faveur de quelques solutions de continuité, pénétrer dans la croûte terrestre jusqu'à une grande profondeur, et y acquérir une température élevée, et la faculté, avec l'aide sans doute d'une haute pression, d'agir sur les oxydes qu'elles rencontraient sur leur passage, de les décomposer, et enfin d'en dissoudre quelques parties.

« Beaucoup de ces eaux sont chaudes et prennent le nom de *thermales* [1], et la constance de leur composition et de leur température indique une origine profonde et des causes pour ainsi dire éternelles. D'autres ne diffèrent pas beaucoup, sous ce rapport, des eaux ordinaires. Celles-ci doivent leur minéralité, dans la plupart des cas, à des dissolutions ou à des réactions qui s'opèrent près de la surface du sol.

« On peut faire quatre grands groupes dans les eaux minérales, eu égard à la nature des matières qu'elles tiennent en dissolution; voici les dénominations qui leur sont affectées : *alcalines et gazeuses*; *sulfureuses*; *ferrugineuses*; *salines*.

« Les dernières présentent un grand nombre de sortes diverses; on pourrait réunir dans un cinquième groupe les eaux *salées* proprement dités.

**Eaux alcalines et gazeuses.** — « Les eaux alcalines, qui sont en même temps *gazeuses* dans la plupart des cas, sont principalement caractérisées par la présence de la soude, le plus souvent à l'état de carbonate, et par une certaine quantité d'acide carbonique libre qui s'en échappe en petillant. Elles contiennent habituellement de la silice libre (Vichy, Mont-Dore, Bade). On y trouve aussi la plupart des sels qui minéralisent les eaux salines. Certaines sont riches en carbonate de chaux qu'elles laissent déposer à l'état de travertin, de tuf, de pisolites ou d'oolithes. Ces sources sont presque toujours thermales. Les eaux alcalino-gazeuses se montrent habituellement dans

1. Les eaux sont dites *froides* quand elles ont une température voisine de la température moyenne du lieu, et *chaudes* ou *thermales* quand leur température est plus ou moins élevée au-dessus de cette dernière.

les contrées volcaniques. On peut citer, parmi les eaux thermales, celles de Vichy (Allier), Ussat (Ariége), et parmi les froides celles de Seltz (Bas-Rhin) et de Bussang (Vosges).

**Eaux sulfureuses.** — « Ces eaux sont remarquables par leur saveur et leur odeur qui rappellent celle des œufs couvés. Elles noircissent une pièce d'argent que l'on y plonge, et exercent sur l'économie animale des actions prononcées. Les eaux sulfureuses proprement dites, celles qui sourdent dans les montagnes ou à leur pied, du sein des terrains anciens et plus souvent encore au contact de ces terrains et des roches éruptives, ont une température plus ou moins haute. Ces eaux viennent indubitablement des profondeurs du globe. Elles contiennent différents sels parmi lesquels on remarque le chlorure de sodium ; mais c'est le sulfure de sodium qui les caractérise, et qui doit être regardé comme leur principe sulfureux. On y trouve de la silice et une matière organique glaireuse (barégine ou glairine) ; enfin elles laissent dégager un peu d'azote et de l'hydrogène sulfuré.

« Il y a des eaux sulfureuses qui doivent leur naissance à des réactions qui se sont exercées près de la surface du sol, entre des sulfates et des matières organiques, comme les eaux d'Enghien. On peut citer, parmi les eaux thermales, celles de Bagnères-de-Luchon (Haute-Garonne), Aix (Savoie), Aix-la-Chapelle (Prusse Rhénane), Uriage (Isère), et parmi les froides celle d'Enghien (Seine-et-Oise).

**Eaux ferrugineuses.** — « Ces eaux, la plupart froides, ont une saveur ferrugineuse plus ou moins prononcée, et laissent déposer en coulant une matière ocracée qui aide à les faire reconnaître. Elles renferment, outre le carbonate ou le crénate de fer, du carbonate de soude et de chaux et du chlorure de sodium ; certaines laissent en outre dégager de l'acide carbonique libre. Outre les sources carbonatées et crénatées, il en est beaucoup d'autres dont les propriétés sont dues à des pyrites décomposées et qui contiennent des sulfates de fer et d'alumine; celles-ci sont loin d'être aussi salutaires que les précédentes. » On peut citer, parmi les eaux thermales, celles des Bains-de-Rennes (Aude), et parmi les eaux froides Forges (Seine-Inférieure), Passy (Seine), Cransac (Aveyron), Spa (Belgique).

**Eaux salines.** — « Dans ce groupe nous plaçons toutes les eaux minérales qui, n'étant ni gazeuses ni alcalines d'une manière prononcée, renferment plusieurs sels en quantité notable, moindre généralement que celle que nous avons indiquée dans les eaux précédentes. Elles ont une saveur mixte ordinairement assez faible, qui participe des saveurs des principaux éléments salins qu'elles renferment. Les sels qui dominent dans leur composition sont d'abord les chlorures de sodium et de magnésium, et ensuite des sulfates de soude, de chaux, de magnésie, et enfin un peu de carbonate de chaux. — Cette catégorie renferme des eaux de composition et de température très variées. — Nous signalerons particulièrement les eaux magnésiennes, facilement reconnaissables à leur saveur amère, et les eaux séléniteuses (avec sulfate de chaux). » On peut citer, parmi les eaux thermales, Saint-Amand (Nord), Plombières (Vosges), Bagnères-de-Bigorre (Hautes-Pyrénées), Baden (Bade), et parmi les froides celle de Sedlitz (Bohême).

**Eaux salées.** — On peut ranger dans ce groupe toutes les eaux qui renferment du chlorure de sodium en quantité suffisante pour que la saveur de celui-ci soit bien prononcée et prédominante. Quelquefois la salure est aussi forte que celle de l'Océan, et les eaux sont exploitées pour la production du sel, comme à Salies (Basses-Pyrénées), Moutiers (Savoie), Nauheim (Hesse). Les sources tantôt thermales, tantôt ordinaires, sont ordinairement naturelles; quelquefois, comme celle de Nauheim, elles sont le résultat de sondages artésiens. Quelques-unes, comme les Almyros de la Crète, sont très-abondantes et produisent de petites rivières à leur sortie du sol.

# CHAPITRE VI.

## CHALEUR TERRESTRE.

**Températures extrêmes.** — Celles que l'on peut observer sur les divers points de la surface de la terre à 2 ou 3 mètres au-dessus du sol sont très-différentes. Les extrêmes reconnus sont à Esnèh (Haute-Égypte) + 47°4, et à l'île Melville au pôle boréal, - 56°7. Ce qui donne une différence de 104°1.

Dans un même lieu, la température présente aussi des différences pendant la durée soit du jour, du mois et de la saison, soit de l'année. Les différences pendant le cours de l'année sont d'autant moins grandes que des pôles on se rapproche davantage de l'équateur, ainsi qu'on peut le voir.

| LOCALITÉS. | Latitudes. | Minima. | Maxima. | Différences. |
| --- | --- | --- | --- | --- |
| Port-Élisabeth (Boothia-Félix). | 71° | — 50°8 | 16°7 | 67°5 |
| Copenhague | 56° | — 17°8 | 33°7 | 51°5 |
| Paris | 48° | — 19°0 | 36°3 | 55°3 |
| Rome | 42° | — 5°0 | 31°3 | 34°3 |
| Le Caire | 30° | 9°1 | 40°2 | 31°1 |
| Surinam (Guyane) | 7° | 21°3 | 32°3 | 11°0 |

**Températures moyennes.** — La moyenne, soit de toutes les températures observées à des heures déterminées, soit du maximum et du minimum de chaque jour, donne d'abord la température moyenne des jours et ensuite celles des mois, des saisons et des années. La moyenne de plusieurs années consécutives, qui généralement diffèrent peu les unes des autres, donne la *température moyenne* du lieu.

La température moyenne des lieux va en s'abaissant de l'équateur vers les pôles, et on appelle *lignes isothermes* celles d'égale température moyenne. Ce sont des cercles irréguliers plus ou moins parallèles à l'équateur et aux parallèles de latitude. Dans le tracé de ces lignes, on fait abstraction des régions montagneuses dans lesquelles la température décroît rapidement avec l'altitude. Voici des exemples pris suivant des directions méridiennes, d'abord le long des côtes occidentales d'Europe et d'Afrique, et ensuite sur les côtes orientales de l'Asie et de l'Océanie.

| CÔTES OCCID. D'EUROPE ET D'AFRIQUE. | Latitude. | Temp. | CÔTES ORIENT. D'ASIE ET AUSTRALIE. | Latitude. | Temp. |
|---|---|---|---|---|---|
| Nouvelle-Zemble. | 73°,00 | — 8°,4 | Jakoutsk | 62°,01 | — 9°,7 |
| Cap Nord | 71°,10 | 0°,1 | Irkoutsk | 52°,16 | — 0°,2 |
| Stockholm | 59°,21 | 5°,6 | Nangasaki | 32°,45 | 18°,3 |
| Berlin | 52°,31 | 8°,6 | Canton | 23°,02 | 21°,6 |
| Londres | 51°,31 | 10°,4 | Singapore | 1°,17 | 26°,5 |
| Paris | 48°,50 | 10°,8 | Batavia | 6°,09 | 26°,8 |
| Lisbonne | 38°,42 | 16°,4 | Paramatta | 33°,50 | 18°,1 |
| Ténériffe | 28°,28 | 21°,9 | Hobartown | 42°,45 | 11°,3 |
| St-Louis (Sénégal). | 16°,01 | 24°.6 | | | |
| Christiansborg | 5°,24 | 27°,2 | | | |

Al. de Humboldt a fixé approximativement la température moyenne de l'équateur à 27°5; ce qui n'est vrai que pour les côtes; dans l'intérieur de l'Afrique et de l'Amérique la température est plus élevée; en Afrique, elle paraît aller jusqu'à 28°2. — Arago estimait que le pôle nord devrait avoir une température de — 18° ou — 32° suivant qu'il serait formé par des mers ou par des terres.

Les variations de température qui se produisent pendant la durée de chaque jour à la surface du sol se font d'autant moins sentir dans le sol qu'on place le thermomètre dans des couches plus profondes. Dans nos latitudes, si on s'enfonce à moins de 1 mètre dans le sol, on n'observe déjà plus les variations horaires dues à la chaleur du jour et à la fraîcheur des nuits. Plus profondément, dans les caves, dans les puits, les variations de la température sont beaucoup moindres qu'à l'air extérieur.

A 10 mètres de profondeur, la variation n'est plus que de 1 degré, pendant toute la durée de l'année, lorsque l'air ne se renouvelle pas. Enfin à 30 mètres se trouve une température absolument invariable. Cette profondeur varie suivant les latitudes ; elle est d'autant plus grande que les extrêmes du froid et du chaud sont plus écartés. Sous l'équateur, il ne faut descendre que de un demi-mètre ; tandis qu'en Sibérie, il faut aller jusqu'à 40 mètres. La température du point où celle-ci est invariable varie aussi suivant les latitudes, car elle dépend de l'action du soleil à la surface ; à Paris, elle est d'environ 12° ; à Marseille, de 15°. En Sibérie, elle est au-dessous de 0°, le sol est constamment gelé jusqu'à une grande profondeur.

Les nappes d'eau contenues dans le sol, lorsqu'elles sont à une profondeur convenable, ont, par suite, des températures qui varient à peine avec les saisons et qui se rapprochent de la température moyenne qu'elles donnent ainsi d'une manière approximative. Dans la zone tempérée, les puits de 20 à 30 mètres de profondeur réalisent ces conditions ainsi que les sources provenant de nappes horizontales, recouvertes d'assises ayant une épaisseur analogue.

Tout le monde sait que les caves, les cavernes, aussi bien que les sources, présentent des températures qui font toujours contraste avec celles de l'air extérieur : en effet, elles paraissent froides en été et chaudes en hiver. Mais il n'en est véritablement rien, et le thermomètre démontre que la température peu variable et voisine de la température moyenne est cependant un peu plus élevée en été qu'en hiver, alors que par suite du contraste de la température extérieure on pourrait être tenté de croire le contraire.

**Mines**. — Mais au-dessous de la couche du sol à température invariable, commence un phénomène nouveau, inattendu, dont l'étude appartient tout entière aux géologues, auxquels on en doit la découverte et aussi l'explication.

A mesure qu'on s'enfonce dans le sol au-dessous de la couche à température invariable, on voit la température des matériaux qui le constituent s'élever graduellement et atteindre un chiffre de beaucoup supérieur à cette température invariable et approcher même de la température *maximum* qu'on observe à la surface dans le même lieu.

Ce fait a été reconnu pour la première fois en 1740 dans les Vosges par Gensanne qui calcula une augmentation de 1° par chaque approfondissement de 19 mètres.

A la fin du siècle dernier, de Saussure avait remarqué que les glaciers des Alpes fondent par leur base en toute saison, et attribué à la chaleur propre du globe la cause de cette fusion. D'après les expériences qu'il fit dans les salines de Bex, il crut pouvoir fixer à 1 degré pour 37 mètres de profondeur l'accroissement régulier de la température terrestre.

Au commencement de ce siècle, d'Aubuisson, en Saxe et en Bretagne, en 1802 et 1806 ; de Humboldt à la même époque au Mexique ; de Trébra en Saxe, de 1806 à 1816 ; W. Fox en Cornouailles, en 1820 et 1821, prirent, dans des mines profondes, les températures soit du roc, soit des sources, soit de l'eau des puisards, soit enfin de celle des inondations. Ces divers observateurs constatèrent des températures plus élevées que celle de la couche invariable ou bien que la température moyenne du lieu ; c'est ce que montre le résumé suivant dans lequel la dernière colonne donne le nombre de mètres nécessaire pour obtenir un accroissement de 1 degré.

| | | Profond. | Tempér. | Tempér. moy. | Excès. | Accrois. |
|---|---|---|---|---|---|---|
| Sources. | Saxe ....... | 256$^m$ | 13°,8 | 8° | 5°,8 | 44$^m$,2 |
| | Mexique .... | 522$^m$ | 36°,8 | 16° | 20°,8 | 25$^m$,1 |
| Roc. ... | Saxe ....... | 380$^m$ | 18°,7 | 8° | 10°,7 | 35$^m$,3 |
| | Cornouailles. | 421$^m$ | 24°,2 | 10° | 14°,2 | 30$^m$,0 |

Ces observations faites par des observateurs différents, avec des thermomètres non comparés entre eux, à des époques diverses et dans des circonstances variables, souvent défavorables, démontrent incontestablement un accroissement de température considérable lorsqu'on descend dans l'intérieur du sol; mais dans une progression assez variable : depuis $1^0$ par 16 mètres jusqu'à $1^0$ par 44 mètres, ce qui donne des différences du simple au triple. Elles n'eurent pas grand retentissement parmi les savants. Mais, en 1825, elles appelèrent l'attention de L. Cordier, ingénieur des mines, professeur de géologie au Muséum de Paris. Il reprit ses expériences dans le nord, le centre et le midi de la France avec tout le soin désirable, dans des mines de houille, et le 4 juin 1827, il lut à l'Institut un travail remarquable qui ne tarda pas à lui en ouvrir les portes : l'*Essai sur la température de l'intérieur de la terre.*

Il était arrivé aux résultats suivants :

| | Profond. | Tempér. | Tempér. moy. | Excès. | Accrois. |
|---|---|---|---|---|---|
| Carmeaux (Tarn)..... | $192^m$ | $19^0,5$ | $13^0,5$ | $6^0,0$ | $43^m,1$ |
| | $182^m$ | $17^0,2$ | $13^0,5$ | $3^0,7$ | $28^m,4$ |
| Decize (Nièvre)....... | $107^m$ | $17^0,8$ | $11^0,4$ | $6^0,4$ | $15^m,5$ |
| | $171^m$ | $22^0,1$ | $11^0,4$ | $10^0,7$ | $15^m,1$ |
| Littry (Calvados)...... | $99^m$ | $16^0,2$ | $11^0,0$ | $5^0,2$ | $19^m,3$ |

La moyenne des observations de Carmeaux est de $35^m,8$ d'approfondissement pour un accroissement de $1^0$; à Decize, elle est de $15^m,3$.

« Nos expériences, dit L. Cordier, confirmeront pleinement l'existence d'une chaleur interne, qui est propre au globe terrestre, qui ne tient point à l'influence des rayons solaires et qui croît rapidement avec les profondeurs. L'accroissement est certainement plus rapide qu'on ne l'avait supposé; il peut aller à 1 degré pour 15 et même 13 mètres en certaines contrées ; provisoirement, le terme moyen ne peut pas être fixé à moins de 25 mètres. »

Dans les mines de l'Erzgebirge (Saxe), on a organisé un vaste ensemble d'observations qui ont été poursuivies pendant dix ans au moyen de thermomètres scellés dans la pierre et disposés suivant une même ligne verticale dans vingt mines différentes. On a pu réunir de 1821 à 1831 près de quatre cents observations faites à des hauteurs variant de 20 mètres à 350 mètres. M. Reich en a conclu que l'augmentation de température était de 1° pour 42 mètres de profondeur.

Des expériences à peu près analogues faites dans les mines de l'Oural, en Sibérie, ont conduit M. Kupffer à un résultat supérieur de près de moitié, quant à la rapidité de l'accroissement de chaleur : l'augmentation a été de 1 degré pour 20 mètres de profondeur.

Dans les latitudes élevées, des faits semblables ont été aussi constatés. Ainsi, dans la Sibérie orientale, à Iakoutsk, par 62° de latitude, un puits ordinaire a fourni les résultats suivants :

| Profondeur. | Température. |
|---|---|
| 0<sup>m</sup>,0 | — 9°,7 |
| 36<sup>m</sup>,3 | — 5°,0 |
| 116<sup>m</sup>,5 | — 0°,6 |

Ce qui donne pour 116<sup>m</sup>,5 un excès de température de 9°,1 ou 1° d'accroissement par 12<sup>m</sup>,8 de profondeur.

**Puits artésiens.** — Lorsque les sondages sont poussés à une assez grande profondeur, les eaux ont une température de beaucoup supérieure à la température invariable de la contrée; ils donnent ainsi, d'un côté, des preuves directes de la température élevée de l'intérieur de la terre, et de l'autre, une éclatante confirmation des résultats obtenus par L. Cordier, tout en fournissant des chiffres différents encore.

Voici les résultats obtenus dans cinq grands sondages de l'Europe·occidentale :

| | Profond. | Temp. | Tempér. moy. | Excès. | Accrois. |
|---|---|---|---|---|---|
| Minden (Prusse)...... | 680<sup>m</sup> | 32°,7 | 9°,6 | 23°,1 · | 29<sup>m</sup>,6 |
| Grenelle (Paris)....... | 547<sup>m</sup> | 27°,7 | 10°,7 | 16°,0 | 31<sup>m</sup>,1 |
| St-André (Eure) ...... | 253<sup>m</sup> | 16°,4 | 8°,3 | 8°,1 | 30<sup>m</sup>,9 |
| Rochefort(Char.-Infér.) | 816<sup>m</sup> | 41°,5 | 2°,7 | 28°,8 | 28<sup>m</sup>,4 |
| Arcachon (Gironde) ... | 126<sup>m</sup> | 16°,6 | 13°,0 | 3°,6 | 35<sup>m</sup>,0 |

D'autres sondages faits à Mondorff, près Luxembourg, à Périgny, près Genève, donnent des résultats analogues : 1° pour 31 mètres et 29 m", 1 d'approfondissement.

**Sources thermales.** — On appelle ainsi les sources dont les eaux sont à une température supérieure de quelques degrés au moins à celle de la température moyenne du lieu où elles sont situées ; tantôt celle-ci est peu élevée, comme à Uriage (Isère), où elle est à 27° ; tantôt elle l'est davantage, comme à la source Bayen de Bagnères-de-Luchon qui est à 66°,3. Quelquefois elle est fort élevée, comme à Chaudes-Aigues (Cantal), où les eaux sont à 88°, ou bien aux Geysers de l'Islande, dont les bassins sont à 100° à la surface et à 124° degrés à 20 mètres au-dessous.

D'après l'accroissement de température dans les profondeurs, qu'accusent si nettement, soit les mines profondes, soit les sondages artésiens, on considère les sources thermales comme dues, dans la plupart des cas, à des eaux superficielles qui ont pénétré dans le sol d'autant plus profondément que leur température est plus élevée, et qui viennent ensuite ressortir en apportant la température de la zone jusqu'à laquelle elles sont descendues, et dans laquelle aussi elles ont pu se charger des matières minérales qu'elles tiennent si souvent en dissolution. En effet, elles renferment le plus souvent des substances minérales qui sont souvent différentes de celles qui se trouvent dans les sources ordinaires ; le carbonate de chaux y existe cependant, mais le plus souvent il se dépose à l'état d'aragonite, de ce carbonate de chaux qui cristallise en prime rhomboïdal sans clivage, comme cela se produit à Saint-Nectaire (Puy-de-Dôme), à Carslbad en Bohême, etc.

A Vichy, les sources thermales renferment une grande quantité de carbonate de soude, puisque la quantité rejetée chaque année atteint environ 4400 mètres cubes.

En Toscane, des sources très-chaudes déposent de l'acide borique. Les Geysers de l'Islande renferment en dissolution de la silice qui, en se précipitant, forme sur les bords des bassins et dans le lit des ruisseaux d'écoulement, des concrétions de silex qui ont une grande ressemblance avec certains silex résinites des terrains tertiaires qui ont sans doute été déposés par des eaux analogues.

Les sources thermales se rencontrent à toutes les latitudes, tout aussi bien dans les régions glacées polaires, que dans les zones tempérées et la zone torride. Leurs températures sont très-variées et quelquefois variables lorsque, dans leur remontée à la surface du sol, elles se mêlent avec d'autres eaux beaucoup plus superficielles dont l'abondance varie avec les saisons. Dans ce cas elles sont généralement moins chaudes après la saison pluvieuse qu'après la saison sèche, ou bien en hiver et au printemps, qu'en été ou à l'automne.

Voici, en exemple, les principales sources thermales de la France, de l'Allemagne et quelques-unes des plus chaudes des autres parties de la terre :

| | | | | | |
|---|---|---|---|---|---|
| Vosges | Plombières... | 68°,0 | Allemagne | Carlsbad .... | 75°,0 |
| Plateau central | Mont-d'Or ... | 45°,0 | | Tœplitz . ... | 48°,0 |
| | Chaudesaigues ...... | 88°,0 | | Ems ........ | 50°,0 |
| Aquitaine... | Dax......... | 62°,5 | | Wiesbaden.. | 62°,0 |
| | Bagn.-de-Bigorre. .... | 51°,0 | | Baden-Baden | 65°,0 |
| Pyrénées.... | Bagnères-de-Luchon.... | 66°,3 | Suisse (Schinznach) ...... | | 33°,0 |
| | Le Vernet ... | 56°,9 | Italie ( Civita-Vecchia. Romagne) ............ ...... | | 55°,0 |
| Alpes....... | Lamothe (Isère)......... | 59°,0 | Anatolie (Brousse) ....... | | 84°,0 |
| Méditerran.. | Balaruc (Hér.) | 50°,0 | Algérie (Hamm.-Meskoutin) | | 95°,0 |
| Corse....... | Pietrapola... | 55°,0 | Islande (Geyser) ......... | | 100°,0 |
| | San Antonio. | 52°,0 | Mexique (Comangillas) ... | | 96°,4 |
| | | | Nlle-Grenade (las Trincheras)..................... | | 90°,3 |

**Chaleur centrale.** — « Dans les phénomènes observés, disait L. Cordier en 1827, d'accord avec la théorie mathématique de la chaleur, annonçant que l'intérieur de la terre est pourvu d'une température très-élevée qui lui est particulière, et qui lui appartient depuis l'origine des choses, et, d'un autre côté, le volume de la masse terrestre étant infiniment plus considérable que celui de la masse des eaux (environ dix mille fois plus grand), il est extrêmement vraisemblable que la fluidité, dont le globe a incontestablement joui avant de prendre sa forme sphéroïdale, était due à la chaleur.

« Cette chaleur était excessive, car celle qui actuellement pourrait exister au centre de la terre, en supposant un accroissement continu de 1 degré pour 25 mètres de profondeur, excéderait 3500° du pyromètre de Wedgwood (plus de 250 000° centigrades) [1].

« On doit admettre que la température de 100° du pyromètre de Wedgwood, température qui serait capable de fondre toutes les laves et une grande partie des roches connues, existe à une profondeur très-petite, eu égard au diamètre de la terre, et par exemple que cette profondeur est de moins de 275 kilomètres à Carmeaux, de 150 kilomètres à Littry et de 115 kilomètres à Decize ; nombres qui correspondent à 1/23ᵉ, 1/42ᵉ et 1/55ᵉ du moyen rayon terrestre.

« Si on considère, d'une part, la généralité que les observations de Dolomieu, sur le gisement des foyers d'éruption, et nos expériences sur la composition des laves, ont donné aux phénomènes volcaniques, et de l'autre la grande fusibilité des matières que tous les volcans de la terre rejettent actuellement et même depuis longtemps, on devra penser que la fluidité intérieure commence, du moins sur beaucoup de points, à une profondeur notablement moindre que celle où réside la température de 100° du pyromètre de Wedgwood.

« L'épaisseur moyenne de l'écorce de la terre n'excède probablement pas 100 kilomètres. Je dirai même que, d'après plusieurs données géologiques, non encore interprétées, il est à croire que cette épaisseur moyenne n'équivaudrait pas à la soixante-troisième partie du moyen rayon terrestre.

1. Le zéro du pyromètre de Wedgwood correspond à 580°,55 du thermomètre centigrade, et chacun de ses degrés égale 72°,22 d'après cet auteur.

« L'épaisseur de l'écorce de la terre est probablement très-inégale ; cette grande inégalité nous paraît annoncée par celle de l'accroissement de la température souterraine d'une contrée à l'autre. La différence des conductibilités ne peut seule rendre raison du phénomène.

« Si l'on en juge par les laves des volcans, la fluidité de la matière incandescente qui constitue l'intérieur de la terre serait très-grande, et sa densité dans les régions éloignées du centre (par exemple à une distance égale aux 49/50$^{es}$ du rayon) serait encore fort inférieure à la densité moyenne du globe entier. On peut conclure, indépendamment de toute autre considération, que la densité des matières centrales tient beaucoup plus à leur nature qu'à la compression : elles se sont originairement placées dans l'ordre des pesanteurs spécifiques. L'existence de l'or et du platine nous prouve qu'il peut se trouver au centre de la terre des matières ayant par leur nature une extrême densité.

« La nature des pierres tombées du ciel et l'existence des fers météoriques prouvent que le fer, à l'état métallique et allié de nickel, peut entrer abondamment dans la composition des masses planétaires. »

M. Louis Figuier résumant, près de quarante années plus tard, les données les plus récentes de la science disait, en 1863 :

« Il est donc prouvé que la température de l'intérieur de notre globe va sans cesse en croissant ; les observations directes permettent de fixer cette augmentation à 1° pour 33 mètres de profondeur.

« Si l'on admet que cette progression se continue régulièrement jusqu'au centre du globe (hypothèse aussi difficile à rejeter qu'à défendre), il en résulterait que la température du noyau central terrestre serait de 195 000 degrés ; — qu'à une profondeur moindre de 1/50 du noyau terrestre, la chaleur serait de 7 700 degrés au thermomètre centigrade (100 degrés du pyromètre de Wedgwood), température capable de fondre toutes les laves et une grande partie de toutes les roches connues ; — enfin que la température de 100 degrés centigrades, en d'autres termes la chaleur de l'eau bouillante, existerait à la profondeur de 2500 mètres au-dessous du sol. »

**Évaluation des températures.** — Le tableau suivant donne celles auxquelles l'homme peut soumettre les corps, dans les laboratoires scientifiques et les ateliers industriels. La première moitié donne, pour les températures inférieures au point d'ébullition du mercure, quelques jalons empruntés au point de liquéfaction ou de volatilisation de corps bien connus. Dans la seconde moitié se trouvent les évaluations de M. Pouillet relatives aux diverses nuances de rouge avec quelques autres jalons pris dans les mêmes conditions :

| Températures inférieures à 350°. | | Températures supérieures à 350°. | |
|---|---|---|---|
| Solidification de l'alcool.. | —100°,0 | Ébullition du mercure.. | 350°,0 |
| Liquéfaction de l'ac. carb. | —78°,0 | — de l huile de lin. | 387°,1 |
| Liquéfaction du chlore.. | —40°,0 | — du soufre.... | 400°,0 |
| Solidification du mercure. | —39°,5 | Fusion du zinc.......... | 450°,0 |
| Solidif. de l'eau de mer. | —2°,5 | *Rouge naissant*......... | 525°,0 |
| Fusion de la glace....... | 0°,0 | Fusion de l'aluminium.. | 600°,0 |
| Ébullition de l'éther sul-furique............... | 35°,5 | *Rouge sombre*.......... Ébullition du potas-ium. | 700°,0 |
| Fusion du phosphore... | 44°,2 | *Cerise naissant*....·... | 800°,0 |
| Ébullit. du sulf. de carb. | 48°,0 | *Cerise*............... Fusion du bronze....... | 900°,0 |
| Fusion du potassium.... | 55°,0 | *Cerise clair*.......... Fusion de l'argent...... | 1000°,0 |
| Ébullition de l'alcool ... | 78°,3 | Fusion de la fonte : Fusion du cuivre. | 1050°,0 |
| Fusion du sodium ...... | 90°,0 | *Orange foncé*... | 1100°,0 |
| — de l'alliage d'Ar-cet................. | 94°,0 | *Orange clair*.... | 1200°,0 |
| Ébul. de l'eau distillée.. | 100°,0 | Fusion de l'or.......... | 1250°,0 |
| — de l'eau de mer... | 103°,7 | *Blanc*............... Ébullition du zinc ..... | 1300°,0 |
| Fusion du soufre....... | 114°,5 | Fusion de l'acier....... *Blanc soudant* ........ | 1400°,0 |
| Ébullition de l'iode..... | 176°,0 | *Blanc éblouissant*...... | 1500°,0 |
| — de l'étain..... | 235°,0 | Fusion du fer doux.... | 1600°,0 |
| — du succin.... | 288°,0 | Fusion du platine ...... | 1700°,0 |
| Ébullition du phosphore. | 290°,0 | | |
| — de l'acide sulfu-rique hydraté ........ | 326°,0 | | |
| Fusion du plomb....... | 335°,0 | | |

En supposant uniforme l'accroissement de température dans l'intérieur du sol, on aurait les résultats suivants pour Paris, où la température moyenne est de $10^0,7$, et l'accroissement de $1^0$ par $31^m,1$.

| | | | | | | |
|---|---|---|---|---|---|---|
| $100^0$ | à | $2768^m$ | | $1000^0$ | à | $30758^m$ |
| $200^0$ | à | $5868$ | | $1500^0$ | à | $46308$ |
| $500^0$ | à | $15208$ | | $1700^0$ | à | $52528$ |

Bien avant les deux dernières températures et profondeurs, la plupart des roches qui composent l'écorce terrestre seraient réduites en fusion.

# CHAPITRE VII.

## VOLCANS.

**Volcans en général.** — Les volcans sont des collines ou des montagnes de forme conique plus ou moins surbaissée, terminées par un orifice en cône renversé désigné sous le nom de *cratère*.

Ils rejettent ou ont rejeté des matières gazeuses qui se sont perdues dans l'atmosphère, et des matières liquides ou solides qui se sont répandues à la surface du sol sous trois formes : les *cendres*, formées par des parties très-fines projetées à l'état pulvérulent, et qui sont transportées par les vents jusqu'à une distance plus ou moins grande de l'orifice ; les *scories*, qui sont des parties plus ou moins grosses, projetées en l'air à l'état liquide ou déjà solidifiées, et qui, en retombant autour de l'orifice, forment en grande partie le cône ; enfin les *coulées* de matière fondue, qui forment des nappes sur les flancs, et vers le pied des amas, dans les parties où le sol est horizontal ou à peu près. Dans la plupart des volcans, comme le Vésuve, l'Etna, etc., les éruptions, c'est-à-dire les déjections de matière, n'ont lieu qu'à des époques assez éloignées ; dans les intervalles, le volcan est dans un état de repos assez grand, et ne laisse guère dégager que des substances gazeuses et des vapeurs. Quelquefois, au contraire, comme au Stromboli, dans les îles Lipari, les éruptions ont lieu d'une manière continue ; elles sont alors fort petites, et consistent en quelques jets de scories et

en un petit épanchement de lave, tandis que dans les autres volcans il se produit des déjections considérables de
scories et de grandes coulées de laves.

Les éruptions se manifestent à des intervalles de temps
fort irréguliers, et de grands bruits et des détonations as-

Fig. 32. — Coupe théorique d'un volcan en éruption.

sez fortes pour ébranler le sol, les accompagnent très-
souvent.

Les matières gazeuses forment des jets, appelés *fumerolles*, sortant de la masse liquide qui s'élève à une plus
ou moins grande hauteur dans la cheminée du volcan,
c'est-à-dire le canal qui met en communication la masse
intérieure fluide du globe avec l'atmosphère.

« Ces gaz, d'après les observations de M. Ch. Sainte-Claire Deville, consistent souvent en air échauffé, plus ou moins altéré par l'addition de quelques gaz ou vapeurs, par l'absorption plus ou moins notable d'une partie de son oxygène. Tout porte à croire qu'en pareil cas les évents sont en communication avec l'air par quelque fissure éloignée, et qu'ils l'aspirent et le restituent par un mouvement de siphon, après l'avoir échauffé. Mais parfois, dans ces gaz, l'acide carbonique se présente à la dose notable de 9 à 10 pour 100, comme on le voit dans les fumerolles du Vésuve. L'acide sulfureux, quelquefois à peine appréciable, s'élève à 6, à 7 et même à 8 pour 100 dans les gaz de la grande solfatare, et à 85 dans les fumerolles de Vulcano. L'acide sulfhydrique est dans le même cas. En résumé, la nature des gaz produits par les fumerolles d'un même volcan n'est pas constante. En outre, la même fumerolle ne produit pas toujours le même gaz. » Ces matières gazeuses renferment de la vapeur d'eau en assez grande quantité, et sont presque toujours incombustibles ; aussi ne se produit-t-il pas de véritables flammes. Ordinairement, ce qu'on prend pour celles-ci pendant la nuit, ce sont les vapeurs et les cendres qui sortent à l'état rouge, par suite de la haute température des matières liquides, ou bien les cendres et les scories, qui, après un commencement de refroidissement, sont éclairées par la lave liquide qui bouillonne dans le cratère.

Les laves sortent et s'épanchent à la surface du sol, tantôt par le cratère, lorsque les volcans sont peu élevés, comme au Stromboli, au Vésuve, tantôt, et beaucoup plus souvent, par des fentes qui se produisent sur les flancs ou vers le pied du cône volcanique, ainsi que cela se passe habituellement à l'Etna. En 1809, par exemple, il se fit une grande éruption : des vapeurs, des cendres et même une petite coulée de laves sortirent du grand cratère terminal ; mais vers le milieu de la hauteur du cône, il se fit une crevasse qui donna issue à un grand courant de laves qui coula pendant huit à dix jours.

Comme exemple d'éruption se produisant exclusivement sur les pentes inférieures d'un grand cône volcanique, on peut citer pour l'Etna, dont l'élévation est de 3300 mètres, celle de 1669, qui donna naissance aux *Monti-Rossi*. Ceux-ci sont situés au bord inférieur de la région des forêts, un peu au-dessus de Nicolosi, ville placée à 700 mètres d'altitude, aux deux cinquièmes de la distance qui sépare Catane du cratère terminal de l'Etna. Un tremblement de terre mit d'abord par terre toutes les maisons; puis non loin s'ouvrirent deux gouffres dont il sortit une telle quantité de cendres et de scories, qu'en trois ou quatre mois il en résulta le double cône des Monti-Rossi, élevés de 170 mètres. Mais le phénomène le plus extraordinaire se produisit au commencement, dans la plaine de San-Lio : une fente de deux mètres de largeur, et d'une profondeur inconnue, s'ouvrit avec grand fracas et s'étendit du nord au sud, suivant une ligne un peu tortueuse, jusqu'à 1600 mètres du sommet de l'Etna, sur une longueur de 20 kilomètres. Elle émettait une très-vive lumière, due sans doute à la lave en fusion qui la remplissait. Plus tard, cinq autres fentes parallèles s'ouvrirent l'une après l'autre, émettant de la fumée et des bruits qui furent entendus à 65 kilomètres. Les Monti-Rossi s'ouvrirent alors et donnèrent issue à un courant de lave qui recouvrit quatorze villes ou villages, dont plusieurs de trois à quatre mille habitants. Il s'étendit sur une longueur de 15 kilomètres, et au tiers supérieur sa largeur atteignit jusqu'à 5 kilomètres. Aux deux tiers inférieurs, il entoura l'ancien cône dit Monte Santa-Sofia, et arriva enfin le long des remparts de Catane. Ceux-ci, qui avaient été surélevés à la hâte jusqu'à une hauteur de 20 mètres, ne furent pas renversés; mais la lave déborda et retomba en cascade ardente qui inonda une partie de la ville. Enfin le courant entra dans la mer et s'y arrêta, en comblant une partie du port. Il avait encore une largeur de près de 600 mètres et une hauteur de 14 mètres.

La fluidité des laves est assez grande, et sur des pentes un peu fortes leur marche est assez rapide. Une coulée à Ténériffe parcourut huit lieues en vingt-quatre heures ; mais dans les circonstances ordinaires , sur des pentes douces, il faut ordinairement plusieurs jours pour qu'un courant avance d'une lieue. La plus grande distance qu'une lave ait parcourue est une dizaine de lieues.

Les courants de lave, par suite du refroidissement qu'ils éprouvent au contact de l'air, se recouvrent très-vite d'une croûte solide scoriacée, divisée en fragments d'abord séparés les uns des autres, et qui nagent à la surface de la lave, puis qui finissent par se souder, se réunir, et former une sorte de galerie couverte dans laquelle la lave continue de s'avancer. A l'extrémité inférieure du courant, les scories conservent une mobilité qui permet à la lave d'avancer ; ou bien, si sa marche est lente par suite de la faible inclinaison du sol, les scories se soudent, et de temps en temps il se fait des fissures et des crevasses par lesquelles la lave reprend son cours, arrêté pendant quelque temps.

La température des laves est très-élevée dans le cratère et dans les premiers temps de leur sortie ; elle est capable de fondre même le feldspath, mais elle n'altère pas le quartz. Au bout d'un temps ordinairement peu long, la température diminue beaucoup, et les laves perdent leur fluidité ; cependant leur conductibilité est assez faible pour que les coulées un peu épaisses conservent encore, au bout de deux ou trois ans, une température suffisante pour vaporiser la pluie qui tombe dans les fissures qu'elles présentent.

Pendant leur marche, et lorsqu'ils sont arrêtés dans des dépressions du sol, les courants de lave laissent dégager de la vapeur d'eau ; il se sublime en outre diverses substances minérales sur les parois des fissures qui existent dans les parties extérieures consolidées. Ce sont habituellement du carbonate de soude, du sel marin, du sel ammoniaque, comme à l'Etna, où on en recueille abondamment, ou bien du chlorure de cuivre, du sulfure d'arsenic, du fer oligiste, etc.

Les laves qui se solidifient en coulant sur des pentes, présentent des cellules en général irrégulièrement allongées, tandis que celles qui se solidifient en repos présentent des cellules arrondies. Les laves toutefois ne sont guère celluleuses qu'à la partie extérieure des courants. Les parties centrales présentent une compacité très-grande, semblable à celle des basaltes des terrains tertiaires, ainsi qu'on peut le voir lorsque des coulées de dates connues sont dégradées par les torrents. C'est ce qui a lieu à l'Etna pour une coulée de 1603. Quand la matière de la lave se solidifie brusquement, les molécules des minéraux composants n'ont pas le temps de se réunir d'après les lois de la cristallisation, et il se produit des roches vitreuses.

Quand la lave s'épanche dans des fissures, elle forme de véritables filons qui ont une structure compacte, et qu'on ne pourrait distinguer des basaltes tertiaires.

La nature des matériaux rejetés par les volcans présente généralement une assez grande uniformité. Ce sont des roches dans lesquelles le pyroxène est uni au labradorite, et qui sont à texture soit grenue, soit compacte, soit scoriacée, soit vitreuse, ou bien des roches friables, cinériformes. Ordinairement, le péridot et le fer titané s'y rencontrent; quelquefois, comme à la Réunion et à Taïti, le péridot est très-abondant. Dans quelques cas très-rares, comme au Vésuve, le labradorite est remplacé par l'amphigène. Quelquefois, enfin, le pyroxène ne se trouve pas dans les roches volcaniques. Elles sont alors composées de ryacolithe et il en résulte une véritable trachyte comme à l'île d'Ischia près de Naples, à Ténériffe.

Entre les éruptions, et surtout dans certains volcans où il ne se produit plus d'éruptions, il se dégage des vapeurs, renfermant du soufre qui se condense en cristaux dans les fissures des roches et que l'on exploite sur plusieurs points, comme à la solfatare de Pouzzoles près Naples. L'acide sulfureux qui se dégage en même temps,

agit sur ces mêmes roches et les transforme en alunite
lorsqu'elles sont feldspathiques, ou bien en d'autres roches lorsqu'elles sont pyroxéniques. Ces roches altérées
prennent alors des teintes vives, blanches, jaunes, rouges
ou violettes.

« Les laves, dit M. d'Omalius, produisent quelquefois
sur les matières qu'elles traversent, qu'elles enveloppent
ou qu'elles recouvrent des effets analogues à ceux des in-
cendies souterrains : c'est ainsi que l'on voit, dans leur
voisinage, des argiles et des schistes transformés en por-
cellanite. On voit aussi du granit qui a pris une texture
celluleuse ou un aspect vitreux, du calcaire compacte qui
a pris une texture cristalline, du bois transformé en charbon, etc. Mais l'action des laves est très-variable, et on
les voit quelquefois reposer sur des roches qui n'ont point
éprouvé d'altération sensible.

« Ce sont surtout les émanations gazeuses qui produisent les altérations les plus importantes ; quelquefois elles
changent tout à fait les caractères des roches : c'est ainsi
que les émanations sulfureuses désagrégent les roches feldspathiques et leur font perdre leurs éléments alcalins ;
d'autres fois, notamment en Toscane, ces émanations sulfureuses transforment du calcaire en gypse. Les émanations qui s'échappent des volcans, aidées par la dilatation
résultant de la chaleur, déterminent, dans l'intérieur des
roches, la formation de cristaux ou de concrétions de diverses substances, telles que de l'oligiste spéculaire, du
soufre, du réalgar, du sel marin, du salmiac, de l'ataka-
mite, etc. Il paraît même que ces émanations donnent
naissance à la production de silicates et d'hydro-silicates.

**Vésuve.** — « Ce volcan, dit Dufrénoy, dont la forme
générale est conique, est isolé de toutes parts et il s'élève
au milieu d'un terrain de tuf. La base de cette montagne
a environ 35 000 mètres de circonférence et la hauteur
au-dessus de la mer est de 1198 mètres. Elle se compose
de deux parties distinctes : l'une conique, assez aiguë, occupe le centre du groupe et constitue le *Vésuve propre-*

*ment dit;* la seconde, que l'on désigne sous le nom de *Somma,* forme une enceinte circulaire qui enveloppe le cône central sur environ la moitié de sa circonférence.

« La Somma paraît avoir constitué à elle seule pendant longtemps le groupe entier du Vésuve. Le peu de renseignements que l'on possède sur la forme de cette montagne, à l'époque où les Grecs sont venus s'établir en Italie, nous la montre comme terminée par une vaste plaine pré-

Fig. 40. — Le Vésuve après l'éruption de l'an 79.

sentant à son centre une dépression circulaire assez profonde.

« Aucun phénomène particulier ne décelait alors l'origine du Vésuve. Ce n'est que vers le milieu du premier siècle de l'ère chrétienne que remontent les premiers phénomènes qui se rattachent à l'apparition du Vésuve. Un tremblement de terre, qui doit avoir occasionné des ravages considérables, eut lieu dans l'an 63 : plusieurs autres, plus ou moins violents, se succédèrent sans interruption depuis cette époque jusqu'à l'an 79, où eut lieu l'éruption qui détruisit Herculanum et Pompéi ; c'est de cette éruption, la plus violente de toutes celles qui se sont succédé depuis, et qui présente des caractères particuliers, que date très-probablement l'élévation du cône central que l'on désigne maintenant sous le nom de Vésuve.

« Le cône du Vésuve s'élève brusquement au milieu du Piane, qui, lui-même, est un cône fort surbaissé : sa hauteur totale, prise à la Punta del Palo, est de 1185 mètres, et celle au-dessus du Piane est de 535 mètres. La pente du Vésuve, à peu près uniforme sur toute sa hauteur, est de 33°. A sa partie inférieure, elle s'adoucit et se raccorde avec la surface du Piane et la pente de la Somma.

« Le sommet du Vésuve, désigné généralement sous le nom de cratère, a la forme d'un cercle un peu allongé de l'est à l'ouest, dont le diamètre est environ de 750 mètres sur 700. Sur les trois quarts de sa circonférence, ce cercle est surmonté par une arête assez escarpée intérieurement, tandis que l'extérieur présente l'inclinaison générale de tout le cône. Une partie beaucoup plus élevée s'élève au N. O., elle est désignée sous le nom particulier de *Palo*. Avant l'éruption de 1822, qui détruisit en partie le cratère, le Palo était encore plus élevé. Le sommet du cratère est terminé par une plaine très-irrégulière, couverte de blocs de scories et de laves, et coupée par de nombreuses fissures, desquelles il se dégage des vapeurs analogues aux fumerolles qui s'échappent des coulées de laves. Au centre de cette espèce de plaine sont deux vastes entonnoirs, dont l'un, beaucoup plus grand que l'autre, présente une troisième excavation.

« La sortie des laves a lieu quelquefois par le cratère même, comme dans les éruptions de 1822 et 18&8 ; mais fréquemment les bouches qui les déversent s'ouvrent sur les flancs et quelquefois même au pied du Vésuve. Il est rare que la lave ne se fasse jour qu'en un seul point, presque toujours il se forme plusieurs bouches qui vomissent successivement ou même à la fois des torrents enflammés. Ces différentes bouches sont ordinairement placées en ligne droite, et fréquemment même elles sont reliées entre elles par une fente : lorsque la lave cesse d'affluer, elle se solidifie dans ces différentes ouvertures qui constituent par leur ensemble un véritable filon.

« Les coulées de laves tracent sur la surface du Vésuve des sillons dont la largeur dépend de l'abondance de la lave et du relief du terrain. Mais quelle que soit cette largeur, elles se présentent toujours comme de simples lanières : disposition que M. de Humboldt a caractérisée en disant que les laves sont toujours en bandes étroites.

« La coulée de 1794, qui s'est prolongée jusqu'à la mer, et a couvert Torre del Greco, est une des plus considérables de toutes celles qui sillonnent les pentes du Vésuve ; elle présente à son origine une largeur égale seulement à la 110ᵉ partie de la circonférence sur laquelle ses bouches sont ouvertes ; tandis que dans l'endroit où elle atteint sa plus grande largeur, c'est-à-dire en face de Dedonna, situé à un quart de sa longueur totale, elle est égale à environ la 55ᵉ partie de la circonférence du cercle qui passe à cette hauteur du Vésuve.

« Quand les coulées s'arrêtent, par suite du peu d'abondance de la matière vomie par le volcan, la lave s'amincit et se tiraille dans tous les sens, comme une matière pâteuse que l'on étire. Dans ce cas, elle présente les caractères de scories, et elle ne devient jamais lithoïde.

« L'intérieur des coulées possède une haute température, et reste même en fusion longtemps après que la lave a cessé de couler. La longueur du refroidissement dépend, en général, de l'épaisseur de la couche de laves, et de quelques autres circonstances peu connues. La haute température et la fusion de la lave sont indiquées par la présence des fumerolles, c'est-à-dire par le dégagement des vapeurs de différentes natures qui s'échappent sous forme de fumée. Au Vésuve, ces vapeurs paraissent se composer d'acide carbonique, d'eau, d'acide chlorhydrique et de sel marin. On a souvent indiqué de l'hydrogène sulfuré, mais on s'est assuré, par des essais réitérés, qu'il ne se dégageait pas de soufre. L'odeur piquante de l'acide chlorhydrique le rend très-reconnaissable ; en outre, les parties où les fumerolles se dégagent sont toujours couvertes de croûtes blanches de sel marin et d'efflorescences d'un jaune clair, que l'on prend assez généralement pour du soufre, et qui sont dues à un sous-chlorure de fer. A mesure que la lave se solidifie, les fumerolles s'éteignent, leur présence est une indication certaine de l'épaisseur de la coulée ; tant que la lave afflue, elles brûlent sur toute la longueur du courant de laves.

« Lorsque je montai au Vésuve, continue Constant Prévost, au mois de mars de 1832, son cratère, qui, quelques années auparavant, avait plus de 700 pieds de profondeur, était rempli jusqu'à ses bords de laves et de cendres, dont l'accumulation avait formé une vaste plaine à surface ondulée et tourmentée comme est celle d'un fleuve couvert de glaces arrêtées ; presque au centre de cette plaine, aussi étendue que notre Champ de Mars, s'élevait un monticule de cendres et de scories formé principalement par les éruptions des mois de janvier et février précédents, et qui avait, lorsque je le vis, 60 pieds au moins au-dessus du fond du cratère. C'est sur les bords de ce monticule récent que je me plaçai pour voir la lave incandescente qui s'élevait dans sa partie centrale et montait à 40 pieds au moins dans la cheminée ou canal artificiel que les éruptions venaient de construire et continuaient à exhausser. Après chaque projection de cendres et de pierres qui se renouvelait de 5 à 7 et 8 minutes plus ou moins, la lave paraissait d'un rouge blanc ; sa surface, légèrement agitée, s'élevait et s'abaissait lentement avec une sorte d'isochronisme ; d'abondantes vapeurs d'eau, d'acide sulfureux ou muriatique s'en dégageaient sans cesse ; après quelques instants, sa couleur rouge et blanche passait par l'effet du contact de l'air, au rouge plus foncé ; une pellicule comparable à celle qui recouvre le lait que l'on fait bouillir se boursouflait ; un sifflement se faisait entendre, et bientôt toute la pellicule était projetée avec bruit en fragments plus ou moins volumineux, à 3 ou 400 pieds de haut et au milieu d'un nuage de cendres et de vapeurs; quelques-uns des fragments, dont plusieurs tombèrent à nos pieds, avaient 12 à 15 pouces de diamètre, mais ils étaient tubulaires et formés d'une scorie légère et qui, rouge et molle

Fig. 41. — Intérieur du cratère du Vésuve en 1829.

lorsqu'elle retombait, soit dans le cratère, soit sur ses bords, pouvait recevoir l'empreinte des corps durs.

« C'est à la répétition de ces actes qu'est due l'espèce de bourrelet toujours croissant qui contient la lave dans une sorte de tube, lequel, s'élevant plus rapidement qu'elle, l'empêche de s'épancher par le sommet du cône et la

force à percer les flancs de la montagne qui s'ouvre pour
lui donner issue lorsque quelques points des parois ne
peuvent plus résister à la pression toujours croissante de
la colonne liquide et incandescente qui s'allonge. »

**Ile Julia**. — Cette île fournit un des exemples les
mieux étudiés de la formation des volcans sous-marins.

« Le fond de la mer, dit Constant Prévost, à travers
lequel s'est ouvert le nouveau volcan, avait été, depuis
plusieurs siècles, violemment agité en même temps que la
côte méridionale de la Sicile, et que le sol de la Pantellerie, et cela, souvent, lorsque les autres foyers d'agitation
de cette première île, c'est-à-dire sa partie orientale ou
Etnéenne et sa partie septentrionale ou Éolienne, restaient en repos.

« L'île Julia n'est pas élevée sur un haut fond ni sur
un banc, ainsi qu'on l'avait annoncé, mais bien plutôt au
pied d'un escarpement sous-marin qui termine, du côté
oriental, le large banc de l'*Aventure*, dont l'étendue de
plus de 20 lieues dans tous les sens présente une surface
ondulée mais horizontale d'une manière générale, qui n'est
recouverte que de 26 à 40 brasses d'eau au plus et dans
beaucoup d'endroits de 7 à 8 seulement, tandis que la
sonde indique plus de 100 brasses de profondeur dans la
partie du canal qui est entre le port de Sciacca et la Pantellerie.

« Lors de la nouvelle manifestation des phénomènes en
1831, des tremblements de terre nombreux et prolongés
qui furent ressentis sur plus de 40 lieues le long des côtes
de la Sicile, de Terra-Nova à Marsala, et dans le même
temps à la Pantellerie, et même à Palerme, précédèrent
l'apparition des premiers indices qui se manifestèrent à
la surface de la mer par un léger bouillonnement apparent des eaux.

« Ces secousses du sol, tantôt oscillatoires, et le plus
souvent dirigées du S. O. au N. E., furent accompagnées souvent de bruits très-forts, comparés par les habitants à de longues canonnades entendues de loin, et

qui durèrent quelquefois pendant plus d'un demi-quart d'heure.

« Plusieurs jours avant les premières éruptions, la surface de la mer paraissait bouillonnante et les eaux étaient troubles ; elle fut couverte de poissons morts, ou seulement engourdis, dont on recueillit un grand nombre sur les rivages de Sicile, et à plus de 8 ou 10 lieues du point où allaient paraître les éruptions.

« Celles-ci commencèrent d'abord par des vapeurs légères qui, augmentant peu à peu, donnèrent lieu à une colonne constante blanche et floconneuse, d'une hauteur de 1500 à 2000 pieds, sur 60 à 100 pieds de largeur. Ces vapeurs s'élevèrent d'abord seules ; puis elles furent bientôt mêlées de cendres et de pierres, et d'autres vapeurs roussâtres et fuligineuses. La colonne de cendres et de pierres, dont l'ascension était intermittente, et qui paraissait noire pendant le jour et incandescente à son centre pendant la nuit, fut remarquée longtemps avant qu'aucun massif solide parût à sa base.

« L'apparition de l'île fut successive : un, puis plusieurs pitons parurent isolément et se réunirent pour former, autour du centre d'éruption, un bourrelet de matières meubles, dont la forme changea continuellement, et qui, d'abord au niveau des eaux, s'éleva graduellement jusqu'à 200 pieds au moins, laissant dans les premiers moments le cratère en communication avec la mer, tantôt du côté du N., tantôt du côté du S. E., selon l'effet des vents ou celui des vagues qui contribuaient au transport et à l'entraînement des matières rejetées.

« La température apparente des eaux contenues dans le cratère, et celle de la mer qui baignait la plage S., était produite par l'ascension continuelle de gaz ou de vapeurs brûlantes qui venaient d'une certaine profondeur, et qui, en s'échappant dans l'air, donnaient à la surface des eaux l'apparence d'un bouillonnement.

« Non-seulement les éruptions furent intermittentes, quoique aucune régularité n'ait été observée à cet égard,

mais encore des périodes d'activité furent séparées par
des intervalles de repos plus ou moins longs; puisque,
par exemple, le 2 août, le capitaine Senhause put débar-
quer dans l'île et monter jusqu'à son sommet, tandis que,
les 11 et 12 du même mois, le professeur Gemmellaro

Fig. 4?. — L'île Julia, volcan sous-marin, le 29 septembre 1831.

fut témoin de nombreuses éruptions qui l'empêchèrent
d'approcher; puisque, après environ un mois de repos, la
même alternative se renouvela presque en notre présence, et fut signalée encore beaucoup plus tard, lors de
la disparition de l'île.

« Enfin cette disparition fut lente, successive, comme avait été l'apparition, et elle fut produite, ainsi que l'abaissement du sol redevenu sous-marin, en grande partie évidemment, par l'action des vagues, qui, après avoir favorisé l'éboulement des cendres, scories et fragments incohérents dont l'île était composée, entraînèrent ces matériaux meubles ; probablement aussi que les secousses qui ont été ressenties depuis que les éruptions avaient cessé, ont contribué à la transformation de l'île Julia, en un banc couvert de 9 à 10 pieds d'eau seulement dans quelques parties, et dont la forme n'a plus rien qui indique son origine : dernière observation importante à consigner pour faire comprendre la difficulté de retrouver les anciens foyers d'éruption dans les formations volcaniques, sous-marines, aujourd'hui émergées. »

# CHAPITRE VIII.



## ÉMANATIONS GAZEUSES, SALSES, ETC.

**Soffioni et lagoni.** — « Ce sont, dit M. Coquand, des montagnes crevassées laissant échapper, avec un sifflement particulier, des masses énormes de vapeurs qui embrument l'atmosphère et s'élancent en colonnes torses jusqu'à la hauteur de 30 à 40 mètres ; le terrain brûlant sous vos pieds et menaçant de vous engloutir ; l'eau des lagoni bouillonnant avec fureur dans les bassins qui les retiennent et s'épanouissant en gerbes comme des geysers. Les lagoni de la Toscane n'ont d'analogues dans aucune partie du monde connu : ils constituent des volcans d'une classe spéciale, d'une prodigieuse activité. Les plus remarquables, par leur intensité, sont ceux de Monte-Cerboli, de Castel-Nuovo, dans la vallée de Cecina, et d'autres dans la vallée de la Cornia.

« Les lagoni, pris dans un sens géologique, peuvent être définis : émission violente de vapeurs chaudes chargées d'hydrogène sulfuré à travers les fissures du sol. Le *lagoni* est, à proprement parler, la dépression naturelle du sol ordinairement remplie d'eau, de laquelle s'élancent des vapeurs brûlantes ; les *bulicami* indiquent le bouillonnement de l'eau dans les lagoni, et les *fumacchi* ou *soffioni* représentent les soufflards, les fumerolles et les jets de vapeurs qui s'échappent des crevasses du terrain dans toutes les directions, sans passer par les lagoni, en produisant un sifflement analogue à celui d'une machine soufflante de haut fourneau.

« Les eaux ne contiennent, au moment de leur sortie de la terre, qu'une quantité insignifiante d'acide borique en dissolution. Dans leur passage à travers six ou huit lacs, elles se chargent d'un demi pour cent d'acide borique.

« La violence avec laquelle s'échappent les vapeurs brûlantes donne lieu à de véritables explosions boueuses, lorsqu'on a asséché un lac pour en verser les eaux dans un autre lac. La boue est alors projetée comme le seraient des matières solides rejetées par des volcans, et il surgit du fond du lac une foule de petits cônes d'éruption dont l'activité et le jeu rappellent, sous une autre forme, les *hornitos* du Mexique. Leur température varie de 120 à 145 degrés centigrades, et les nuages qu'elles poussent au-dessus des lagoni constituent de vrais baromètres naturels, dont la plus ou moins grande intensité trompe rarement les prédictions qu'elles annoncent.

**Moffettes.** — « La phase dernière de l'activité volcanique, dit M. Louis Figuier, c'est un dégagement d'acide carbonique sans élévation de température. Dans les lieux où se manifestent ces émanations continues de gaz acide carbonique, on reconnaît l'existence d'anciens volcans dont les dégagements sont le phénomène terminal. C'est ce que l'on observe de la façon la plus remarquable en Auvergne, où existent une multitude de sources acidules, c'est-à-dire chargées d'acide carbonique.

« La grotte du Chien, dit le docteur James, est située à Pouzzoles, sur le penchant d'une montagne extrêmement fertile, en face et à peu de distance du lac d'Agnano. L'entrée en est fermée par une porte dont le gardien a la clef. La grotte a l'apparence d'un petit cabanon dont les parois et la voûte seraient grossièrement taillées dans le rocher. Sa largeur est d'environ 1 mètre, sa profondeur de 3 mètres, sa hauteur de 1 mètre 1/2. Il serait difficile de juger, par son aspect, si elle est l'œuvre de l'homme ou de la nature. L'aire de la grotte est terreuse, noire et brûlante. De petites bulles sourdent dans quelques points de la surface, crèvent et laissent échapper un fluide aériforme qui se réunit en un nuage blanchâtre au-dessus du sol. Ce nuage est formé de gaz acide carbonique mélangé avec un peu de vapeur d'eau.

« La couche de gaz a une hauteur de 20 à 60 centimètres ; elle représente un plan incliné dont la plus grande hauteur correspond à la partie la plus profonde de la grotte.

« Voici l'expérience que le gardien montre aux visiteurs. Il a un chien dont il lie les pattes pour l'empêcher de fuir et qu'il dépose ensuite au milieu de la grotte. L'animal manifeste une vive anxiété, se débat et paraît bientôt expirant. Son maître l'emporte hors de la grotte et l'expose au grand air en le débarrassant de ses liens. Peu à peu, l'animal revient à la vie ; puis tout à coup il se lève et se sauve rapidement comme s'il redoutait une seconde séance. Il y a plus de trois ans que le chien que j'ai vu fait le service, et qu'il est ainsi asphyxié et désasphyxié plusieurs fois par jour. Sa santé générale est excellente, et il paraît se trouver à merveille de ce régime. »

**Grisou.** — « Les émanations de ce gaz, qui sont les plus communes et les plus remarquables, sont ordinairement désignées par les noms de *fontaines ardentes* ou de *terrains ardents*, parce que le grisou qui sort de terre, s'enflammant par des causes accidentelles, continue à brûler, comme celui qui s'échappe de nos appareils pour l'éclairage. Ces émanations se remarquent le plus communément dans le voisinage des salses : telles sont celles de Pietra-Mala, dans les Apennins de la Toscane, et celles du temple des Guèbres, près de Bakou, sur les bords de la mer Caspienne, où les restes des disciples de Zoroastre viennent encore adorer l'objet de leur culte et où l'on tire parti de ces feux naturels pour préparer les aliments et faire de la chaux.

« Il se dégage aussi du grisou dans des lieux où rien n'annonce, comme dans les volcans, les salses et les fontaines ardentes, une communication avec le siége des grands phénomènes géologiques; tel est celui qui se rencontre souvent dans les mines de houille et dont l'inflammation accidentelle cause quelquefois de si grands désastres. L'origine de ce gaz n'est pas connue; les uns croient qu'il se trouve enfermé dans la houille; d'autres, qu'il est le résultat de décompositions qui se passent dans cette dernière lorsqu'elle est mise en contact avec l'air extérieur. »

**Solfatares.** — « Les émanations gazeuses qui déposent du soufre, dit M. d'Omalius, sont ordinairement désignées sous ce nom; elles ont le plus souvent lieu dans les volcans éteints, ou plutôt à peu près éteints, puisque le dégagement du gaz est encore un reste d'activité. Telle est la solfatare de Pouzzoles, près de Naples. Ces émanations contiennent toujours une grande quantité de vapeur d'eau, et on ne sait pas très-bien dans quel état s'y trouve le soufre; il paraît néanmoins qu'il y est, soit à l'état simple, soit à celui d'acide sulfhydrique, et que l'acide sulfureux que l'on y remarque provient de la combustion au jour, tant de la vapeur du soufre que de l'acide sulfhydrique. »

**Geysers** — A côté des volcans, des sources chaudes et des solfatares donnant issue à la chaleur souterraine, l'un des phénomènes les plus curieux est celui des volcans d'eau bouillante d'Islande, parmi lesquels il faut citer surtout le *grand Geyser* et le *Strokur*.

« On y voit, dit M. d'Omalius, une multitude de petits monticules de terre diversement colorée, d'où il sort de fortes sources d'eau chaude chargées de beaucoup de silice. La principale de ces fontaines, qui porte particulièrement le nom de *Geyser*, se trouve sur un monticule de 2 à 3 mètres de haut, composé de matières siliceuses, et qui présente, à sa partie supérieure, un bassin circulaire, rempli ordinairement d'eau très-limpide, d'une température presque égale à celle de l'eau bouillante et d'où il s'élève, de temps en temps, des jets d'eau qui s'é-

Fig. 43. — Le grand Geyser d'Islande.

lancent quelquefois avec une telle rapidité qu'ils atteignent une élévation de 30 mètres, et peut-être de 100 d'a-
près d'anciens rapports. »

**Salses.** — Monticules coniques donnant issue par une
sorte de cratère à des gaz, à de l'eau salée et à des matières bitumineuses.

« Le versant septentrional des Apennins, dit M. d'O-
malius, présente plusieurs phénomènes de ce genre qui
ont été étudiés avec soin. L'un des plus remarquables
est la salse de Sassuolo, dans le Modénais. On n'y voit,
dans les temps ordinaires, qu'une source sortant d'une
marne argileuse imprégnée d'un peu de sel marin et de
pétrole. Quelquefois cette argile forme un petit cône par
le cratère duquel l'eau s'écoule; d'autres fois, celle-ci
sort par un simple trou comme dans les fontaines ordinaires; mais cette source a de véritables moments d'é-
ruption, et alors elle lance des jets d'eau, de la boue, du
grisou et même des pierres considérables.

« Une des localités où ces phénomènes sont le mieux
prononcés, est Turbaco, près de Carthagène, dans la
Nouvelle-Grenade, où Alexandre de Humboldt a observé
une vingtaine de petits cônes de 7 à 8 mètres de haut,
formés d'une marne argileuse d'un gris noirâtre et portant à leur sommet une ouverture remplie d'eau. Il se fait
par ces sommets, à de certains intervalles, un dégagement de gaz, précédé d'un bruit assez fort, mais sourd.
Alexandre de Humboldt considère ce gaz comme étant de
l'azote. Ces explosions sont quelquefois accompagnées
d'une éjaculation de boue qui s'épanche sur les parois
des cônes. »

**Sources de pétrole, etc.** — « En Europe, dit M. No-
guès, c'est du pétrole américain qu'on fait la plus grande
consommation. L'exploitation de cette huile minérale
n'a commencé qu'en 1853; c'est le docteur Brewer qui
a eu l'idée de l'appliquer à l'éclairage. Plusieurs centai-
nes de puits importants sont actuellement en exploitation, tant en Pensylvanie qu'au Canada. Ils sont creusés

jusqu'à une profondeur de 10 à 20 mètres; souvent le
sondeur rencontre une huile superficielle avant d'atteindre
la roche, mais elle est de qualité inférieure et d'un ren·
dement irrégulier. Ces puits ont un diamètre de $1^m,20$ à
$2^m,10$ et reçoivent un cuvelage jusqu'à la rencontre de la

Fig. 44. — Salses de Turbaco (Nouvelle-Grenade).

roche, qu'on perfore à environ 12 à 20 mètres de profondeur, limites entre lesquelles on a de grandes chances
de rencontrer l'huile. Un homme, payé à raison de 5.francs
par jour, peut pomper facilement 180 hectolitres d'huile;
mais le rendement moyen par jour et par homme est de

40 à 50 hectolitres. Il faut remarquer que tous les puits creusés ne fournissent pas de l'huile ; le nombre de ceux qui sont productifs ne s'élève pas à plus de 15 pour 100 du nombre total. Depuis 1861, la production a toujours été en augmentant ; aujourd'hui les évaluations les plus modestes la fixent à 570 000 hectolitres par semaine. Les huiles de pétrole du Canada sont inférieures à celles des États-Unis ; elles sont plus désagréablement odorantes et répandent une odeur infecte. »

A Trinidad, le lac de Brée ou de bitume a 4828 mètres de circonférence. Sa forme est une ellipse imparfaite, et son élévation est de $43^m,8$ au-dessus de mer, où s'écoulent ses eaux à un mille de distance. La consistance du bitume qu'il renferme varie depuis une solidité telle que d'énormes chariots chargés et traînés par des bœufs passent dessus sans y enfoncer, jusqu'à une extrême fluidité, qui est l'état auquel il est rejeté constamment par l'orifice situé au milieu du lac. L'eau de ce dernier n'a pas une température plus élevée que celle de l'air ; sa surface, dans les parties solides, se crevasse et se fendille comme celle d'un glacier, et l'eau circule dans les fentes, puis s'écoule vers la mer par deux ravins principaux. Souvent aussi des excavations naturelles ou artificielles se comblent par suite de la tendance de l'asphalte à se niveler. Une excavation, d'où l'on avait retiré 2 millions de kilogrammes de substance bitumineuse, a repris, peu de mois après, le niveau général du lac.

« L'origine des sources de pétrole, dit M. d'Omalius d'Halloy, a été, comme celle des salses et des fontaines ardentes, attribuée à des décompositions de matières organiques enfouies dans l'écorce du globe ; mais nous ne croyons pas que de semblables phénomènes puissent donner lieu à des sources qui continuent à couler d'une manière constante depuis des milliers d'années. On a aussi pensé que le pétrole existait au moment où les roches ont été formées et qu'il a été renfermé dans ces dernières. Cette opinion s'appuie sur les immenses quantités de pé-

trole que l'on extrait depuis quelques années par des puits
qui s'épuisent au bout d'un certain temps ; mais il nous
semble que, si le pétrole avait existé lors de la formation
des roches, celui qui ne se serait pas combiné avec celle-
ci se serait, à cause de sa légèreté, élevé au-dessus des
eaux dans lesquelles les roches se formaient. Il nous paraît donc beaucoup plus simple d'attribuer l'origine des
bitumes à la même cause qui produit les phénomènes
ignés en général. Cette manière de voir, si conforme à la
simplicité des opérations naturelles, a en outre l'avantage
d'expliquer pourquoi le pétrole accompagne souvent les
salses et les fontaines ardentes. Il est à remarquer d'ailleurs que M. Berthelot a démontré comment les réactions
chimiques des matières qui se trouvent dans l'intérieur
de la terre peuvent produire des carbures hydrogénés, et
l'on sait que beaucoup de gaz sont susceptibles de se
transformer en liquide par le refroidissement. »

**Fabrication du gaz d'éclairage.** — La houille traitée
en vase clos à une chaleur rouge se décompose et donne
naissance à de l'hydrogène bicarboné, de l'hydrogène pur,
de l'oxyde de carbone, de l'acide carbonique, de l'acide
sulfhydrique, des sels ammoniacaux, parmi lesquels on doit
signaler.le carbonate, le sulfhydrate, le chlorhydrate, le
cyanhydrate, le sulfocyanure, etc. ; du goudron, des huiles
empyreumatiques, de l'eau ; toutes ces substances sont vo-
latiles à la température rouge et se dégagent par l'ouverture dont est muni le vase distillatoire, dans l'intérieur
duquel reste un produit solide nommé *coke.* — Plus la
température de distillation est élevée, plus il se forme de
gaz et moins de goudron et d'huile essentielle. Il ne faut
pas cependant dépasser une certaine limite, car l'hydrogène bicarboné pourrait être décomposé et devenir par
cela même moins éclairant ; il ne faut pas dépasser le rouge
cerise vif au rouge blanc Suivant qu'on chauffe plus ou
moins, le rendement de la houille en gaz, en goudron et en
volume de coke varie d'une manière très-sensible : ainsi
le même charbon fournira par 100 kil., ici 3 à 3 kil. 5

de goudron et 27 à 28 mètres cubes de gaz ; là, il produira 4 à 5 kil. de goudron et 22 mètres cubes de gaz.

Il y a certainement une grande analogie entre les produits de la distillation de la houille et ceux des sources gazeuses et pétroléennes ; mais M. Reichenbach ayant reconnu que chaque quintal de houille donnait au plus deux onces d'huile, il n'aurait pas fallu moins de 174 000 000 de quintaux de houille pour produire la masse de pétrole recueillie à Zante depuis Hérodote, c'est-à-dire pendant plus de 2300 ans. Si l'on ajoute que ces sources existaient bien avant Hérodote, qu'elles sont loin de paraître épuisées, que la quantité de pétrole recueillie est également loin de correspondre à la quantité qui est produite, ces sources n'étant probablement qu'un point fourni à son écoulement, il est facile de voir que toutes les mines de houille de l'Angleterre réunies n'auraient pu suffire à alimenter par leur distillation lente les seules sources de Zante ; cependant elles ne sont pas à beaucoup près les plus abondantes, et l'Albanie, la Valachie, les environs de Bakou, la Perse, etc., en fournissent des quantités tellement considérables, que toutes les masses houillères du globe ne fourniraient pas un cube capable d'alimenter les mines de chacune de ces provinces en particulier.

# CHAPITRE IX.

## CRISTALLISATION, FILONS, ET GITES MÉTALLIFÈRES.

**Cristallisation artificielle.** — « L'observation et l'expérience, dit M. Leymerie, prouvent que, dans toutes les circonstances où les molécules d'un corps sont mises en contact, étant libres de se mouvoir et de se tourner sans être gênées ou troublées par aucune circonstance étrangère, elles se portent les unes vers les autres et s'agglomèrent de manière à produire des molécules cristallines qui elles-mêmes, par leur agrégation, donnent naissance à un cristal. C'est la *cristallisation.*

« Il y a deux manières de rendre libres et mobiles les particules d'un corps et de les placer par conséquent dans les conditions indispensables pour que la cristallisation puisse avoir son effet : 1° *la voie humide*, par solution et évaporation ; ce mode n'est guère applicable qu'aux sels ; 2° *la voie sèche*, qui exige l'emploi d'une chaleur plus ou moins intense, et comprend trois moyens : *a*, par fusion et refroidissement simple ; *b*, par l'intermédiaire des fondants ; *c*, par sublimation directe, indirecte ou par transport.

**Cristallisation naturelle.** « Les émanations volcaniques et les sources minérales donnent naissance à différents dépôts. Les vapeurs dégagées par les volcans engendrent les solfatares où se trouvent, avec le *soufre*, des chlorures alcalins et métalliques, de l'hydrochlorate d'ammoniaque, du gypse, et d'autres sulfates, etc. Les sources minérales douées de la puissance chimique la moins énergique produisent des dépôts calcaires et ferrugineux. D'autres, chargées de principes plus actifs, produisent des dépôts siliceux ou des dépôts complexes contenant un grand nombre de substances, telles que la *baryte*, la *strontiane*, l'*acide borique*, l'*arsenic*, le *phosphore*, le *soufre*, le *fluor*.

« Le plus souvent, nous ne voyons que la partie de ces dépôts qui se forme à l'extérieur. Cependant nous pouvons observer aussi les stalactites et les stalagmites auxquelles certaines sources donnent naissance dans différentes grottes et les incrustations que certaines eaux produisent dans les tuyaux de conduite. Il est indubitable que si nous pouvions pénétrer dans les conduits suivis par les sources minérales et par les émanations volcaniques, nous les verrions fréquemment incrustés de dépôts analogues. Or, ces incrustations auraient nécessairement la plus grande ressemblance, tant pour la composition que pour la forme, avec les filons métalliques ordinaires tels que ceux où le soufre, l'arsenic, le quartz, la baryte sulfatée, la chaux carbonatée jouent un rôle important. »

**Filons.** — « Tout le monde, dit M. Élie de Beaumont, sait que les filons sont des fentes remplies après coup ; mais on doit distinguer deux classes entièrement différentes de filons : les uns sont formés par des matières concrétionnées, appliquées dans les fentes sur les deux parois. Ces substances sont principalement des matières pierreuses ou *gangues*, telles que le quartz, la baryte sulfatée, la chaux carbonatée, souvent le spath-fluor et différents minerais métalliques, tels que la galène, les pyrites, etc. Une autre classe de filons est formée de roches, telles que les basaltes, les mélaphyres, les porphyres, qui se sont introduites aussi dans les fentes. Mais il y a cette différence entre les deux classes de filons, que les premiers sont formés de bandes symétriquement disposées, en général formées de cristaux tournant leur pointe vers l'intérieur de la fente originaire dont le milieu présente souvent un vide tapissé de cristaux libres, tandis que les filons formés de roches telles que le basalte et le porphyre remplissent entièrement les cavités dans lesquelles ils se trouvent, et ne présentent la disposition en bandes symétriques que d'une manière extrêmement peu distincte, résultant simplement de ce que les parties moins cristallines des parois se distinguent légèrement des parties plus cristallines du centre,

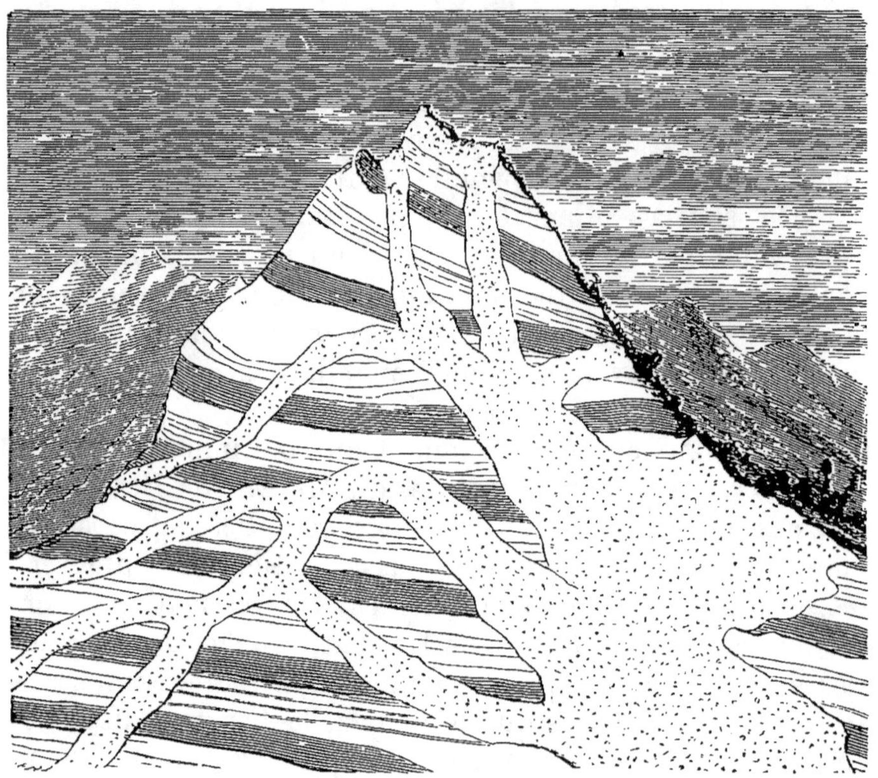

Fig. 45. — Gneiss avec filons de granit du cap Wrath (Écosse).

avec lesquelles elles font continuité. — Les filons de cette dernière espèce peuvent être désignés, d'après leur mode de formation bien connu, sous le nom de *filons injectés.* Ils se distinguent généralement des filons de la première classe, composés de bandes symétriques, qu'on peut désigner sous le nom de *filons concrétionnés.* — La plupart des filons métalliques appartiennent à la classe des *filons concrétionnés;* cependant les filons injectés et les masses de formes moins régulières que constituent très-souvent les roches éruptives sont quelquefois métallifères. »

La figure 2 (p. 15) représente une roche stratifiée sédimentaire, un schiste, contenant deux *filons concrétionnés* métallifères. La figure 45 ci-contre montre une roche stratifiée cristalline, un gneiss, traversée par des filons injectés de granite.

« Cependant, certaines substances pierreuses sont susceptibles d'être volatilisées par la chaleur des volcans, ou entraînées à l'état moléculaire par des courants gazeux. On cite des cristaux de pyroxène qui ont été sublimés sur la surface d'un mur au contact des laves du Vésuve, qui ont couvert Torre del Greco, en 1794. On sait aussi que les cristaux de feldspath, trouvés dans un fourneau à Sangershausen, en Saxe, avaient cristallisé dans des fissures où leurs éléments devaient avoir été entraînés par les courants gazeux du fourneau. Mais il ne paraît pas que les matières pierreuses aient pu être entraînées de cette manière à une aussi grande distance que les métaux l'ont été par les minéralisateurs. »

**Mines de sel gemme.** — « Le sel gemme, dit M. Burat, n'appartient exclusivement à aucun terrain et se rencontre dans presque tous les terrains stratifiés secondaires et tertiaires.

« Ainsi, certaines masses de sel exploitées en Allemagne se trouvent dans les couches calcaires du zechstein et dans le muschelkalk. Dans l'est de la France, les sels gemmes de Dieuze et de Vic (Meurthe), et tous ceux qui existent entre les Vosges et le Jura appartiennent, à l'exclusion de tout autre terrain, à la formation des marnes irisées ou keuper; les couches de Nortwich, en Angleterre, sont au-dessus des grès bigarrés. Le sel exploité à Bex (canton de Vaud) est enclavé dans le lias. Dans les Alpes autrichiennes et les Carpathes, les masses de sel sont concentrées entre l'oolithe supérieure et le grès vert. La plupart des amas de gypse et de soufre de la Pologne sont dans la craie; les célèbres mines de Wieliczka sont même dans le terrain tertiaire. En Catalogne et dans toute la région pyrénéenne, ce sont aussi des couches qui appartiennent tantôt à la craie, tantôt au terrain tertiaire, qui renferment les masses de sel ou les sources salées.

« Ainsi les phénomènes géologiques qui ont intercalé le sel et les amas de gypse qui l'accompagnent dans les dépôts sédimentaires, appartiennent aux deux périodes secondaire et tertiaire ; mais, dans chacun des grands bassins géologiques, la période de production est concentrée dans une zone de terrain fixe et peu étendue; de telle sorte que l'on peut y assigner, à ces deux substances, une position géologique parfaitement déterminée.... En voyant la conformité des marnes bariolées, dont la couleur rouge est souvent frappante, et des calcaires dolomitiques qui les accompagnent, on serait tenté de croire que ces divers gîtes doivent nécessairement appartenir au même terrain. Lorsqu'au contraire il est démontré que ces terrains sont très-différents, on ne peut plus attribuer la concordance et l'identité de tous ces caractères qu'aux phénomènes générateurs qui ont déterminé la formation du gypse et du sel gemme.

« Les couches de sel gemme n'ont pas une constance et une continuité telles qu'on puisse les rechercher dans toute une formation et suivant la direction des couches sédimentaires. Leur mode de gisement mérite la dénomination de couche aussi bien que la plupart des couches de houille, qui ne présentent pas plus de régularité. Ce sont aussi des dépôts contemporains des terrains qui les enclavent.

« Bien que l'origine du sel gemme ne soit pas facile à expliquer, surtout pour des gîtes qui ont 100 et 150 mètres de puissance, on ne peut l'attribuer qu'à des eaux marines isolées ayant subi une évaporation plus ou moins prolongée. On conçoit, en effet, que, à la suite de cataclysmes, quelques parties des eaux de la mer aient pu être séparées ou jetées dans les dépressions ne recevant aucun cours d'eau douce ; en sorte qu'avec le temps, et sous l'influence d'une température élevée, ces eaux salées, en se réduisant, auraient donné lieu aux phénomènes qui se manifestent dans nos marais salins.

« Le gisement en amas, bien que dans tous les cas ces amas soient couchés dans le sens de la stratification et même divisés par des lignes qui semblent quelquefois concorder avec elle, éveille des idées d'une origine toute différente de la sédimentation qui paraît convenir au premier cas. En effet, à l'approche de ces amas, la stratification s'incline en tous sens, et le gîte semble dû à une dilatation postérieure survenue en un point du dépôt, dilatation dont le résultat aurait été l'intercalation d'une puissante masse amygdaline de gypse et de sel gemme. »

**Terrains ferrugineux.** — « Le fer, dit M. Burat, est le métal par excellence, et constitue à lui seul la plus grande partie de la valeur créée par l'exploitation, du moins dans les États européens. L'Angleterre produit en fonte et fer une valeur de 400 millions, tandis que les autres métaux figurent à peine pour 50. L'Allemagne du Nord, qui est le pays des grands travaux de mines, produit 42 millions de fer et fonte, c'est-à-dire 80 pour 100 de la valeur totale créée par ses exploitations. Enfin, la France doit 150 millions à ses usines à fer, et tire à peine quelques millions de ses autres mines. Telle mine de fer est beaucoup plus précieuse que beaucoup de mines de plomb, de cuivre ou d'argent. La Suède est la terre classique des bons fers pour la fabrication de l'acier ; il s'en exporte des masses considérables pour la France et même pour l'Angleterre ; c'est à la nature de ses minerais oxydulés que ce pays doit sa supériorité. La France, enfin, doit son indépendance industrielle à ses minerais dits d'alluvion, répandus en Champagne, en Comté, dans le Berry, etc.

« Les *minerais de fer* appartiennent à trois positions géologiques très-distinctes, que l'industrie a depuis longtemps désignées par les dénominations de *minerai de montagne, mine en roche* et *minerai d'alluvion*. D'après les différences que présentent ces positions géologiques, on voit que les minerais d'alluvion et les mines en roche font partie des terrains sédimentaires. Les minerais de montagne ne sont pas stratifiés et font partie de gîtes particuliers.

« Les *minerais de montagne* sont concentrés dans les terrains de transition, et presque tous les minerais des Pyrénées, ceux des Hautes-Alpes (Dauphiné) et de la partie centrale des Vosges, appartiennent à cette catégorie.

« L'île d'Elbe a été célèbre de tout temps par ses mines de fer; les gîtes de minerai sont tous concentrés avec les serpentines dans la partie orientale. L'amas de fer oligiste et de peroxyde exploité près de Rio est compris entre des couches schisteuses relevées. La nature essentiellement cristalline de ce gîte, son enchevêtrement dans les diverses couches du terrain encaissant, éveillent l'idée de sublimations métallifères prolongées à travers ces couches; l'étude des détails démontre d'ailleurs que ces sublimations ont eu lieu sous l'influence d'une chaleur et d'une pression considérables. En effet, les gangues varient avec les roches en contact : elles sont de quartz cristallin dans les schistes quartzeux; dans les couches calcaires elles sont d'amphibole actinote et d'yénite. Les roches encaissantes elles-mêmes ont donc évidemment fourni une partie des éléments qui forment ces gangues; or ces déplacements moléculaires, l'état cristallin des couches constituent un ensemble de phénomènes qui n'a pu se produire que sous une influence ignée très-énergique.

« Les *minerais stratifiés en roche* sont lithoïdes et ne renferment qu'accidentellement quelques druses ou concrétions cristallines. Ils sont stratifiés et contemporains des diverses formations dans lesquelles ils se trouvent en couches réglées, et dont ils contiennent même les fossiles dans un grand nombre de cas. Ils comprennent les sidéroses lithoïdes, les oxydes rouges, les hydroxydes compactes, terreux, oolithiques, déposés en couches et disséminés dans la série géognostique, depuis les strates de transition jusqu'au terrain tertiaire. Le caractère industriel des minerais en roche est d'être employés directement dans les forges, sans autre préparation qu'un triage plus ou moins complet; leur caractère de position est d'être stratifiés avec les terrains sédimentaires et d'être exploités, soit à ciel ouvert sur les versants où ils affleurent, soit par puits et galeries qui traversent les terrains encaissants.

« Les *minerais d'alluvion* sont, au contraire, des minerais superficiels, à peine recouverts par quelques dépôts limoneux, et disséminés le plus souvent dans des couches marneuses dont ils sont extraits par lavage. Cette position superficielle leur a fait donner le nom d'alluvions, quoique une grande partie d'entre eux paraisse remonter à la période tertiaire, quelquefois même au delà; mais cette position les caractérise d'une manière si générale, que la distinction de leur âge véritable est le plus souvent sans importance. Ils consistent en hydroxydes (limonites) pisolithiques ou oolithiques, soit en rognons, en géodes, plaquettes, fragments irréguliers disséminés ordinairement dans des couches marneuses ou sableuses et constituant des gîtes superficiels. Ces minerais ne sont généralement employés qu'après des débourbages et des lavages qui les isolent des matières marneuses dans lesquelles ils sont répandus. »

# CHAPITRE X.



**Agglomération globuleuse de la matière.** — Les molécules de matière qui s'agglomèrent dans un espace ou dans un milieu, où elles ont toute liberté de déplacement, ont une tendance bien connue à produire des corps sphériques lorsqu'il n'y a pas de véritable cristallisation. Les diverses molécules semblent se coordonner régulièrement autour de l'une d'elles, qui devient ainsi comme un centre d'attraction.

Lorsque l'agglomération se fait dans un liquide et qu'il y a solidification au fur et à mesure de sa production, la structure globulaire est facile à constater : c'est celle que montrent les oolithes et pisolithes, soit calcaires, soit ferrugineuses.

Lorsqu'elle se fait dans un gaz, s'il y a solidification pendant la chute du corps produit, on peut encore constater facilement sa forme globulaire ; c'est ce qui a lieu notamment pour la grêle. « Les grêlons les plus petits, dit Kæmtz, sont désignés sous le nom de *grésil*. Ordinairement sphériques, ou presque sphériques, ils atteignent rarement un diamètre de 2 millimètres ; cependant ils peuvent en avoir 3 et même 4. La véritable grêle a ordinairement la forme d'une poire ou d'un champignon terminé par une surface arrondie. Souvent, les grains ressemblent à des pyramides sphériques ou pyramides à trois faces terminées par une base qui est une portion de sphère. Aussi Delcros, Nœggerath et d'autres observateurs pensent-ils que la forme primitive de la grêle est une sphère qui éclate en tombant. »

La fabrication du plomb de chasse donne des résultats également très-caractéristiques. Dans une tour plus ou moins haute, soit provenant de quelque ancienne construction, comme autrefois la tour de Saint-Jacques la Boucherie à Paris ; soit construite spécialement, comme à Bordeaux, on place sous le toit l'atelier de fusion, et verticalement au-dessous on établit dans le sol un bassin d'eau froide. On verse le métal fondu dans une sorte de passoire dont les trous sont ménagés de façon que l'écoulement ne se fasse pas trop rapidement ; il sort en donnant des gouttelettes allongées d'abord, mais qui changent de forme en cheminant dans l'air. Lorsque la tour est suffisamment haute, elles sont parfaitement rondes et solidifiées, quand elles arrivent dans le bassin où s'achève le refroidissement.

Quand le corps formé reste liquide, la forme ronde se présente également, ainsi qu'on peut le constater facilement en laissant tomber du mercure sur une table et même de l'eau sur une surface poudreuse. Lorsque des suintements d'un liquide, eau, alcool ou huile, se font au-dessous d'une surface horizontale ou inclinée, il n'est pas difficile de voir que la forme des gouttes, d'abord hémisphérique, devient presque sphérique dès qu'elles sont détachées.

Pour les gouttes de pluie ou d'eau produites par les jets d'eau artificiels ou naturels des cascades, la forme n'est pas aussi facile à constater ; mais on peut la présumer facilement à l'inspection de la forme hémisphérique plus ou moins aplatie qu'elles possèdent lorsqu'elles sont tombées.

**Isolement de la Terre dans l'espace.** — L'isolement et les mouvements de la terre dans l'espace ont été, ainsi que sa forme sphérique, tour à tour niés et soutenus par les philosophes. Le premier était devenu bien probable dès la découverte de l'Amérique par Christophe Colomb, en 1492 ; il a été démontré par le premier voyage autour du monde exécuté par les ordres de Charles-Quint. En effet, le Portugais Fernando Magalhens (Magellan), parti de San Lucar près Cadix, le 20 septembre 1519, traversa l'océan Atlantique, aborda l'Amérique au commencement de l'année suivante en un point qu'il nomma Rio-Janeiro; par le détroit auquel son nom fut donné, il passa dans l'océan Pacifique, qu'il abandonna aux Philippines où les indigènes le massacrèrent. Son bâtiment, conduit par S. Cano, revint au bout de trois ans à son point de départ par la voie ordinaire de l'Inde, celle du cap de Bonne-Espérance, découvert en 1485 par les frères Dias et doublé en 1497 par Vasco Gama qui, les années suivantes, avait fondé des établissements dans l'Inde. Trois astronomes se chargèrent successivement de reconnaître et de démontrer le double mouvement de rotation et de circulation de la terre : le Prussien Kopernic, en 1543, le Wurtembergeois Kepler, en 1609, et le Florentin Galilée, en 1610.

**Forme sphéroïdale de la Terre.** — Celle-ci devint aussi bien probable à la suite de ce même voyage pendant lequel, en avançant toujours vers l'O., on avait pu revenir au point de départ. D'ailleurs, sous toutes les latitudes, d'une foule de points des côtes, comme aussi en pleine mer, on avait vu dans toutes les directions les bâtiments qui s'éloignaient de l'observateur disparaître graduellement au-dessous de l'horizon, d'abord par leurs corps, puis par la partie moyenne de leur mâture, et enfin par l'extrémité des mâts, comme le montre la figure ci-contre. Tandis que si la surface des mers eût été plane, le bâtiment aurait disparu tout entier, d'un seul coup, et seulement lorsqu'il aurait été hors de la portée de la vue.

Dans les éclipses de lune aussi, l'ombre de la terre projetée par le soleil sur le disque lunaire possède la forme circulaire; il est alors très-probable que la terre doit ressembler à tous les autres corps célestes, qui nous apparaissent sous la forme d'un disque ou d'une sphère.

Mais des mesures de degrés terrestres commencées en France par Picard, en 1666, avaient amené Cassini, en 1683, à admettre un allongement de la sphère terrestre dans le sens de l'axe des pôles, tandis que Newton en Angleterre soutenait la thèse inverse d'un aplatissement. Sur la demande de l'Académie des sciences, des astronomes furent envoyés, en 1736, pour mesurer des arcs de méridien terrestre : Bouguer et la Condamine dans les régions équatoriales, au Pérou; Maupertuis et Clairaut dans les régions polaires, en Laponie. La justesse de la théorie de Newton fut reconnue; l'aplatissement, fixé à

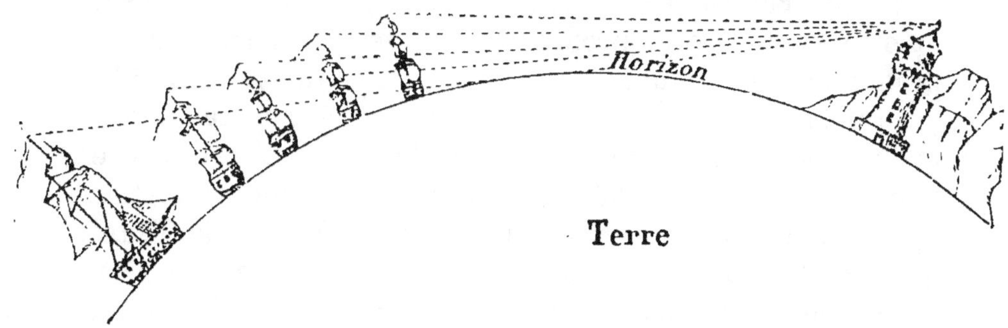


Fig. 46. — Forme sphéroïdale de la terre.

1/300e environ, fut confirmé plus tard par les mesures exécutées dans un grand nombre de contrées.

Depuis, la mesure d'un arc de méridien en France, de Dunkerque à Perpignan et Formentera (îles Baléares), d'abord par Delambre et Méchain et ensuite par Biot et Arago, pour l'établissement des bases du système métrique, et la triangulation par les ingénieurs géographes pour l'établissement de la nouvelle carte de France, ont achevé de démontrer que la Terre est bien un sphéroïde aplati vers les pôles, ou mieux un ellipsoïde de révolution, dont la forme, malgré de légères irrégularités, est bien celle que prendrait une masse de matière liquide ou au moins molle et plastique, dont le volume, la densité et la vitesse de rotation autour de l'axe seraient exactement ceux que possède la Terre.

**Fluidité originaire de la Terre.** — Les géologues ont été pendant longtemps partagés en deux camps : les *Neptuniens* et les *Plutoniens*, sur la question de savoir si la Terre avait été primitivement fluide par l'action de l'eau ou par celle de la chaleur. D'après ce qui a été exposé, surtout dans le chapitre VI :

1° Que les parties intérieures de la Terre possèdent toujours, en chaque lieu, quelle que soit la latitude, une température supérieure à la température moyenne de la surface ;

2° Que cette température va en augmentant à mesure qu'on s'enfonce plus profondément, de telle sorte qu'à une profondeur maximum, variant en France de $22^k,15$ à $67^k,5$ (en raison du taux d'accroissement qui varie de 15 à 45 mètres pour une augmentation de $1°$), et qui est en moyenne à Paris de 45 kilomètres, on rencontre la température du rouge cerise, $1500°$ centigrades, suffisante pour fondre la plus grande partie des matériaux qui entrent abondamment dans la composition de l'écorce terrestre ;

3° Qu'il arrive incessamment de l'intérieur de la Terre par plus de 400 orifices (les volcans), répartis tout aussi bien sur les diverses parties des terres que dans les mers, des matières à l'état de fusion, dont la nature chimique et minéralogique analogue dénote un point de départ, un foyer commun ;

Il semble résulter incontestablement pour la Terre :

1° Qu'elle est maintenant une masse de matière incandescente et fluide au moins à une certaine profondeur [1], et recouverte seulement d'une pellicule ou écorce formée

---

1. Il se pourrait cependant que dans les parties centrales la pression des masses extérieures solides d'abord, puis liquides plus profondément, contre-balançât l'influence de la chaleur et occasionnât la con-

surtout par le refroidissement et la consolidation de la partie extérieure, et aussi, pour une petite portion, tant par les matières qui sont sorties successivement de l'intérieur que par les détritus qui ont été successivement accumulés par les eaux sur la première écorce consolidée;

2° Qu'elle a été originairement une masse de matière fondue au moins dans ses parties extérieures.

Ces deux hypothèses, ou plutôt la théorie de la chaleur centrale, sont corroborées par la forme sphéroïdale de la terre, son isolement et ses mouvements dans l'espace.

solidation des masses intérieures, de telle sorte qu'il y aurait un noyau central chaud solide, une zone moyenne chaude fluide, et une écorce extérieure refroidie et solide.

# TABLE ANALYTIQUE DES MATIÈRES.

10722. — Imprimerie générale de Ch. Lahure, rue de Fleurus, 9, à Paris.

# NOUVELLES PUBLICATIONS

### RÉDIGÉES CONFORMÉMENT AUX PROGRAMMES OFFICIELS DE...

## POUR L'ENSEIGNEMENT SECONDAIRE SPÉCIAL

*(Tous les volumes ci-après sont imprimés dans le format in-18 jésus ...)*

### LANGUE FRANÇAISE.

*Grammaire de l'enseignement secondaire spécial,* par M Sommer. 1 vol. 1 fr. 50 c.

*Lectures ou dictées,* par M. Petion-Damiens, économe du collège Rollin (année préparatoire et 1re année). 3 vol. :
  Tome I, contrées agricoles. 1 fr. 50 c.
  Tome II, contrées commerciales. 1 fr. 50 c.
  Tome III, contrées industrielles.

*Premiers principes de style et de composition,* par M. Pellissier, professeur au collège Chaptal (2e année). 1 vol. 1 fr. 50 c.

*Morceaux choisis des classiques français (prose et vers), adaptés au précédent ouvrage.* 1 vol. 1 fr. 50 c.

*Principes de rhétorique française,* par M. Pellissier (3e année). 1 vol. 3 fr.

*Morceaux choisis des classiques français (prose et vers), adaptés au précédent ouvrage.* 1 vol. 2 fr. 50 c.

*Textes classiques de la littérature française,* extraits des grands écrivains français, avec notices biographiques et bibliographiques, appréciations littéraires et notes explicatives, par M. Demogeot (3e année), 2 vol. 6 fr.

### GÉOGRAPHIE ET HISTOIRE.

*Géographie de la France,* par M. Richard Cortambert (année préparatoire). 1 vol. 1 fr.
  *Atlas correspondant.* Grand in-8°. 2 fr. 50 c.

*Géographie des cinq parties du monde,* par M. E. Cortambert (1re année). 1 vol. 1 fr. 80 c.
  *Atlas correspondant.* Grand in-8°.

*Géographie agricole, industrielle, commerciale et administrative de la France et de ses colonies,* par le même auteur (2e année). 1 vol. 2 fr.
  *Atlas correspondant.* Grand in-8°.

*Géographie commerciale des cinq parties du monde,* par M. Richard Cortambert (3e année). 1 v. 3 fr.
  *Atlas correspondant.* Grand in-8°.

*Simples récits d'histoire de France,* par MM. Ducoudray et Feillet (année préparatoire). 1 vol. avec gravures. 2 fr. 50 c.

*Simples récits des histoires ancienne, grecque, romaine et du moyen âge,* par les mêmes (1re année). 1 vol. 3 fr. 50 c.

*Histoire de la France depuis l'origine jusqu'à la Révolution française, et grands faits de l'histoire moderne de 1463 à 1789,* par M. Ducoudray (2e année). 1 vol. 3 fr. 50 c.

*Histoire de France et histoire générale depuis 1789 jusqu'à nos jours,* par le même auteur (3e année). 1 vol. 3 fr. 50 c.

*Histoire moderne et contemporaine, depuis 1815 jusqu'à nos jours* (4e année). 1 vol. 3 fr. 50 c.

### ARITHMÉTIQUE ET COMPTABILITÉ.

*Éléments d'arithmétique,* par M. Pichot, professeur au lycée Louis-le-Grand (année préparatoire et 1re année). 1 vol. 2 fr. 50 c.

*Arithmétique élémentaire,* par M. Bovier-Lapierre, professeur à l'École normale de Cluny (année préparatoire et 1re année). 1 vol. 2 fr. 50 c.

*Cours d'arithmétique commerciale,* par M. E. Jeanne, professeur à l'École supérieure du Commerce (2e année). 1 vol. 3 fr.

*Cours d'arithmétique commerciale,* par M. Bovier-Lapierre, professeur à l'École normale de Cluny. 1 vol.

*Cours de comptabilité,* par M. Courcelle-Seneuil (1re, 2e, 3e et 4e années). 4 vol. Chaque volume, 1 fr. 50 c.

### GÉOMÉTRIE, TRIGONOMÉTRIE, ALGÈBRE, GÉOMÉTRIE DESCRIPTIVE.

*Géométrie,* par M. Saint-Loup, professeur à la Faculté des sciences de Strasbourg :
  Année préparatoire (géométrie plane). 1 fr.

Première année (géométrie plane).
  Deuxième année (géom. dans l'espace).
*Principes d'algèbre,* par M. H. ... (3e et 4e années). 1 vol. 3 fr.
*Cours élémentaire de ...* M. Kiess (3e et 4e années).
*Traité élémentaire de trigonométrie,* M. Bovier-Lapierre, professeur de Cluny (4e année).
*Notions élémentaires de ...* M. Baudoin (4e année).
*Notions élémentaires de ...* le même (4e année).

### HISTOIRE NATURELLE, CHIMIE, MÉCANIQUE.

*Éléments d'histoire naturelle,* par MM. Marchand et Baulin.
*Éléments de zoologie,* par M. ... à la Faculté des sciences de Paris.
  Année préparatoire. 1 vol.
  1re année ...
  2e année ...
  3e année. Anatomie ... 1 vol. 2 fr. 50.
  4e année. Zoologie appliquée à l'industrie et à l'hygiène.
*Éléments de botanique :*
  Année préparatoire. 1 vol.
  Première et deuxième années.
  Troisième et quatrième années et usages des plantes. 1 vol.
*Éléments de géologie,* par M. ... (année préparatoire). 1 vol. 1 fr. 50.
  Première année (géologie de la ...). 2 fr. 50.
  Deuxième et troisième années.
  Quatrième année, par MM. ... 1 vol.
*Cours élémentaire de physique,* professeur au prytanée de la Flèche :
  Première année. 1 vol. 3 fr.
  Deuxième année. 1 vol. 3 fr.
  Troisième année. 1 vol. 3 fr.
  Quatrième année. 1 vol. 3 fr.
*Éléments de chimie,* par MM. ... :
  Première année. 1 vol. 2 fr.
  Deuxième année. 1 vol. 2 fr. 50.
  Troisième année. 1 vol. 3 fr.
  Quatrième année. 1 vol.
*Cours de mécanique,* par M. ... répétiteur à l'École polytechnique :
  Troisième année, 1re partie (Cinématique). 1 fr. 80.
  Troisième année, 2e partie (Statique).
  Quatrième année (Dynamique). 1 v.
*Éléments de cosmographie,* par M. ... min (2e année). 1 vol. 2 fr. 50.

### LÉGISLATION, MORALE, INDUSTRIE, ÉCONOMIE POLITIQUE.

*Éléments de législation usuelle,* par M. ... avocat, docteur en droit (3e année).
*Éléments de législation commerciale,* par le même auteur (4e année).
*Éléments de morale,* par M. A. ... de l'Institut (4e année).
*Les grandes inventions ...* par M. L. Figuier (4e année).
*Cours d'économie rurale, industrielle et commerciale,* par M. Levasseur (4e année).

Imprimerie générale de Ch. Lahure, rue de Fleurus, 9, à Paris.